本書オリジナル「系統樹マンダラ」の見方

1 多様な生き物
写真と種名が掲載されているのが現在の地球上に生きる多様な生き物たち。

2 共通祖先
中央の白い円はすべての生き物たち1の共通祖先。

3 進化のつながり
共通祖先2から枝分かれを繰り返しながら、現在の地球上に生きる多様な生き物たち1への進化のつながりが表現されている。

口絵1　イヌ科の系統樹マンダラ

分岐の順番と分岐年代は文献（1―①：3、4、5）による。スケールは200万年。1章（1―①、34ページ）に詳しい。

V. v. schrencki
キタキツネ

N. p. viverrinus
ホンドタヌキ

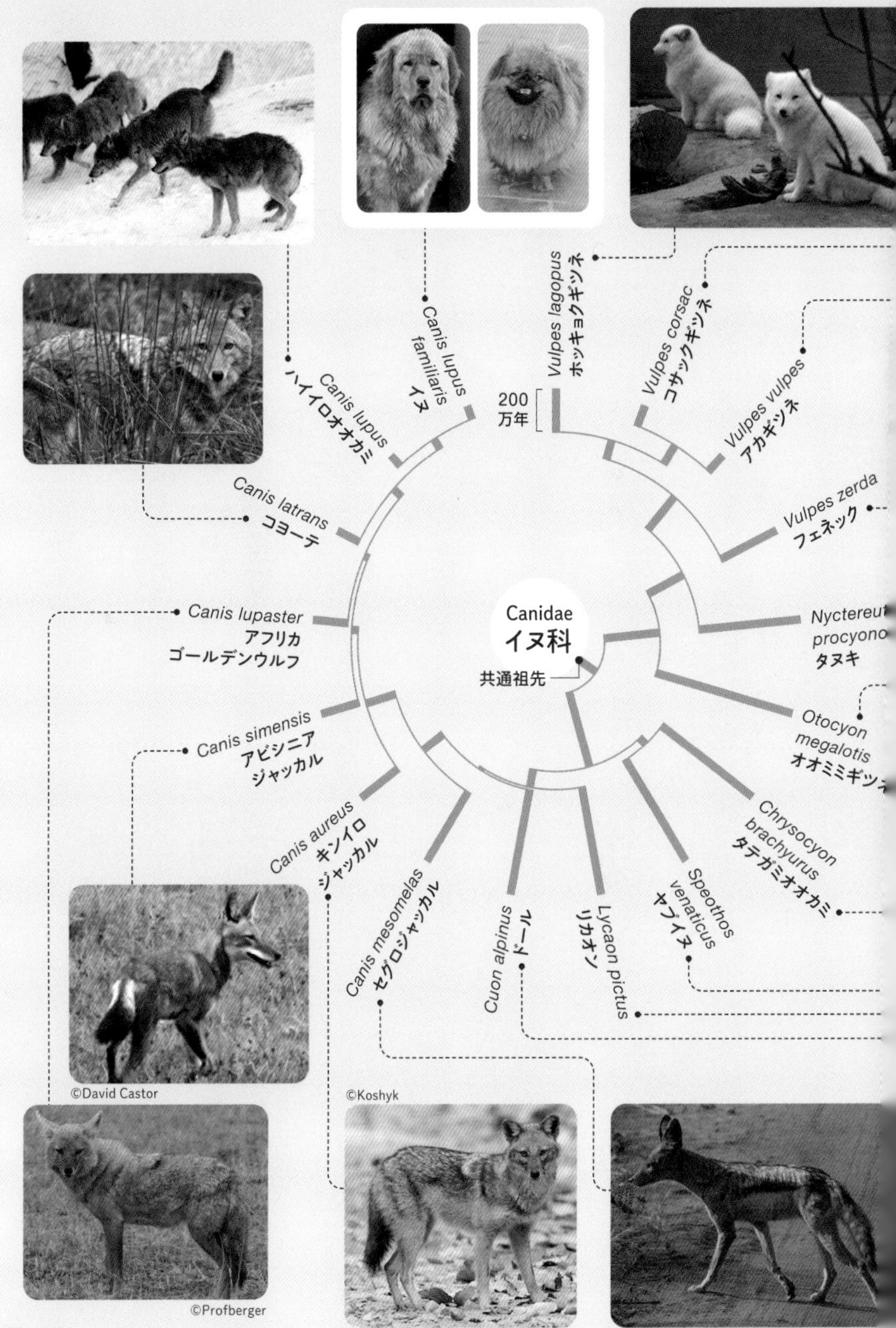

©David Castor
©Koshyk
©Profberger

口絵2 ネコ科の系統樹マンダラ

核ゲノムデータによって描かれた系統樹。分岐の順番と年代は文献（1－②：1）による。スケールは200万年。2本の赤い点線の矢印は、交雑によるミトコンドリアの遺伝子転移の可能性を示す。1章（1－②、47ページ）に詳しい。

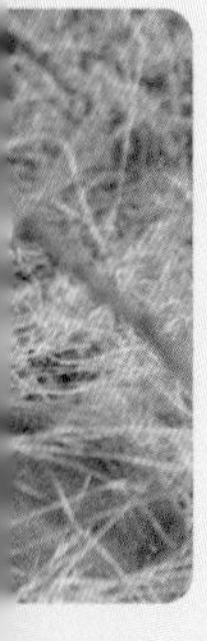

P. t. altaica
シベリアトラ

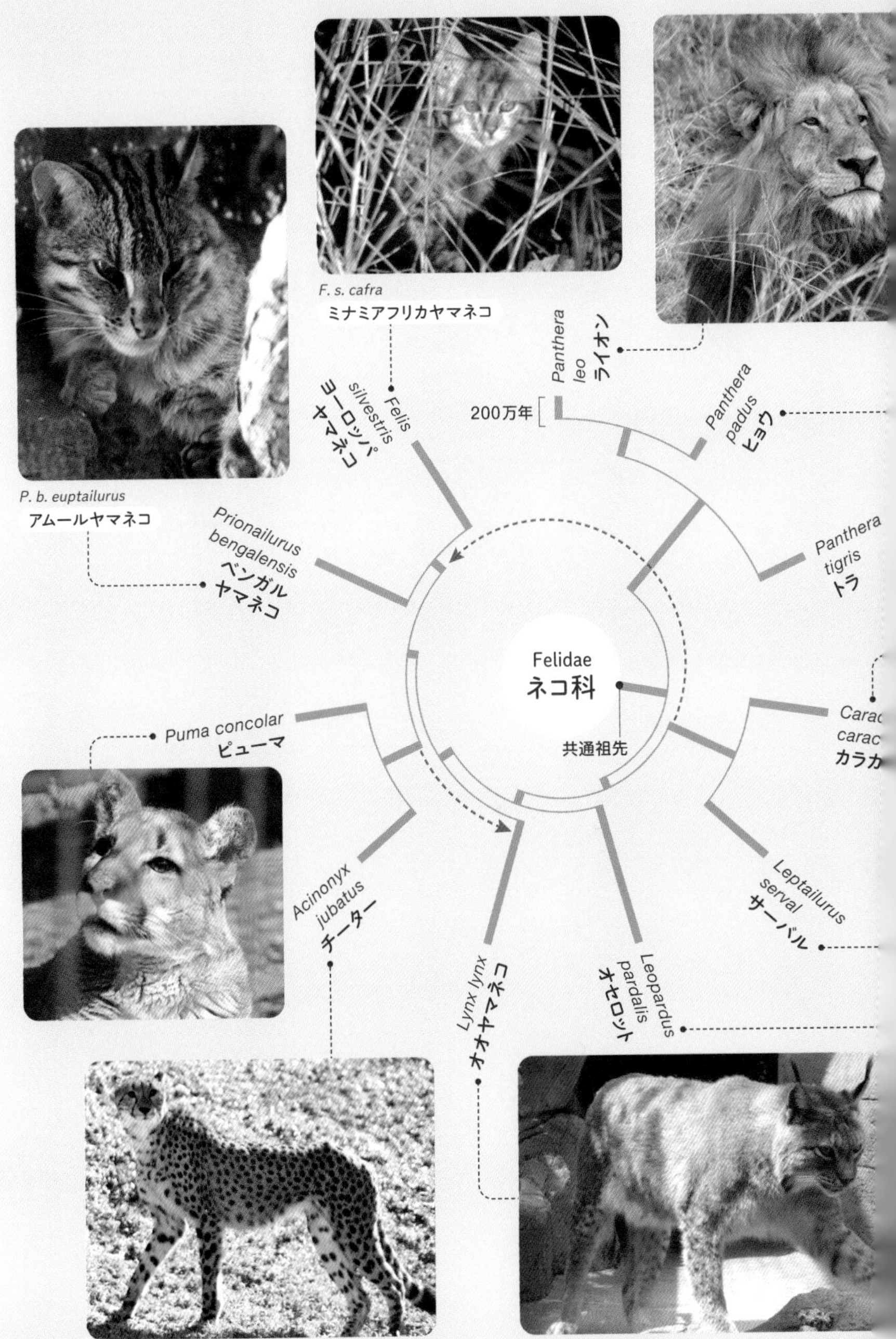
F. s. cafra
ミナミアフリカヤマネコ
P. b. euptailurus
アムールヤマネコ
Felis silvestris
ヨーロッパヤマネコ
Panthera leo
ライオン
200万年
Panthera padus
ヒョウ
Prionailurus bengalensis
ベンガルヤマネコ
Panthera tigris
トラ
Felidae
ネコ科
共通祖先
Puma concolar
ピューマ
Acinonyx jubatus
チーター
Lynx lynx
オオヤマネコ
Leopardus pardalis
オセロット
Leptailurus serval
サーバル

口絵3　ウマ属の系統樹マンダラ

分岐の順番は文献(1－③：2、3)による。ウマの写真はチベット・ナクチュ地方で祭りのためにウマに乗って集まった人々、チベットノロバの写真は中国青海省ココシリ自然保護区にて。タルパンとヌビアノロバの写真は小宮輝之氏より提供。ただし、現在はどちらも絶滅しており、タルパンの写真は改良の進んでいないウマの品種を交配して復元したものであり、ヌビアノロバの写真も近縁のロバを選抜したものである。1章(1－③、56ページ)に詳しい。

E. quagga chapmani
チャップマンシマウマ

E. quagga quagga
クワッガ

E. hemionus hemionus
モウコノロバ

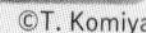

©T. Komiya

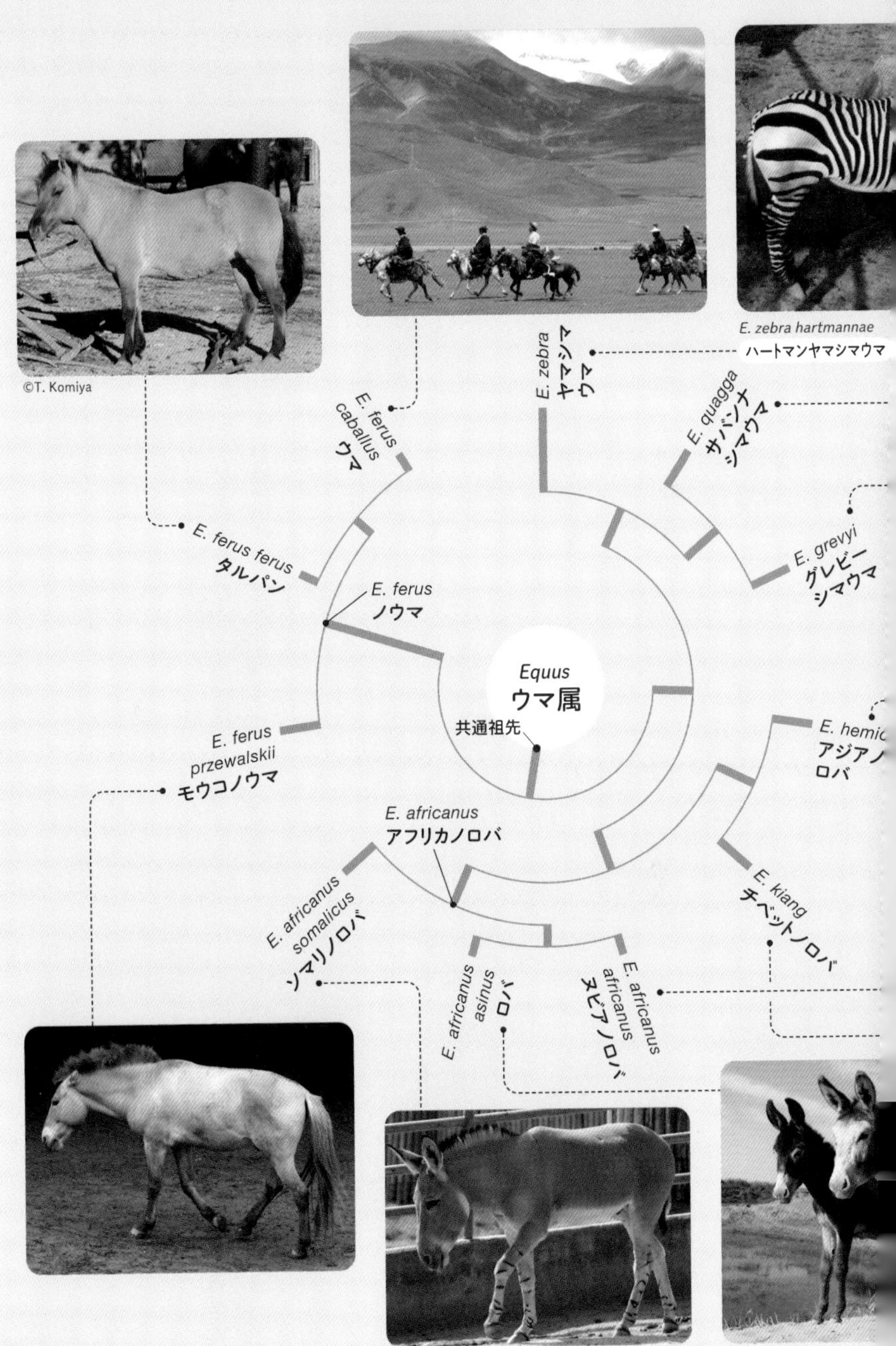
©T. Komiya
E. zebra hartmannae
ハートマンヤマシマウマ
E. zebra
ヤマシマウマ
E. quagga
サバンナシマウマ
E. ferus caballus
ウマ
E. ferus ferus
タルパン
E. grevyi
グレビーシマウマ
E. ferus
ノウマ
Equus
ウマ属
共通祖先
E. ferus przewalskii
モウコノウマ
E. hemic
アジアノロバ
E. africanus
アフリカノロバ
E. kiang
チベットノロバ
E. africanus somalicus
ソマリノロバ
E. africanus asinus
ロバ
E. africanus africanus
ヌビアノロバ

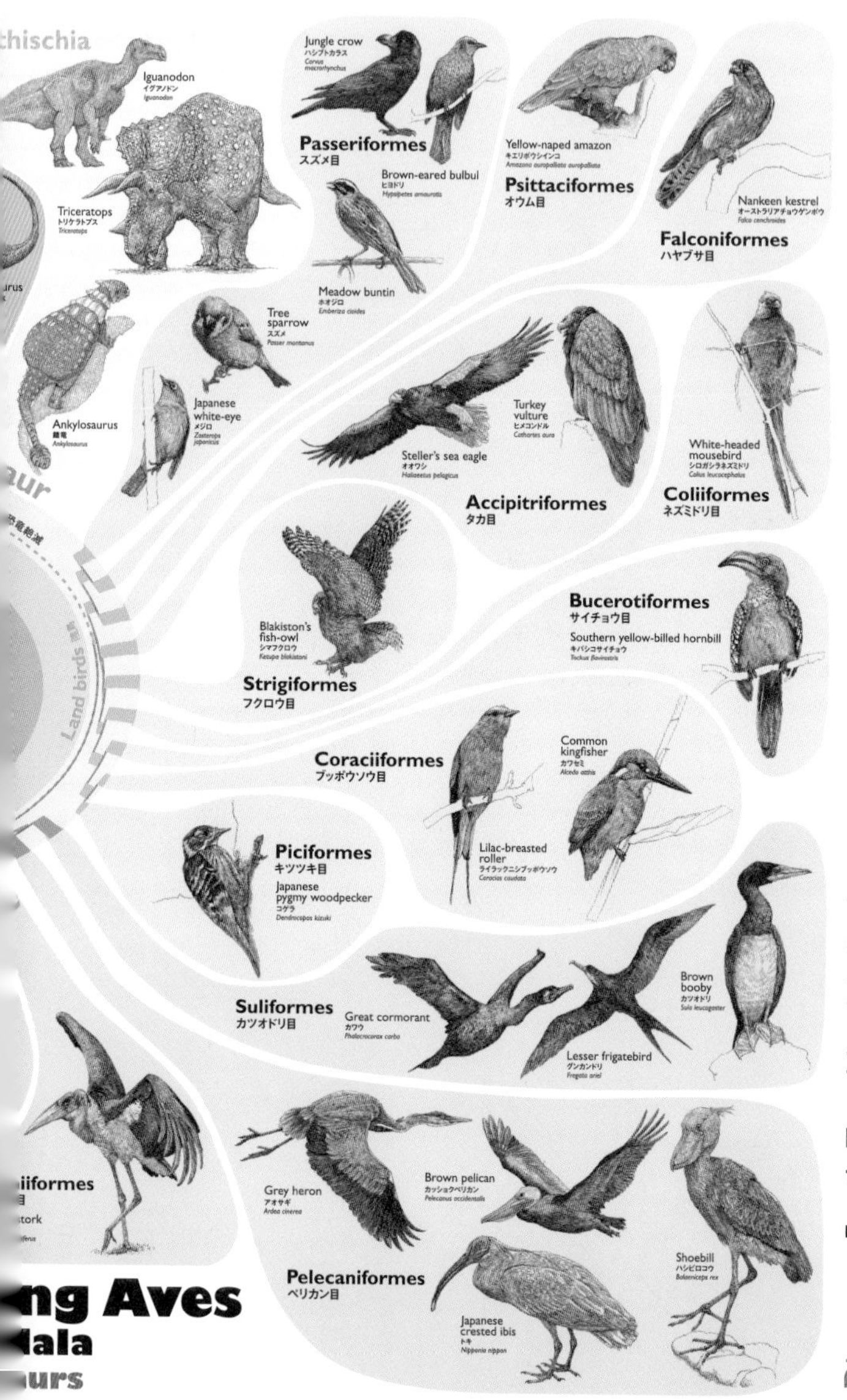

口絵4　鳥類と非鳥恐竜の系統樹マンダラ（イラストレーション：小田隆）

枝分かれの順番と年代は、文献（1-⑥：3、4、5）による。中央の円形グラデーションはいちばん外側が4500万年前で2500万年単位の層になっている。中心の赤い点線の円は、非鳥恐竜が絶滅した6600万年前（白亜紀・古第三紀境界という）を表す。その頃までに鳥類も多様な系統に分かれていたが、その多くも非鳥恐竜や翼竜とともに絶滅した。この絶滅を生き延びたわずかな系統が、その後に鳥類として爆発的な進化を遂げた（図版提供：キウイラボ）。1章（1-⑥、106ページ）に詳しい。

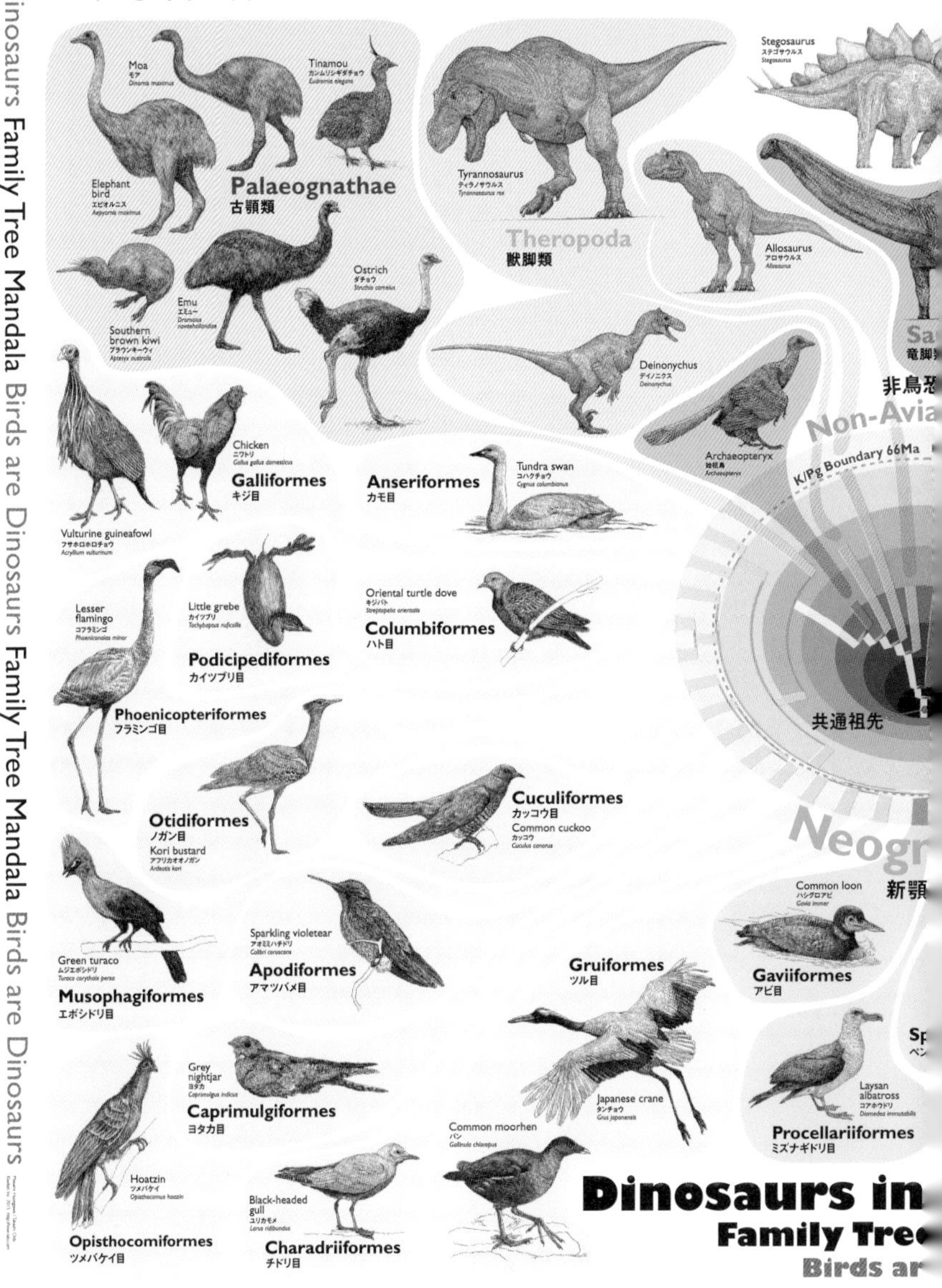

Family Tree Mandala Birds are Dinosaurs Family Tree Mandala Birds are Din

口絵5　スズメ下目の系統樹マンダラ

分岐の順番と年代は、文献(1−⑥：7)によるが、この文献の解析にはジョウビタキが含まれていない。スケールは1000万年。ジョウビタキはヒタキ科ではなくツグミ科に分類されることもあるが、ここでは文献(1−⑥：14)からヒタキ科に含めた。この中で、マネシツグミ、チャカタルリツグミ、アカハシウシツツキ、クロウタドリ、ハシブトホオダレムクドリ以外の写真は、すべて日本国内の野外で筆者が撮影したもの。ハッカチョウは中国、東南アジアなどに分布するが、近年外来種として日本でも繁殖しており、この写真は高松市で撮影した。1章(1−⑥、106ページ)に詳しい。

ttiparus varius
ヤマガラ

Alauda arvensis
ヒバリ

Hypsipetes amaurotis
ヒヨドリ

Hirundo rustica
ツバメ

ttia diphone
グイス

Aegithalos caudatus
エナガ

Zosterops japonicus
メジロ

Phoenicurus auroreus
ジョウビタキ

Ficedula narcissina
キビタキ

Bombycilla japonica
ヒレンジャク

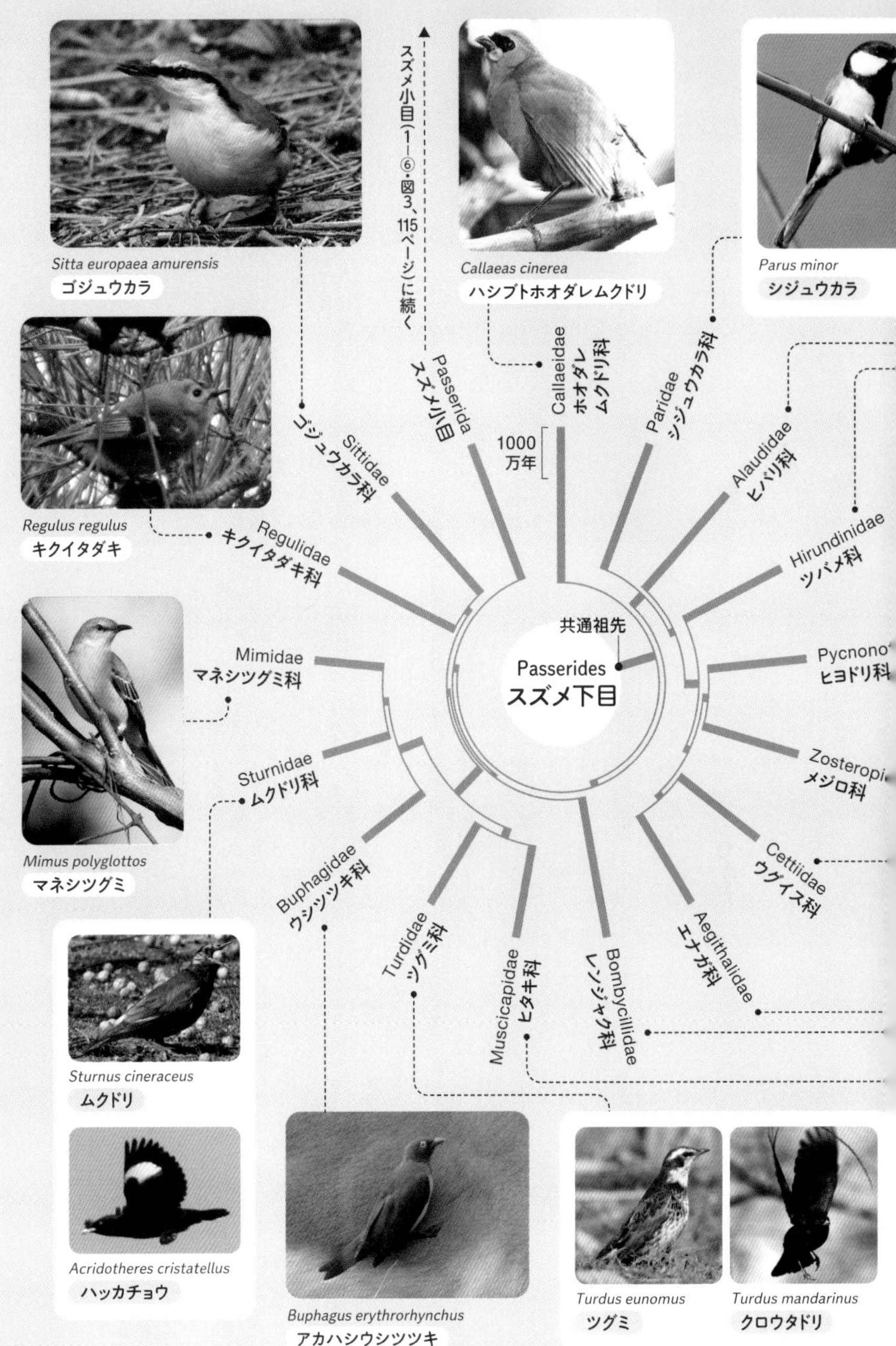

Sitta europaea amurensis
ゴジュウカラ
スズメ小目（1-⑥・図3、115ページ）に続く
Callaeas cinerea
ハシブトホオダレムクドリ
Parus minor
シジュウカラ
Regulus regulus
キクイタダキ
Passerida
スズメ小目
Callaeidae
ホオダレムクドリ科
Paridae
シジュウカラ科
Sittidae
ゴジュウカラ科
1000万年
Alaudidae
ヒバリ科
Regulidae
キクイタダキ科
Hirundinidae
ツバメ科
共通祖先
Passerides
スズメ下目
Mimidae
マネシツグミ科
Pycnono
ヒヨドリ科
Zosterop
メジロ科
Sturnidae
ムクドリ科
Mimus polyglottos
マネシツグミ
Buphagidae
ウシツツキ科
Cettiidae
ウグイス科
Turdidae
ツグミ科
Muscicapidae
ヒタキ科
Bombycillidae
レンジャク科
Aegithalidae
エナガ科
Sturnus cineraceus
ムクドリ
Acridotheres cristatellus
ハッカチョウ
Buphagus erythrorhynchus
アカハシウシツツキ
Turdus eunomus
ツグミ
Turdus mandarinus
クロウタドリ

口絵6 鞘翅目の系統樹マンダラ

分岐の順番と年代は文献(2-③:5)による。スケールは3億年。中心の赤い点線の円は2億9900万年前の石炭紀とペルム紀の境界を示す。この時期にハラタケ綱菌類がリグニン分解能を獲得したと考えられている。2章(2-③、140ページ)に詳しい。

indela chinensis
ンミョウ科
ハンミョウ

Cybister japonicus
ゲンゴロウ科
ゲンゴロウ

Dolerosomus gracilis
コメツキムシ科
キバネホソコメツキ♂

hrysochroa toulgoeti
ビモンハデルリタマムシ

Chrysochroa maruyamai
ヒロキオビルリタマムシ

Sternocera castanea boucardi
クリイロフトタマムシ

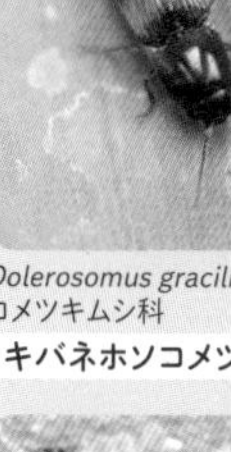
Eusilpha japonica
シデムシ科
オオヒラタシデムシ

cophanaeus imperator
ガネムシ科
ニジイロダイコクコガネ

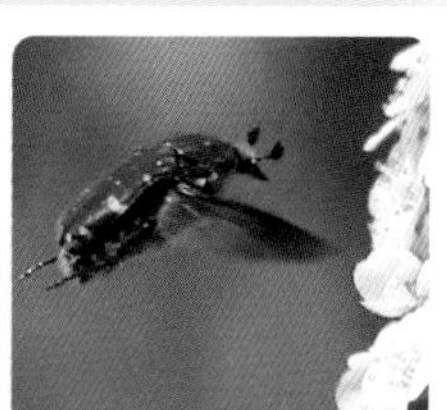

Gametis jucunda
コガネムシ科
コアオハナムグリ

Phelotrupes auratus
センチコガネ科
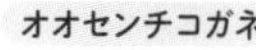
オオセンチコガネ

Allotopus rosenbergi
クワガタ科
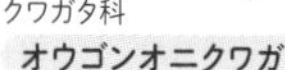
オウゴンオニクワガタ

emeronia sexualis
キリモドキ科
タイロカミキリモドキ♂

Meloe coarctatus
ツチハンミョウ科
ヒメツチハンミョウ

Tenebrio molitor
ゴミムシダマシ科
チャイロコメノゴミムシダマシ

©Own work

Hylastes ater
キクイムシ科
マツノクロキクイムシ

Leptapoderus rubidus
オトシブミ科
ウスアカオトシブミ

Eugnathus distinctus
ゾウムシ科
コフキゾウムシ

Carabus insulicola
オサムシ科
アオオサムシ

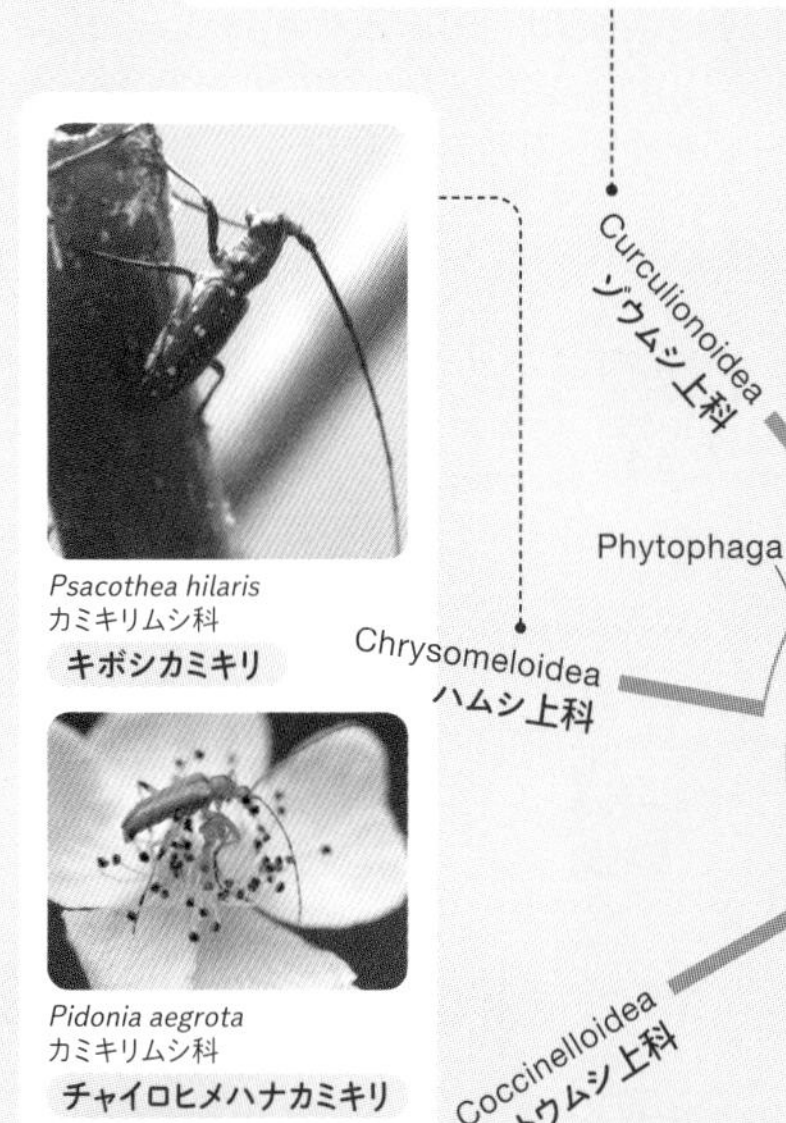

Psacothea hilaris
カミキリムシ科
キボシカミキリ

Pidonia aegrota
カミキリムシ科
チャイロヒメハナカミキリ

Coleoptera
鞘翅目(甲虫)

共通祖先

石炭紀

ペルム紀

3億年

オサムシ亜目

コガネムシ亜目

Phytophaga

Caraboidea
オサムシ上科

Buprestoidea
タマムシ上科

Elateroidea
コメツキムシ上科

Staphylinoidea
ハネカクシ上科

Scarabaeoidea
コガネムシ上科

Tenebrionoidea
ゴミムシダマシ上科

Coccinelloidea
テントウムシ上科

Chrysomeloidea
ハムシ上科

Curculionoidea
ゾウムシ上科

Aulacophora nigripennis
ハムシ科
クロウリハムシ

Cassida sp.
ハムシ科
カメノコハムシの一種

Coccinella septempunctata
テントウムシ科
ナナホシテントウ

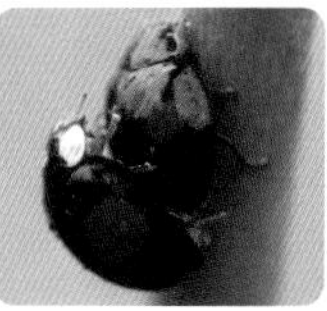

Harmonia axyridis
テントウムシ科
ナミテントウ

口絵7　アメーボゾア門の系統樹マンダラ

写真はすべて子実体。分岐の順番は文献(2-④:11、12)による。この図では、枝の長さは年代を反映していない。クダホコリ、マメホコリ、マツノスミホコリで赤いものと黒っぽいものが並んでいるのは、それぞれ未熟な子実体と成熟した子実体。また、アオモジホコリで緑色と黄緑になったものが並んでいるのも、それぞれ未熟と成熟した子実体。2章(2-④、151ページ)に詳しい。

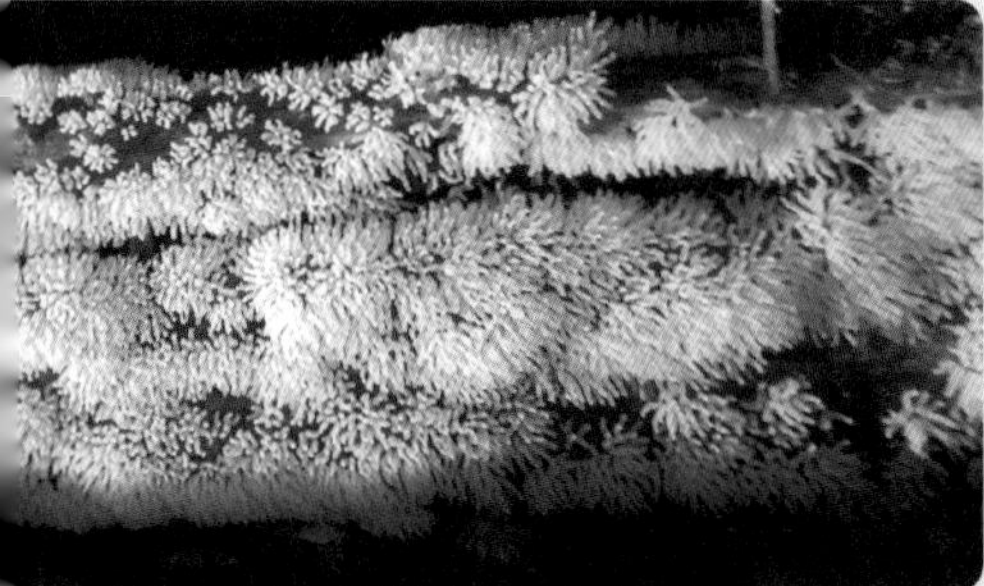

Ceratiomyxa fruticulosa ツノホコリ

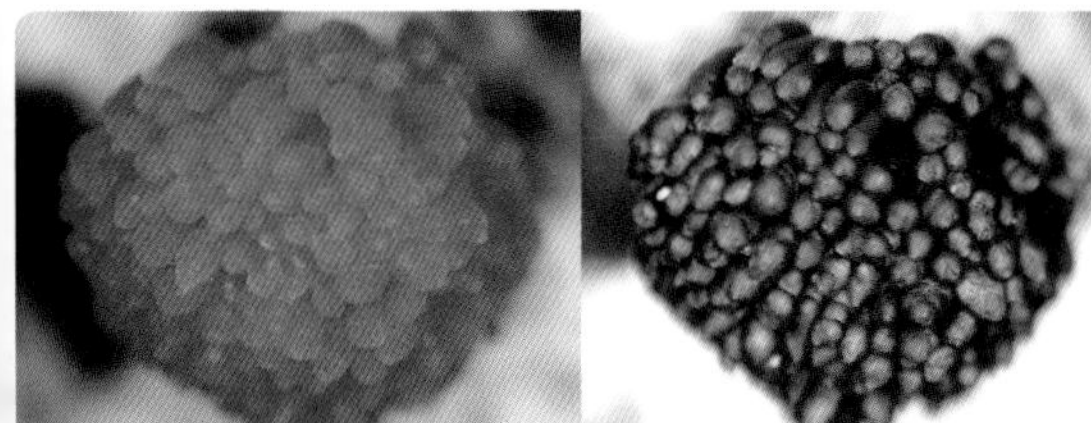

Tubifera ferruginosa クダホコリ

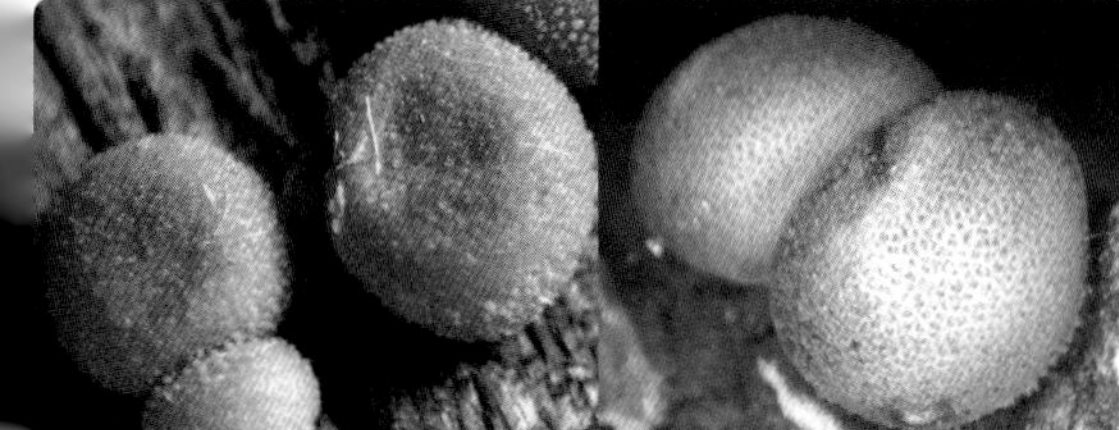

Lycogala epidendrum マメホコリ

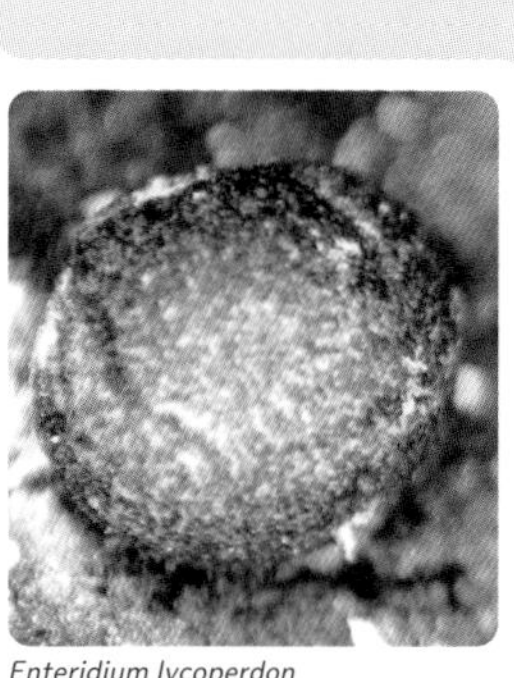

Enteridium lycoperdon
マンジュウドロホコリ

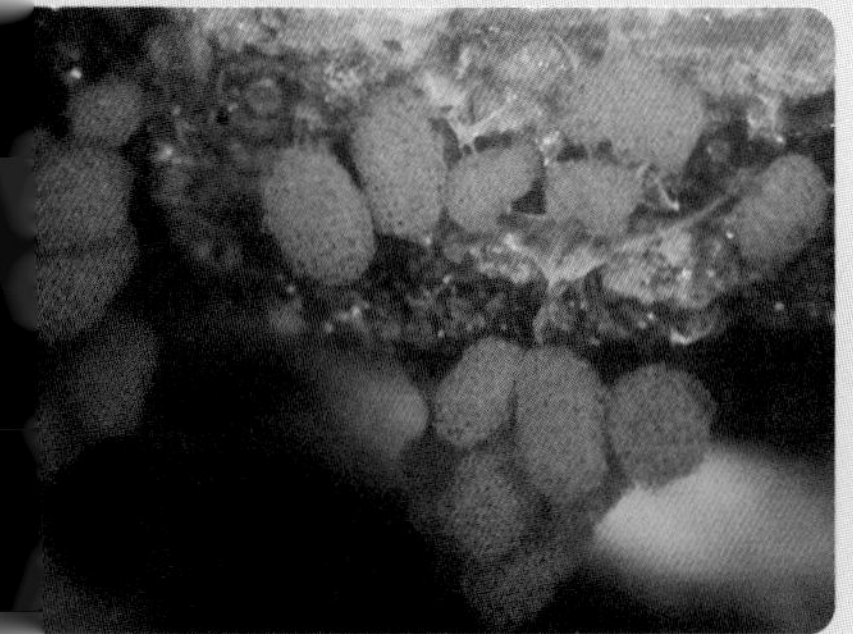

cyria denudata ウツボホコリ

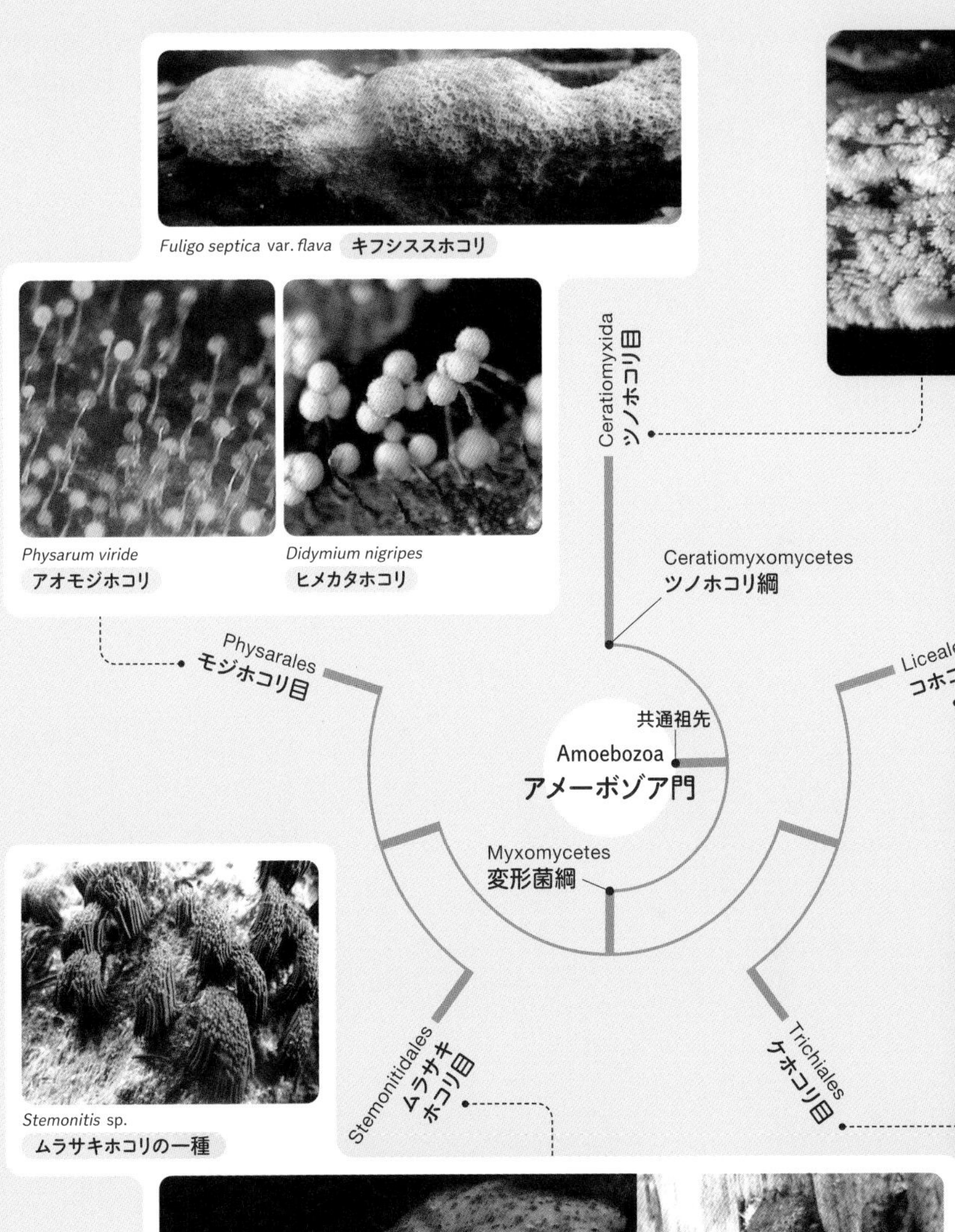

Fuligo septica var. *flava* キフシススホコリ

Physarum viride アオモジホコリ

Didymium nigripes ヒメカタホコリ

Stemonitis sp. ムラサキホコリの一種

Amaurochaete tubulina マツノスミホコリ

口絵8 節足動物門の系統樹マンダラ

分岐の順番と年代は文献(3-①:5)による。スケールは2億年。アメリカカブトエビとササグモ以外の画像は杉浦千里の作品(画像提供:杉浦千里作品保存会・増田美希氏)。背景がピンク色の部分が、甲殻類と昆虫(六脚類)をあわせた汎甲殻亜門。その共通祖先を赤色の点で示した。3章(3-①、164ページ)に詳しい。

Limulus polyphemus
アメリカカブトガニ

Oxyopes sertatus
ササグモ

anus albicostatus
ロスジフジツボ

cambarus clarkii
メリカザリガニ

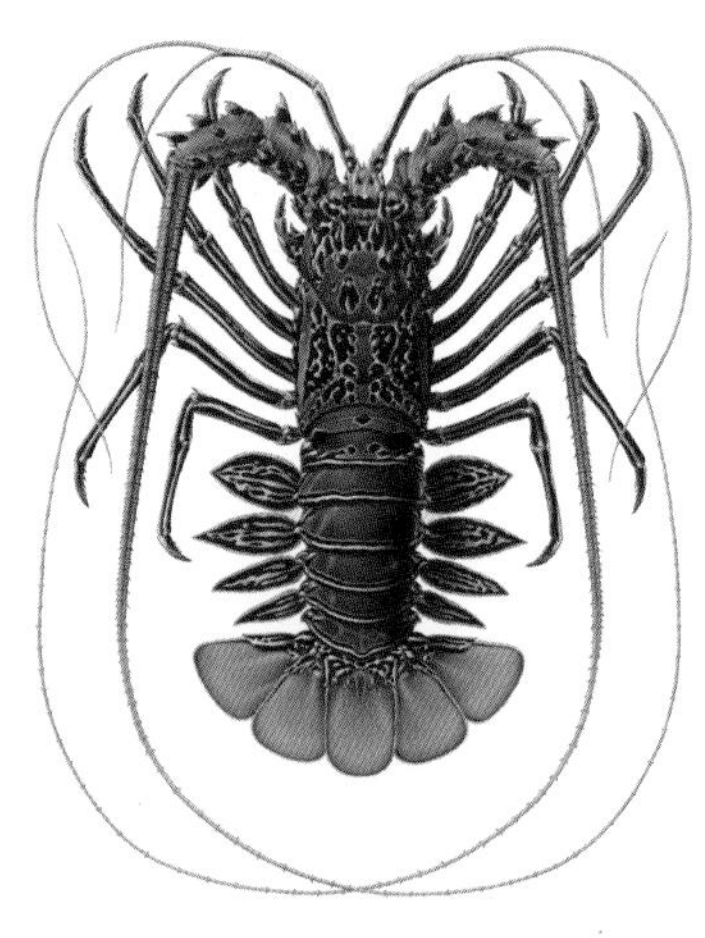

Panulirus versicolor
ゴシキエビ

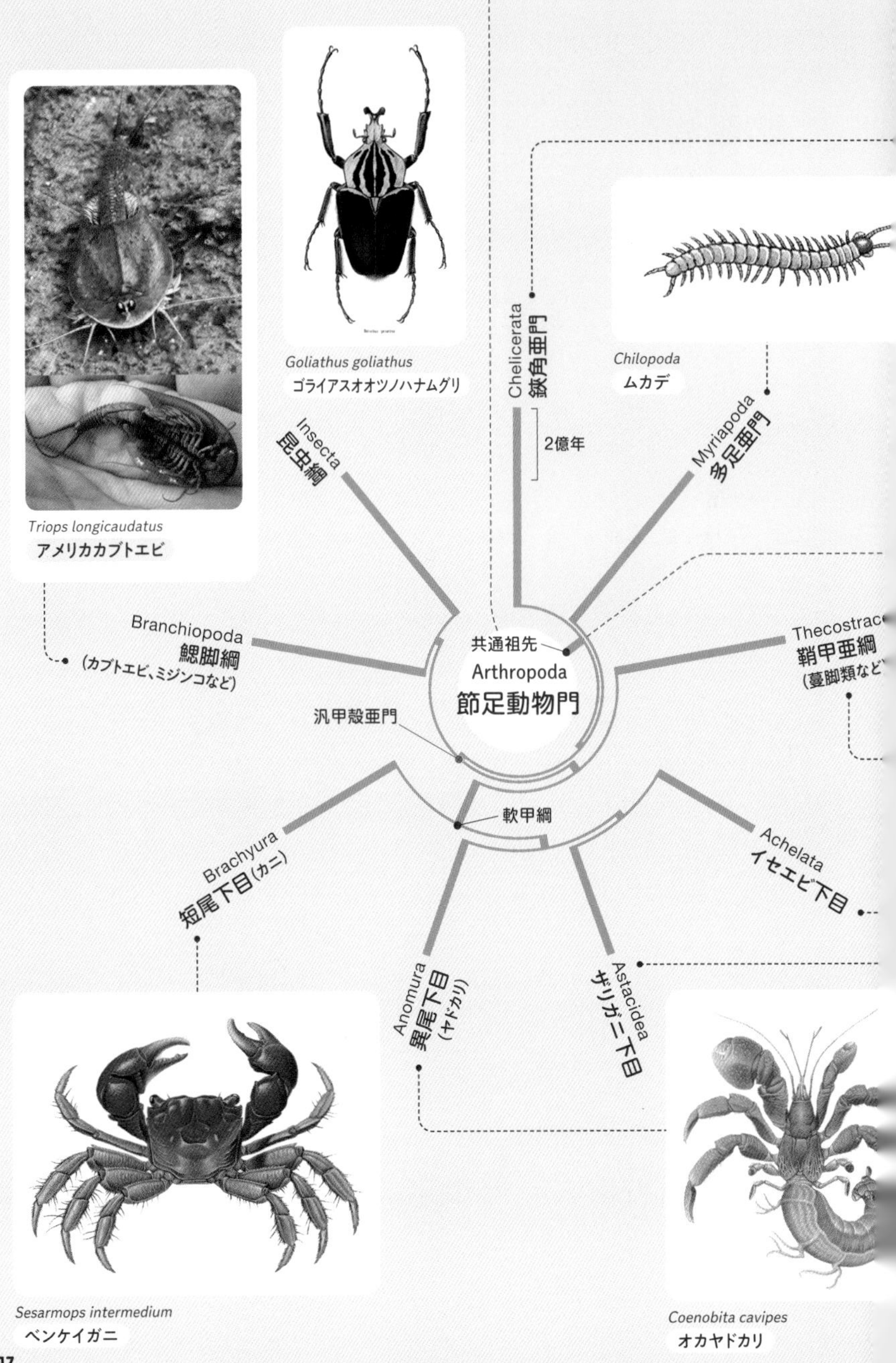

Triops longicaudatus
アメリカカブトエビ
Goliathus goliathus
ゴライアスオオツノハナムグリ
Chilopoda
ムカデ
Insecta
昆虫綱
Chelicerata
鋏角亜門
2億年
Myriapoda
多足亜門
Branchiopoda
鰓脚綱
（カブトエビ、ミジンコなど）
共通祖先
Arthropoda
節足動物門
Thecostraca
鞘甲亜綱
（蔓脚類など
汎甲殻亜門
軟甲綱
Brachyura
短尾下目（カニ）
Achelata
イセエビ下目
Anomura
異尾下目
（ヤドカリ）
Astacidea
ザリガニ下目
Sesarmops intermedium
ベンケイガニ
Coenobita cavipes
オカヤドカリ

口絵9 膜翅目の系統樹マンダラ

分岐の順番と年代は文献(3－③：3)による。スケールは1億年。セナガアナバチ科のエメラルドゴキブリバチの写真以外は日本で、筆者の身近なところで撮影したもの。3章(3－③、189ページ)に詳しい。

Opheltes glaucopterus apicalis
ベッコウアメバチモドキ

Triancyra galloisi
ガロアオナガバチ

Vespa mandarinia
オオスズメバチ

Eumenes micado
ミカドトックリバチ

Cyphononyx fulvognathus
ベッコウクモバチ

アシダカグモを襲うツマアカクモバチ。

Tachypompilus analis
ツマアカクモバチ（左）

Bombus sp.
マルハナバチの一種
Apis mellifera
セイヨウミツバチ
Tenthredinidae gen. sp.
ハバチの一種
Tenthredinoidea
ハバチ上科
Anthophila
ハナバチ類
Ichneumonoidea
ヒメバチ上科
1億年
白亜紀
ジュラ紀
広腰亜目
共通祖先
細腰亜目
Chalybion japonicum
ヤマトルリジガバチ
Sphecidae
アナバチ科
Vespoid
スズメ
上科
Hymenoptera
膜翅目
毒針の獲得
Ammophila sabulosa
サトジガバチ
Ampulicidae
セナガアナバチ科
Pompiloidea
クモバチ上科
Formicoidea
アリ上科
Scolioidea
ツチバチ上科
Ampulex compressa
エメラルドゴキブリバチ
Camponotus japonicus
クロオオアリ
Campsomeriella annulata
ヒメハラナガツチバチ

口絵10 鱗翅目の系統樹マンダラ

分岐の順番と年代は文献(3-④:1)による。スケールは5000万年。中心部のピンク色の円形の帯は中生代白亜紀(1億4500万~6600万年前)に相当する。この時期に鱗翅目の現生の上科が一斉に分化したことがわかる。赤色で示したアゲハチョウ上科は口絵11(22ページ)に続く。この系統だけが「チョウ」で、そのほかはすべて「ガ」と呼ばれる。3章(3-④、201ページ)に詳しい。

©Michael Kurz

Micropterix aureoviridella
コバネガ

Endoclita excrescens
コウモリガ

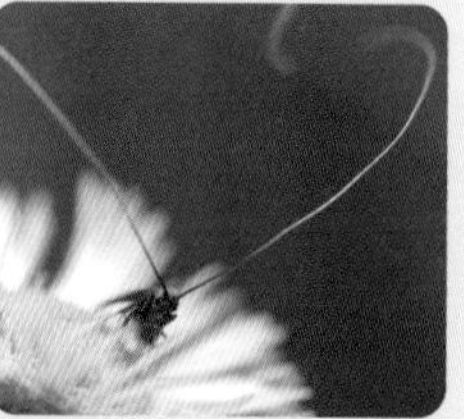
Nemophora albiantennella
クロハネシロヒゲナガ

Grapholita delineana
ヨツスジヒメシンクイ

Pidorus atratus
ホタルガ

Erasmia pulchera chinensis
サツマニシキ

Cerace xanthocosma
ビロードハマキ

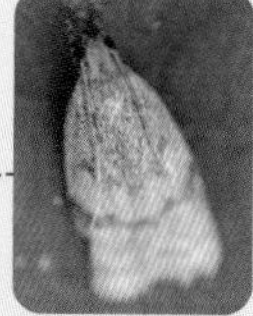
Cryptolechia malacobyrsa
ホソオビキマルハキバガ

Parnara guttata
イチモンジセセリ

Alucita spilodesma
ニジュウシトリバ

anga quadrimaculalis
ツボシノメイガ

Nippoptilia vitis
ブドウトリバ

Graphium sarpedon
アオスジアゲハ

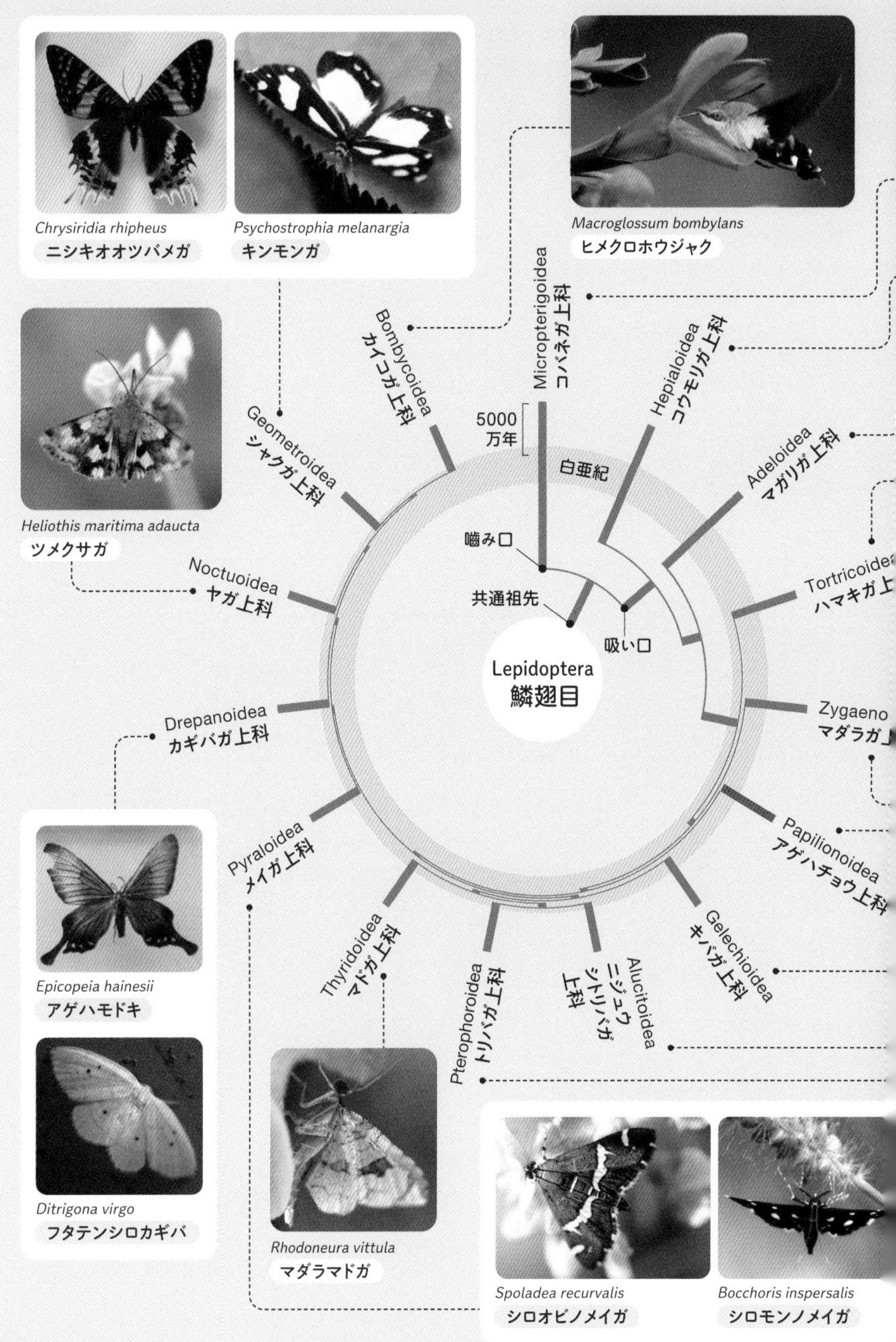
Chrysiridia rhipheus
ニシキオオツバメガ
Psychostrophia melanargia
キンモンガ
Macroglossum bombylans
ヒメクロホウジャク
Heliothis maritima adaucta
ツメクサガ
Micropterigoidea
コバネガ上科
Bombycoidea
カイコガ上科
Hepialoidea
コウモリガ上科
Geometroidea
シャクガ上科
5000
万年
白亜紀
Adeloidea
マガリガ上科
噛み口
Noctuoidea
ヤガ上科
共通祖先
吸い口
Tortricoidea
ハマキガ上
Lepidoptera
鱗翅目
Zygaeno
マダラガ
Drepanoidea
カギバガ上科
Papilionoidea
アゲハチョウ上科
Pyraloidea
メイガ上科
Gelechioidea
キバガ上科
Thyridoidea
マドガ上科
Pterophoroidea
トリバガ上科
Alucitoidea
ニジュウシトリバガ上科
Epicopeia hainesii
アゲハモドキ
Ditrigona virgo
フタテンシロカギバ
Rhodoneura vittula
マダラマドガ
Spoladea recurvalis
シロオビノメイガ
Bocchoris inspersalis
シロモンノメイガ

口絵11　アゲハチョウ上科（じょうか）の系統樹マンダラ

分岐の順番と年代は文献（3－④：2）による。スケールは5000万年。中心部のピンク色の領域は中生代白亜紀（1億4500万～6600万年前）に相当する。この時期にアゲハチョウ上科の科が分化したことがわかる。3章（3－④、201ページ）に詳しい。

Parnassius citrinarius
ウスバシロチョウ

Luehdorfia japonica
ギフチョウ

Parnara guttata
イチモンジセセリ

Papilio xuthus
アゲハ

Byasa alcinous
ジャコウアゲハ

Papilio maackii
ミヤマカラスアゲハ

bythea celtis
テングチョウ

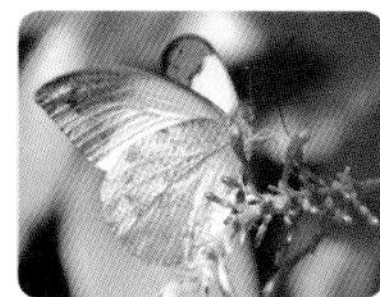

Hebomoia glaucippe
ツマベニチョウ

Pieris rapae
モンシロチョウ

Curetis acuta paracuta
ウラギンシジミ

Lycaena phlaeas
ベニシジミ

Everes argiades
ツバメシジミ

Chorinea sylphina
オオスカシシジミタテハ

Rhetus dysonii
シジミタテハの一種

Amarynthis meneria
ベニスジシジミタテハ

Lypropteryx apollonia
イナズマシジミタテハ

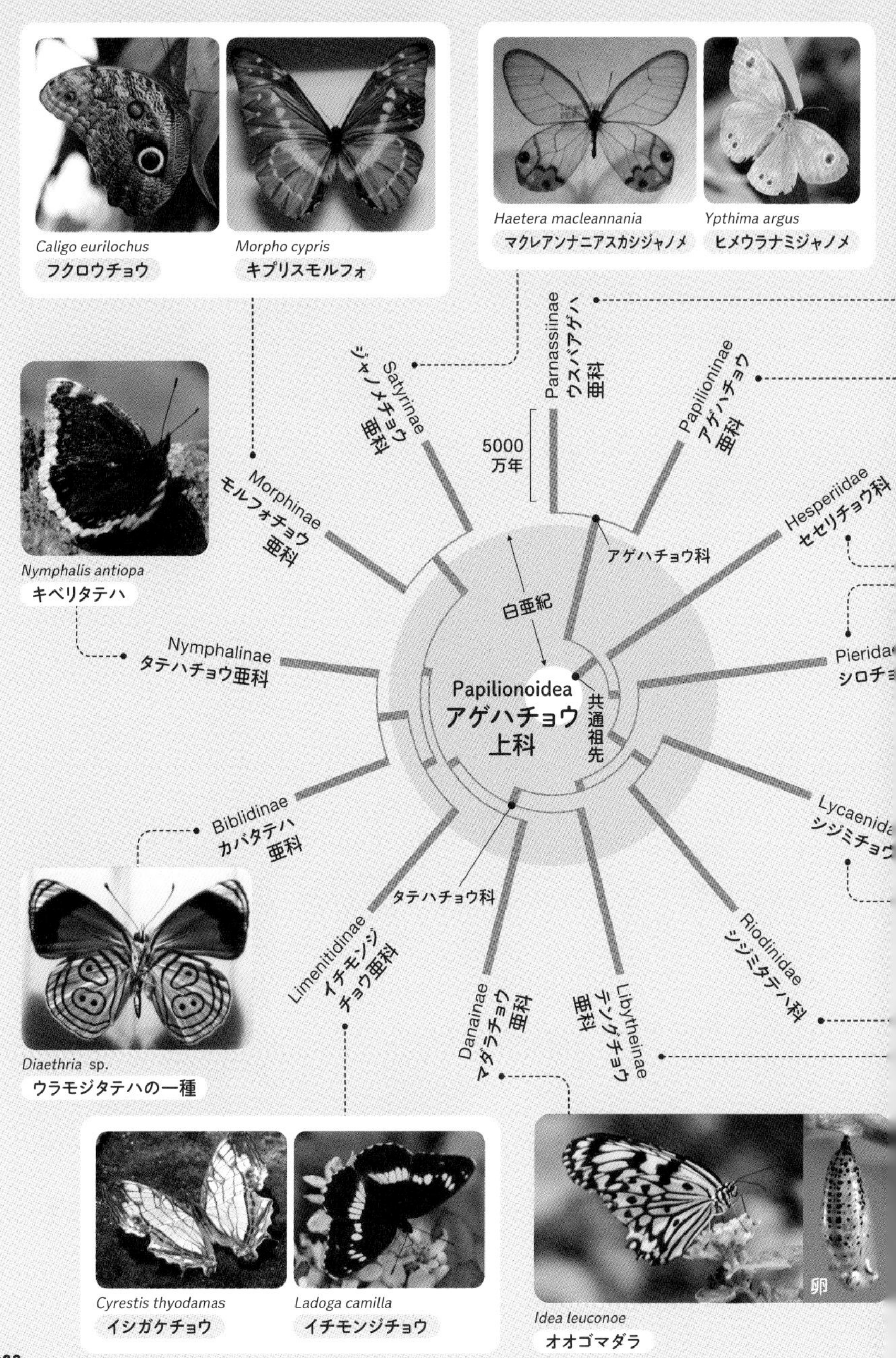

Caligo eurilochus
フクロウチョウ
Morpho cypris
キプリスモルフォ
Haetera macleannania
マクレアンナニアスカシジャノメ
Ypthima argus
ヒメウラナミジャノメ
Parnassiinae
ウスバアゲハ
亜科
Papilioninae
アゲハチョウ
亜科
Satyrinae
ジャノメチョウ
亜科
5000
万年
Morphinae
モルフォチョウ
亜科
Nymphalis antiopa
キベリタテハ
Hesperiidae
セセリチョウ科
アゲハチョウ科
白亜紀
Nymphalinae
タテハチョウ亜科
Papilionoidea
アゲハチョウ
上科
共通祖先
Pierida
シロチョ
Lycaenida
シジミチョウ
Biblidinae
カバタテハ
亜科
タテハチョウ科
Limenitidinae
イチモンジ
チョウ亜科
Danainae
マダラチョウ
亜科
Libytheinae
テングチョウ
亜科
Riodinidae
シジミタテハ科
Diaethria sp.
ウラモジタテハの一種
Cyrestis thyodamas
イシガケチョウ
Ladoga camilla
イチモンジチョウ
卵
Idea leuconoe
オオゴマダラ

口絵12 クジラ類の系統樹マンダラ

分岐の順番と年代は文献(4-⑥:5、6)による。スケールは1000万年。中心部の青い円形の帯は地球の寒冷化が進んだ3400万~3100万年前を示す。この時期に歯クジラの多様化が進んだ。4章(4-⑥、291ページ)に詳しい。

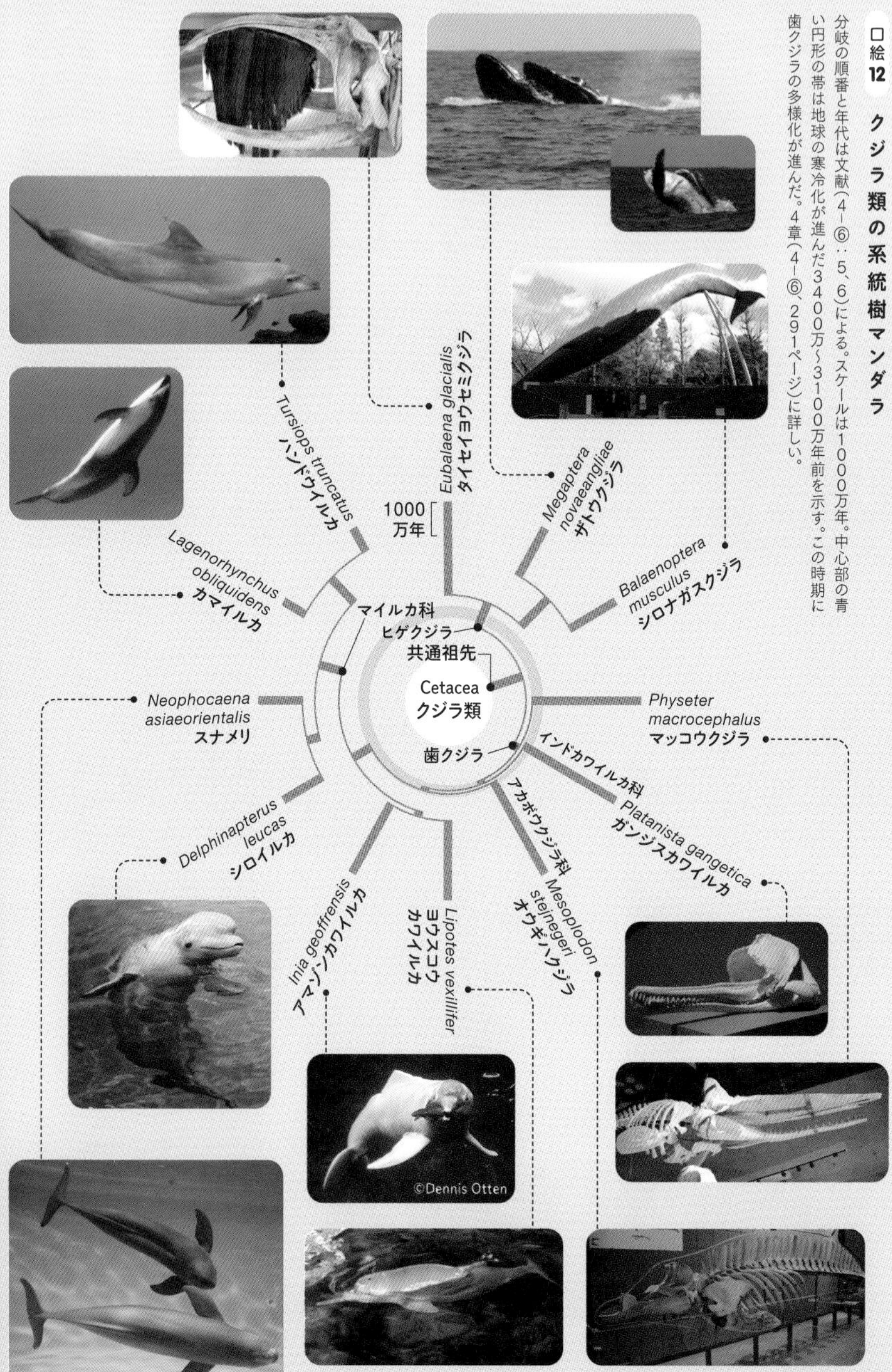

進化生物学者、身近な生きものの起源をたどる

長谷川政美

ベレ出版

まえがき

どの生き物もそれぞれ与えられた環境に適応して生きているが、それはあくまでも祖先がたどってきた過去の歴史を引きずったうえでの話である。

ヒトは直立二足歩行するようになって、それまで前足として歩行に使っていたものを手として使えるようになり、それによって道具をつくれるようになった。

さらに、四足歩行では支えきれないほど大きな脳をもった頭部を、直立することによって支えられるようになった。

このように、直立二足歩行は画期的な歩行様式であるが、それはあくまでも祖先の四足歩行を変形させたものに過ぎない。

生き物は祖先がもっていた素材をいろいろ組み合わせたり、少しずつ変えたりしながら、やりくりして生きてきたのである。

哺乳類の胎盤が進化するにあたって重要な働きをした遺伝子が、もともとはレトロウイルスに由来しているという説がある。このように、ときには画期的な進化の素材が外からもたらされることもあるが、生物が過去のしがらみから自由になることはない。

したがって、現在の生物の生き方を理解するためには、過去から連綿と続いてきた進化の流れのなかで捉えることが必要である。

現在の生物のもつさまざまな特徴は、すべて進化の産物なのだ。

およそ38億年前に生きていた「ＬＵＣＡ（Last Universal Common Ancestor）」と呼ばれる共通祖先から出発した進化によって、多様な生き物たちで満ちあふれる現在の地球が生まれた。

ルカという共通祖先から出発し、枝分かれを繰り返しながら、多様な生き物たちが進化してきたのだ。

このような進化の歴史は、「系統樹」というかたちで表現される。近年では遺伝子の実体であるＤＮＡの塩基配列の情報を使って系統樹が描かれるようになってきた。

本書では、私が身近な場所や世界各地でこれまで撮りためてきた写真を中心にして、それにまつわる生き物たちの進化に関するよもやま話をまとめたものである。

２０２０年から始まった「新型コロナウイルス感染症」と呼ばれたCOVID-19の感染拡大で、3年ほどわれわれの生活は制限された。このあいだ、旅行に出掛けることもなくなり、その代わりに身近な環境をじっくりと観察できる機会が増えたように思われる。

本書で取り上げた話題のなかにも、このような機会に遭遇した生き物を扱ったものが多い。そのため、本書のタイトルのなかに「身近な生きもの」という言葉を入れた。読者の皆様も、それぞれの身近な生き物を通じて、進化の目で見る生き物の世界を広げていただきたい。

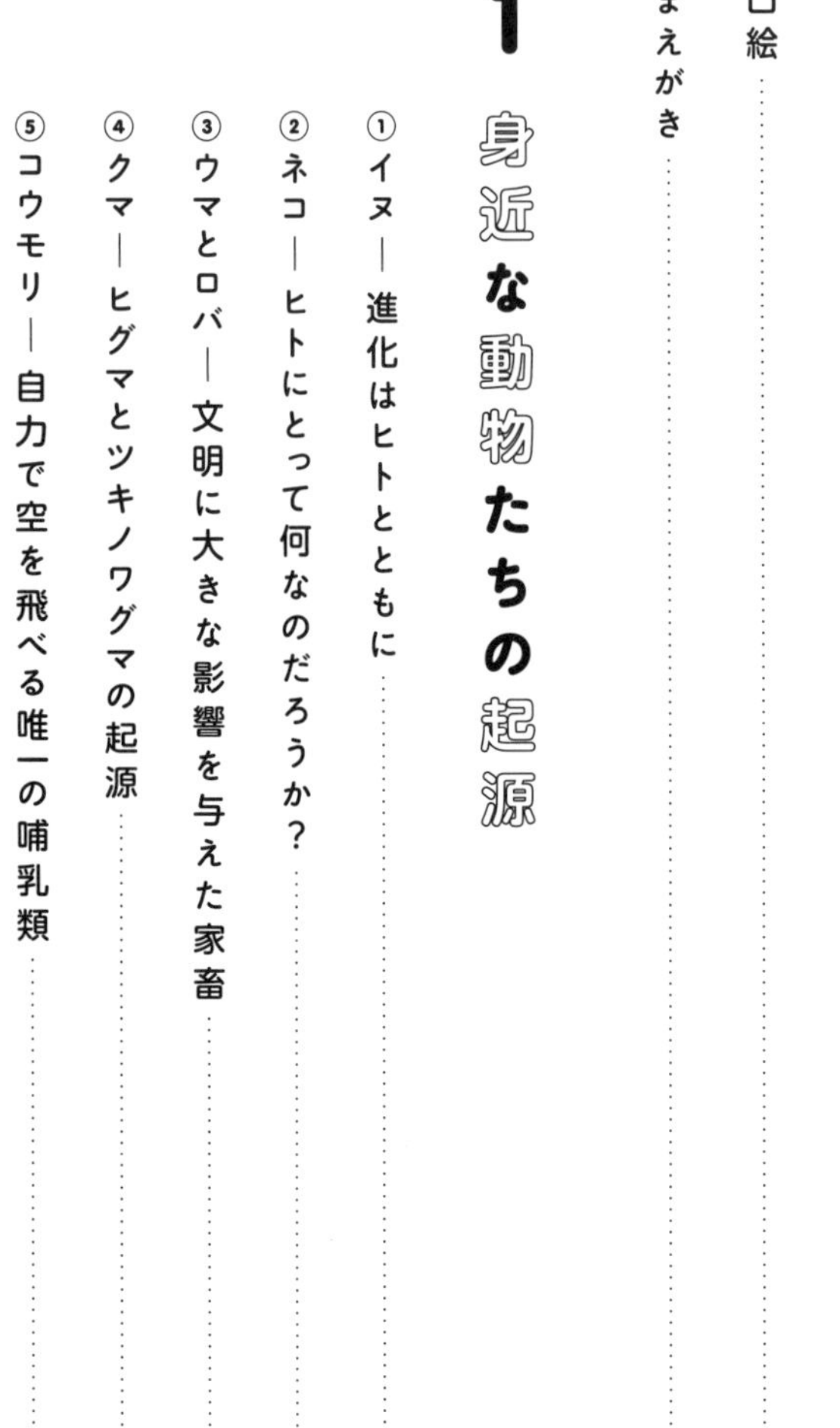

目次

口絵 …… 001
まえがき …… 026

1 身近な動物たちの起源

①イヌ — 進化はヒトとともに …… 034
②ネコ — ヒトにとって何なのだろうか？ …… 047
③ウマとロバ — 文明に大きな影響を与えた家畜 …… 056
④クマ — ヒグマとツキノワグマの起源 …… 066
⑤コウモリ — 自力で空を飛べる唯一の哺乳類 …… 088
⑥スズメ目 — 鳥類最大グループの多様性 …… 106

2 植物とそれに依存する生き物たち

① 巨木の起源―コケが陸上に上がってから 120
② 菌類の驚くべき役割―酸素欠乏事件 127
③ タマムシ―木を食べる美しい虫 140
④ 小さな生き物―物質循環の立役者 151

3 大繁栄する昆虫たち

① 昆虫の起源―大繁栄する節足動物 164
② 昆虫と植物のあゆみ―もちつもたれつの関係 175
③ 無慈悲なハチと慈悲深いハチ―利他行動の進化 189
④ チョウとガ―植物との共進化 201

4 進化する進化生物学

①退化と中立進化――分子レベルで見える世界 …… 212
②性選択はメスの好みで決まるのか――抵抗と受容の歴史 …… 225
③音楽の起源を探る――進化学的アプローチ …… 247
④海を越えた動物の移住――海流と生き物の分布 …… 259
⑤生き物たちの進化を捉える――多面的なものの見方のススメ …… 281
⑥思い出に残る生き物たち――出会いと別れ …… 291

あとがき …… 304
引用・参考文献 …… 321
索引 …… 325

1

身近な動物たちの起源

1-① イヌ ― 進化はヒトとともに

最良の友

イヌはヒトにとっての「最良の友」といえるかもしれない[1]。動物学者の島泰三は、『ヒト、犬に会う』という本の中で、イヌはヒトにとって友以上の存在であり、イヌがいたからこそ、ヒトは現在の文明にまで至ったのではないか、という議論を展開している[2]。いずれにしても、イヌとヒトの出会いが双方の進化にとって重要だったことは確かであろう。

本書は、私たちにとって身近な生き物であるイヌの話から始めることにする。ほとんどの人は、ふだんイヌを可愛がることはあっても、その起源までは考えないかもしれない。ただ、イヌをはじめとした身近な生き物たちを進化の視点で改めて見ると、意外な発見もあるはずだ。こうした発見に触れることで、目の前の生き物たちがさらに愛おしくなることもあるだろう。

イヌの誕生

イヌは「イエイヌ」ともいうが、正式にはハイイロオオカミ（*Canis lupus*）の「亜種」として、「*Canis lupus familiaris*」という学名がついている。柴犬やゴールデンレトリバーなど「犬種」は違っても、学名は同じ「*Canis lupus familiaris*」となる。

まぎらわしいので少し説明しておくと、「亜種」は、同じ種の中で姿形が異なるものを、その違いが生息しているそれぞれの地域と結びついている場合に区別するために名付けられる。

一方「犬種」は、イヌの品種のこと。人の手によってつくりだしたものなので、亜種のように進化にもとづいた分類名ではない。

繰り返しになるが、イヌはハイイロオオカミの亜種なので、ヒトの近くにいたハイイロオオカミの中からイヌが進化した。

イヌがヒトの進化と深く関わるようになった背景には、集団で生活するハイイロオオカミの社会性が関係していることは確かだが、ハイイロオオカミがそのままイヌになったわけではない。そこには、島が論じているように、イヌの祖先とヒトとのあいだの「共進化」があった。お互いに相手に強い影響を与えながら、一緒に進化してきたのである。

イヌの仲間の親戚関係

生き物の種のあいだの親戚関係を表す図を「系統樹」あるいは「生命の樹」と呼ぶ。その中でも特に、中心点のまわりにいろいろな生き物を配置した系統樹のことを「系統樹マンダラ」と呼んでいる。

ここから、イヌの祖先であるイヌ科動物の系統樹マンダラ（口絵1）を見ながら、イヌの仲間たちの進化の歴史を見ていこう。イヌ科には、オオカミとイヌをはじめ、タヌキやキツネも含まれる。イヌ科の「科」とは、生き物の分類体系の単位の一つである。

まず、「イヌ」にくっついている「科」について説明しておこう。生き物の分類体系は、スウェーデンの博物学者カール・フォン・リンネ（1707〜1778年）が確立したものである。リンネの分類では、類似性をもっている種同士を一つにまとめ、それをまず「属」というグループにする。次に、より基本的な類似性からいくつかの属をまとめて「科」や、さらに「目」というより大きなグループにしていくのだ。

ややとっつきにくいかもしれないが、言葉の意味を少しずつ理解しながら、イヌ科動物の系統樹マンダラ（口絵1）を見ていこう。ハイイロオオカミとイヌはとても近い関係なので、口絵1の左上で隣り合っている。

ハイイロオオカミに近縁な社会性のイヌ科動物は多いが、ハイイロオオカミ以外には家畜化された例は知られていない。

ただし、チャールズ・ダーウィンが1833年にビーグル号で世界一周の旅の途中に立ち寄った、南アメリカのフォークランド諸島で出会ったフォークランドオオカミ(*Dusicyon australis*)が、もう一つの例だった可能性がある。

ダーウィンは、ほかに陸生哺乳類がいないこの島に、なぜフォークランドオオカミだけがいるのか不思議に思った[6]。このオオカミはその後1876年に絶滅したが、絶滅した生物のDNAを研究する最先端技術「古代DNA解析」の結果、新たな発見があった。

フォークランドオオカミは、図示はされていないが、口絵1の右下の部分に位置し、どちらも南アメリカ固有のタテガミオオカミとヤブイヌが分岐して間もなく、タテガミオオカミの系統から分かれたことが明らかになったのだ[7]。

ヒトが連れてきた可能性が考えられたが、フォークランド諸島には古い時代にヒトが活動した痕跡は見つからなかったので、なぜフォークランドオオカミがこの島にいたのかは謎であった。ところが、2021年になってこの島で、ヨーロッパ人がやってくるはるか以前からの先住民が生活していた痕跡が見つかった[8]。

そこにはフォークランドオオカミの骨も見つかり、同位体分析の結果、このオオカミがオタリアなどの大型海生哺乳類を食べていた可能性が高いことがわかった。このことは、フォークランドオオカミは先住民に連れられてこの島にやってきて、先住民からオタリアの肉を与えられていた可能性を示唆する。

ハイイロオオカミにもっとも近縁なものはコヨーテで（口絵1）、次に近縁なのがエジプトのアフリカゴールデンウルフである。もともと「キンイロジャッカル」と呼ばれていたものが、遺伝学的な解析の結果、いくつかの種に分かれることがわかったのである。まず、ユーラシアとアフリカのキンイロジャッカルが別種であることが判明し、前者をキンイロジャッカル、後者を「アビシニアジャッカル」と呼ぶようになった。さらに後者の中に、ハイイロオオカミやコヨーテに特に近縁な集団が含まれていることがわかり、「アフリカゴールデンウルフ」と呼ばれるようになったのである。[4・5]

イヌはどこで進化したか

ハイイロオオカミはユーラシア大陸全域から北アメリカまで広く分布する。その分布域のなかのどこでイヌは進化したのだろうか。

イヌに遺伝的に近いハイイロオオカミの集団が見つかれば、その集団の分布域（本当は家畜化された当時の分布域であるが）の近くで、ヒトとイヌが密接に関係した「共進化」の歴史が始まったと考えることができる。

北アメリカのハイイロオオカミに比べてユーラシアのもののほうが遺伝的にイヌに近いことがわかっている。しかし、ユーラシアの中で特にイヌに近い集団は認められていなかったので、候補として挙げられていた東アジア、中東、ヨーロッパなどのうちのどこがイヌの起源の地かという点は不明であった[9]。ところが最近の研究で、その手掛かりが得られつつある。

現在日本にはハイイロオオカミは分布しないが、かつてはハイイロオオカミの2つの亜種がいた。本州、九州、四国に分布していたニホンオオカミ（*Canis lupus hodophilax*）と北海道のエゾオオカミ（*Canis lupus hattai*）である。ニホンオオカミは1905年、エゾオオカミは1899年に絶滅したとされている[10]。

ニホンオオカミは山の守り神として崇拝されていて、昔の日本人は決してオオカミを殺さなかったという。エゾオオカミもアイヌの人々にとっては神であった[2]。ところが江戸時代の1732年頃に大陸から狂犬病が入り込み、オオカミにも流行した。狂犬病に罹ったオオカミは攻撃性を増し、農民との軋轢が高まって駆除の対象になり、次第に数を減らした。

明治以降も、外国との交流が盛んになり、持ち込まれた狂犬病やジステンパー病のオオカミへの蔓延が続き、ヒトによる駆除と生息環境の悪化などが重なって絶滅したと考えられる。

総合研究大学院大学の五條堀淳と寺井洋平らのグループは、ニホンオオカミの古代DNA解析から思いがけないことを発見した。[11] 彼らは19世紀から20世紀初頭に生きていたニホンオオカミ9個体の全ゲノム解析を行ない、世界中のハイイロオオカミのなかで、ニホンオオカミがイヌにもっとも遺伝的に近いことを明らかにしたのである（図1）。

イヌは遺伝的にまとまったグループをつくるので、イヌの起源は一つだと考えられる。五條堀らの研究が明らかにしたのは、これまでイヌの起源の候補に挙げられていた地域に分布しているどのハイイロオオカミよりも、絶滅したニホンオオカミはイヌに近縁だというのである。

この結果は、イヌの起源が日本だったということを示すわけではない。たぶん東アジアにいたハイイロオオカミの集団からイヌ系統が生まれ、この集団あるいは近縁な集団が日本に渡ってニホンオオカミになったのだろう。東アジアの大陸にいた祖先集団はその後に絶滅したと考えられる。

大陸ではさまざまな地域集団の交流が盛んであり、集団の遺伝的な構成は変化するが、日本のようにある程度隔離された地域では、古い集団がそのまま残りやすいのである。

現在の集団の遺伝的多様性の解析から、祖先集団の大きさ（個体数）が推定できる。そ

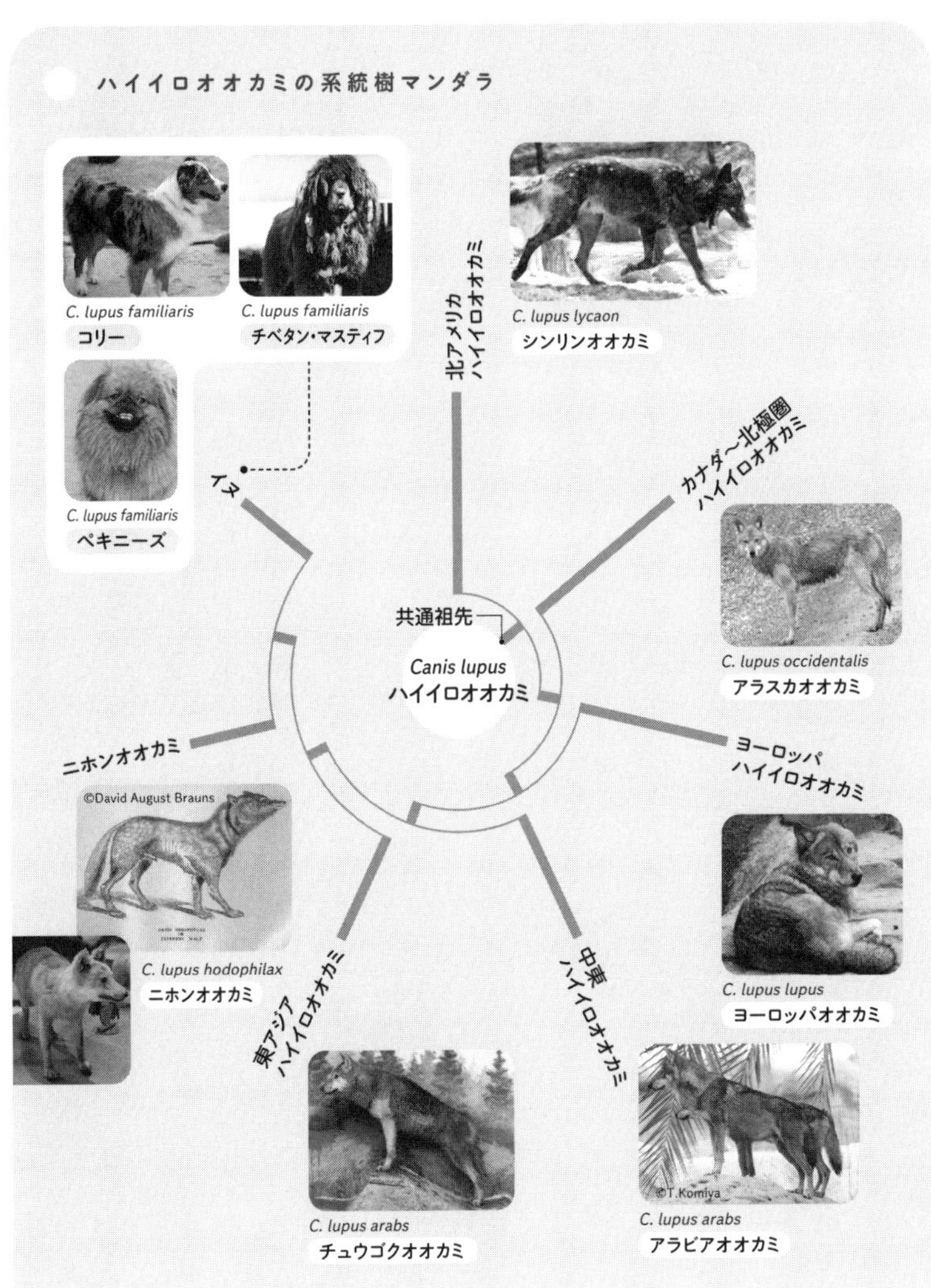

図1) イヌを含むハイイロオオカミの系統樹マンダラ。文献(11)の図をもとに作図。ただし、図で使われた個体の遺伝的形質がそれぞれの集団を代表している保証はない。アラビアオオカミの写真は小宮輝之氏より提供。ニホンオオカミの絵は、ナウマンゾウで有名なナウマンの後継者として東京帝国大学理学部教授だったダーフィト・ブラウンスが1881年に描いたもの。

のような解析から、イヌとハイイロオオカミの両方ともかつて非常に個体数が減少した時期を経験したことがわかっている。そのことを「ボトルネック（びん首）」という。

イヌの起源が一つだとすれば、その祖先集団が小さかったことは当然であるが、ハイイロオオカミのほうもイヌが進化した頃は現在よりもはるかに遺伝的に多様だったのである。その後、ハイイロオオカミの多くの地域集団は絶滅したために、イヌの起源がどこだったのかがはっきりしなかったと考えられる。

イヌを生み出した東アジアのハイイロオオカミの集団はその後に絶滅したが、日本に渡った集団が20世紀初頭まで生き延びたのである。

イヌの多様化

ここまでお話ししてきたように、イヌの起源はヨーロッパや中東ではなく、東アジアだったようである。イヌではないかと思われる化石は、およそ2万7000年前のものがチェコで、およそ3万6000年前のものがベルギーで見つかっているが、初期のものは形態だけからイヌであると判定するのは難しい[12]。

はっきりとイヌであると判定できる化石は、東ユーラシアのロシア・アルタイ地方で見つかったおよそ3万3000年前のもので、ミトコンドリアDNAの古代DNA解析によって確かにイヌであるとされたものである。[13] このこともイヌの起源が東アジアであるという説と符合する。

ヒトが農耕を始めたのは、最終氷期が終わった1万2000年前以降とされているが、イヌの家畜化が起ったのは、農耕が始まる以前の狩猟採集の時代だったのだ。現在のイヌの品種の多くは、デンプンを分解するアミラーゼという酵素の遺伝子数がハイイロオオカミに比べて多くなっているが、これは農耕が始まって、ヒトの出す残飯を処理するようになってからの適応進化の結果だと思われる。[12]

図2に、イヌのさまざまな品種の遺伝子データをもとに描かれた系統樹マンダラを示した。イヌは3つの大きなグループに分かれる。

1つは「東ユーラシア」と名付けられたグループで、日本の柴犬、秋田犬、紀州犬がこれに含まれる。ニューギニアのシンギングドッグ、オーストラリアのディンゴなどもこのグループである。

2つ目は「西ユーラシア」と名付けられているが、アフリカのバセンジー、メキシコのチワワ、中国の在来犬なども含まれる。

3つ目が、グリーンランドそり犬やシベリアンハスキーなどの「そり犬」グループである。

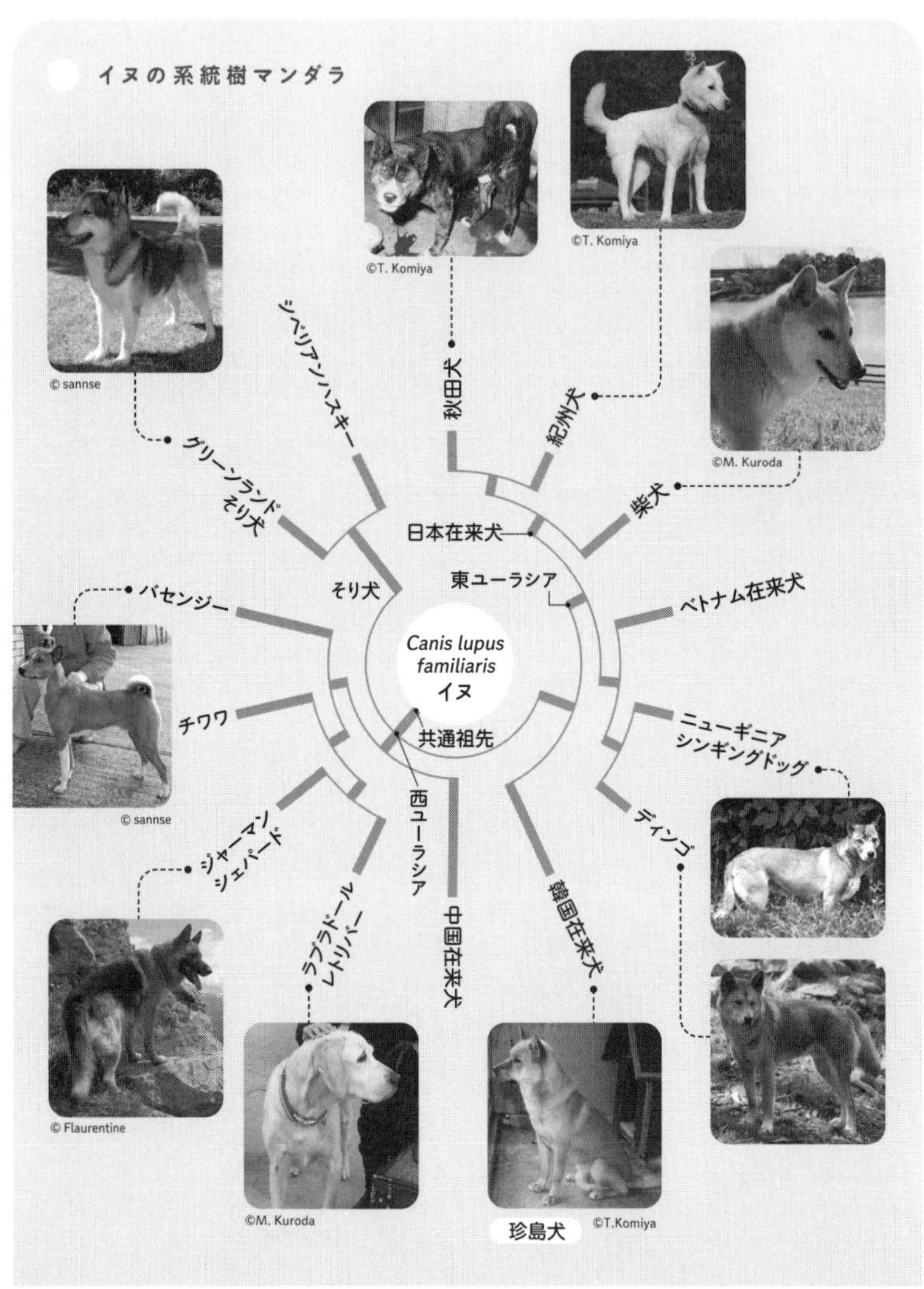

図2)イヌのさまざまな品種の系統樹マンダラ。文献(11)の図をもとに作図。原論文ではもっと多くのイヌの品種が解析されているが、その一部を取り上げた。写真のうち、柴犬とラブラドールレトリバーは黒田美月氏、秋田犬、紀州犬、韓国珍島犬は小宮輝之氏の提供。ニューギニアシンギングドッグは東ベルリン動物園(1991年6月29日)、ディンゴはオーストラリア・アデレード動物園(2010年4月11日)で撮影したもの。

最初の東ユーラシアグループだけではなく、西ユーラシアグループにも中国在来犬が、また、そり犬グループにもシベリアンハスキーのように北東アジアのものが含まれるなどからも、イヌの東アジア起源説は妥当であろう。西ユーラシアグループには、過去200年くらいのあいだに西欧で生み出された多様な品種が含まれる。

東ユーラシアグループのオーストラリアの野生犬ディンゴはヒトが持ち込んだものである。ディンゴに近縁なものとしては、ニューギニアのシンギングドッグがいて、この2種類のイヌは外見も似ている。これらは、現在のベトナム在来犬に近縁な東南アジアのイヌをヒトが連れていったものと考えられる。

しかしながら、ディンゴはオーストラリアに最初に到達したアボリジニが連れていったものではなさそうである。最初のアボリジニの到達はおよそ5万年前であるが、ディンゴの最古の化石はそれよりもはるかに遅れた3500年前のものである。

一方、ミトコンドリアDNAの解析からは、ディンゴがオーストラリアに到達したのは4600~1万8300年前だったと推定されている。[14] 最初のアボリジニが連れていったものではないにしても、ディンゴはニューギニアのシンギングドッグと共に、イヌの中でも特に古い系統がほかの系統と交じり合うことなくそのまま存続している貴重な存在である。

日本の柴犬、秋田犬、紀州犬などは、これら東南アジア由来の古い系統のイヌに近縁である（図2）。ディンゴやシベリアンハスキーなど農耕文化に接してこなかったイヌでは、先ほど紹介したアミラーゼ遺伝子の増加は見られない[12]。

イヌとハイイロオオカミとは同種と見なされるほど遺伝的に近いので、集団として分かれた後にも交雑は続いたであろう。最終氷期が終わる1万2000年前頃までには、東ユーラシアと西ユーラシアのグループは分かれていたと考えられるが[15・16]、現在の東ユーラシアグループのイヌのゲノムの中にニホンオオカミの祖先由来のものが残っている。

いちばん多くニホンオオカミの祖先のDNAを保有するのがオーストラリアのディンゴとニューギニアのシンギングドッグであり、それがゲノムの5・5パーセントに達する。また柴犬など日本の在来犬のゲノムの3〜4パーセントがニホンオオカミの祖先由来だという[11]。

1-② ネコ ― ヒトにとって何なのだろうか？

ネコ科動物の近縁関係

イヌが家畜としてヒトと一緒に生活するようになったのは、農耕が始まるはるか以前、3万年以上前のことであったが、ネコとヒトの結びつきは、ヒトが農耕を始めて穀物を貯蔵するようになってからだと思われる。

　貯蔵された穀物を狙うネズミがヒトの周辺に集まり、それを狙うヤマネコが集まるようになったのが始まりであろう。そのように人間社会とのかかわりをもつようになったヤマネコから家畜のネコ（イエネコともいう）が進化した。

　イヌは、最初に狩猟採集民によって家畜化された当初は、ヒトと協力して狩りをするパートナーとしての役割を果たしたと考

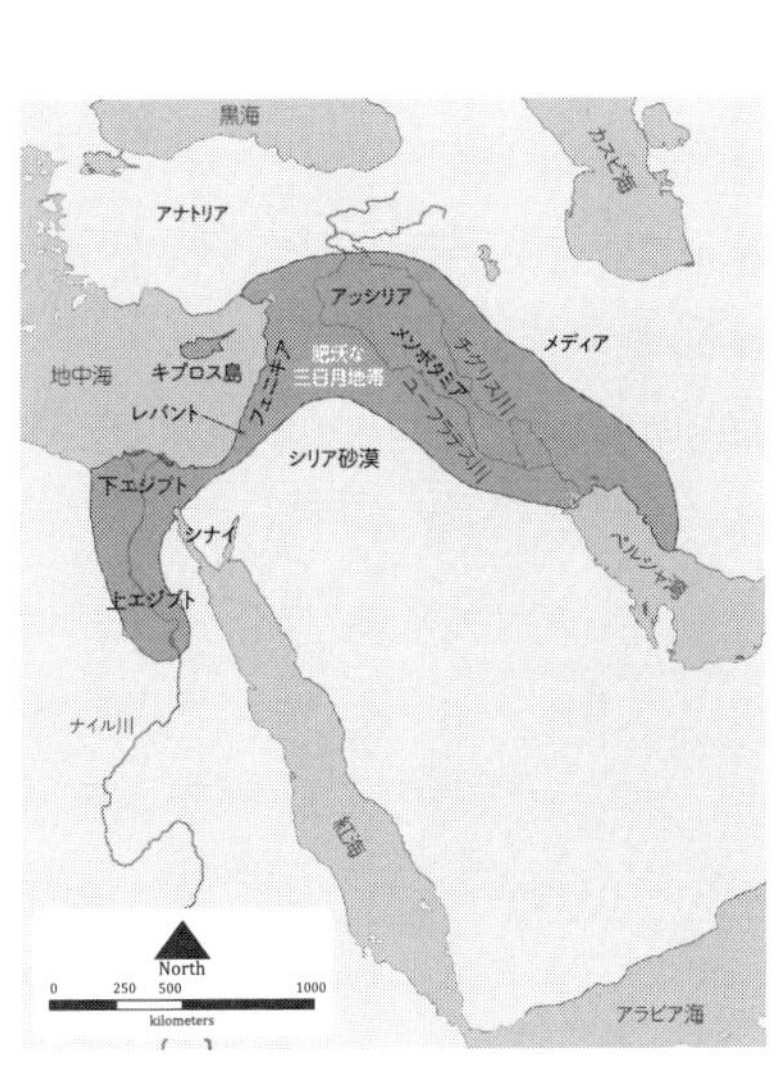

図1）肥沃な三日月地帯（濃いグレーに塗られた地域）の地図。

えられる。また、ウマやウシは荷物やヒトの運搬、農耕、乳や肉など、ヒトにとって実利的な価値があった。それでは、ネコはなんの役に立っていたのであろうか。

これから見ていくように、最初にネコがヒトと生活を共にするようになったのは、農耕発祥の地であった中東の「肥沃な三日月地帯」(図1)と呼ばれる地域だったと考えられる。その頃、ネコがヒトの社会に対してもっとも貢献したのがネズミを獲ることだった(図2)。

ネコがネズミを獲ってくれていなければ、もっと多くの人々が飢えに苦しんだことであろう。さらに、ヒトが農耕を始め、集落をつくり、密集して生活するようになってから起った深刻な問題が感染症であった。

そのなかでも、ネズミが媒介するペストはもっとも恐ろしい感染症の一つであった。ネコがネズミを獲ってくれたおかげで、多少なりともそのような感染症が抑えられていたのかもしれない。

図2) ネズミを捕まえたネコ(*Felis silvestris catus*)。2005年11月13日、マダガスカルにて。

ネコ科動物の近縁関係

あとで詳しくお話しするように、ネコはヨーロッパヤマネコの一亜種であるリビアヤマネコが家畜化されたものであるが、まずネコ科全体の進化を見てみよう。口絵2が核ゲノムのデータをもとに描かれたネコ科の系統樹マンダラである。

ネコ科全体は、ライオン、ヒョウ、トラなどの「大型ネコ科グループ」と、そのほかの「小型ネコ科グループ」とに大別される。「大型」にはこのほかにジャガー、ユキヒョウ、ウンピョウなどが含まれる。

この「大型」「小型」という区別は便宜的なもので、からだの大きさは実際にはあまり系統を反映していない。小型のなかにはチーターやピューマなど比較的大型のものも含まれている。また、大型のなかでも最大のライオンとトラがいちばん近縁ではなく、それらに比べると小さなヒョウが、ライオンともっとも近い親戚（「姉妹群（しまいぐん）」と呼ぶ）になっている。つまり、からだの大きさは、その動物の生息環境や生き方によって簡単に変わってしまうのである。

口絵2の右上にいる、ライオン、ヒョウ、トラは一見だいぶ違った動物に見えるが、すべて同じヒョウ（*Panthera*）属に含まれるのに対して、口絵2の左上にいるヨーロッパヤマネコとベンガルヤマネコは、似ているように見えるが別々の属に分類される。

ライオン、ヒョウ、トラの短い枝（口絵2）と、ヨーロッパヤマネコとベンガルヤマネコの長い枝（口絵2）との違いからわかるように、後者は、ライオンとトラよりもかなり古い時代に分かれており、それに応じて遺伝的な分化も進んでいるのである。

口絵2のネコ科の系統樹は核ゲノムを使って描かれたが、ミトコンドリア・ゲノムを使うと少し違った系統樹になる。ミトコンドリアの系統樹では、カラカル＋サーバルのグループがヨーロッパヤマネコ＋ベンガルヤマネコの系統の根元付近から派生し、ピューマ＋チーターのグループがオオヤマネコの系統の根元付近から派生する。

これは、あとでクマを扱うときに詳しく紹介するが、交雑による「遺伝子転移(Introgression)」によるものだと思われる。「小型ネコ科グループ」の進化の初期に、種分化して間もない系統同士で交雑が起ったものと考えられるのだ。

分化してしばらくのあいだは、交雑しても繁殖力のある雑種が生まれることがあるので、母親から遺伝するミトコンドリアが別の種に転移することがあるのだ。

かつて、動物園などでライオンとトラのあいだの雑種がつくられたことがあったが、そのような雑種には繁殖力がないから、今後この2種間で遺伝子転移が起ることはないであろう。それは、ライオンとトラが分岐してから400万年近くも経っていて、遺伝的に大きく異なってしまったからである。

しかしながら、分岐してからあまり時間が経っていないあいだは、2種の生息域が重なって遺伝子転移が起ることがある。

ネコの祖先をさかのぼる

地中海のキプロス島（図1）で、およそ9500年前の墓に成人とネコが一緒に埋葬されているのが見つかっている。この島には野生のネコはいないので、このネコはすでに農耕が始まっていた近くの地中海東部の沿岸地方から農耕民によって運ばれてきたと思われる[2]。

ネコは遺伝的にヨーロッパヤマネコに近縁だから、野生のヨーロッパヤマネコ（*Felis silvestris*）が家畜化されたものである。

旧世界に分布するヨーロッパヤマネコは、おおよそ5つの亜種に分けられる。「基亜種（きあしゅ）」（種を定義するもとになった亜種のこと）である、ヨーロッパに分布するヨーロッパヤマネコ（*F. s.silvestris*）、北アフリカから南西アジアに分布するリビアヤマネコ（*F. s. lybica*）、南部アフリカのミナミアフリカヤマネコ（*F. s. cafra*）、中央アジアのステップのアジアヤマネコ（*F. s. ornata*）、それに中国のハイイロネコ（*F. s. bieti*）である。図3に、これら5つの亜種に家畜のネコ（イエネコ）を加えた系統樹マンダラを示す。

この図から、ネコはリビアヤマネコが家畜化されたものであることがわかる。リビアヤマネコが分布しない地域のネコも、遺伝的にリビアヤマネコに近縁だということは、その地域に分布しているヤマネコのほかの亜種が家畜化されたのではなく、家畜化されたあとでヒトの手で持ち込まれたものだということを意味する。

亜種のあいだでは交配が可能だが、ネコのゲノムにリビアヤマネコ以外の亜種が寄与している痕跡はあまり認められない。

ヨーロッパ、アジア、アフリカなどの各地で発見された、およそ1万年前以降のさまざまな年代にわたる３５２個のネコのサンプル（骨、歯、皮、体毛など。エジプトのミイラも含む）についての古代ＤＮＡ解析が行なわれた。[4]

８５００年前以前は、リビアヤマネコ由来の遺伝子をもつネコは、メソポタミアやエジプトを含む「肥沃な三日月地帯」（図1）でしか見つからないが、この時代以降になると、アジアの広い地域やヨーロッパでも見られるようになる。

また、２８００年前以降にはアフリカの広い地域でも見られる。肥沃な三日月地帯は、野生のリビアヤマネコの分布域であり、最初に農耕が始まったところでもある。このようなところで、ネコの家畜化が始まり、その後、世界中に広まったのである。

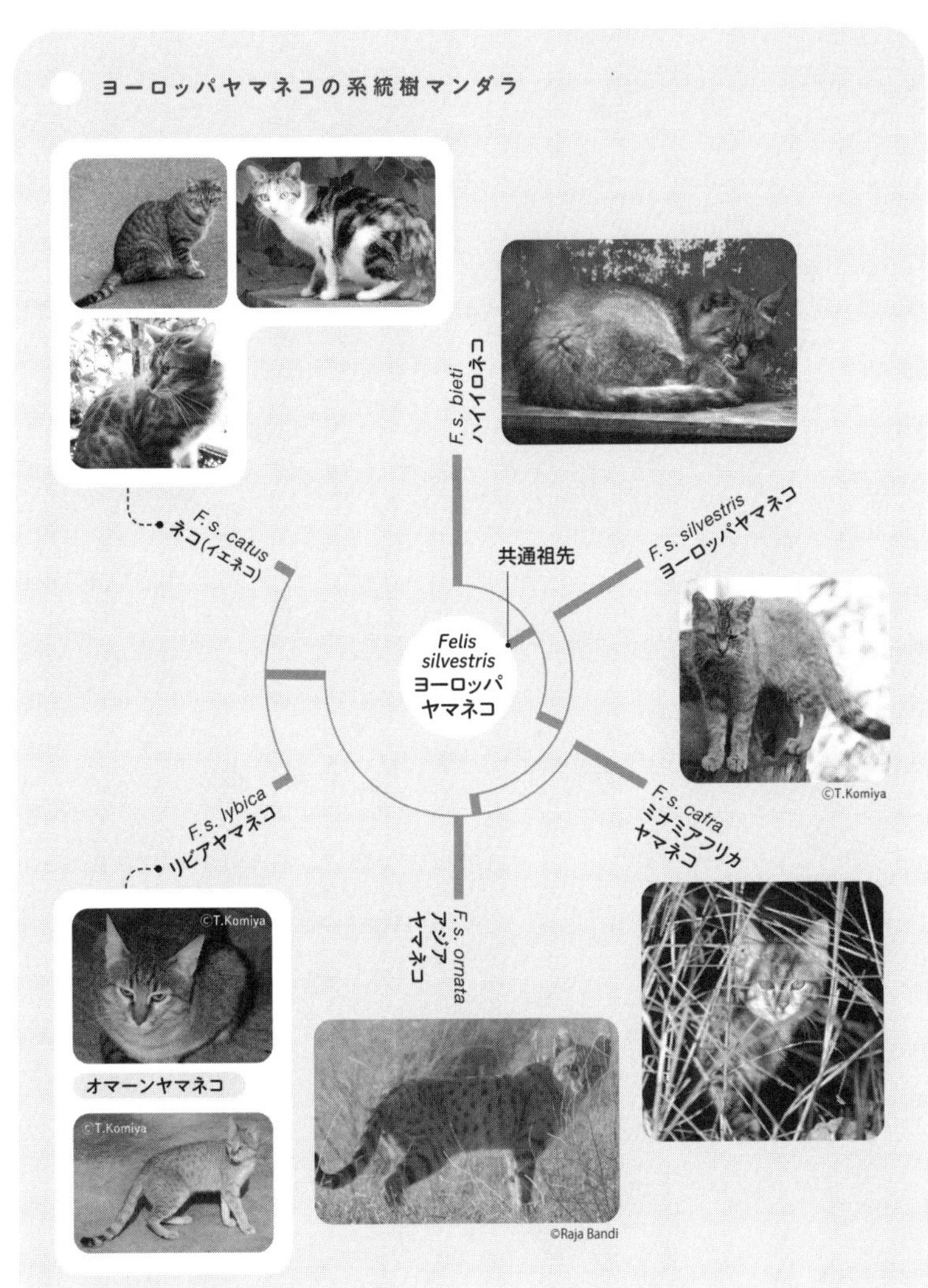

図3）ネコ（イエネコ）を含むヨーロッパヤマネコ（*Felis silvestris*）亜種の系統樹マンダラ。分岐の順番と年代は文献（3，4，5）による。ヨーロッパヤマネコ、リビアヤマネコ（オマーンヤマネコを含む）の写真は小宮輝之氏より提供。

ほかのネコ科動物の家畜化の試み

現在、ネコ科動物で家畜化されているのはリビアヤマネコ由来のネコだけである。それ以外のネコ科動物が家畜化されたことはなかったのだろうか。

中国・陝西省の泉湖村にあるおよそ5300年前の遺跡からネコの骨が見つかった。骨に含まれる炭素や窒素の同位体比を調べたところ、これらのネコは穀物を食べる動物（たぶんネズミ）を捕食していたことがわかった。

また、一匹のネコは老齢であまり肉を食べず、穀物を多く食べていたという。これらのことから、これらのネコは家畜化の初期段階に相当するのではないかという[6]。

これだけの証拠では、この陝西省のネコは、肥沃な三日月地帯で家畜化されたものがヒトによって連れてこられたのか、あるいは中国での独自の家畜化の試みを示すものかはわからない。

その後、これらのネコの頭骨の形態計測データを解析したところ、肥沃な三日月地帯で家畜化されたリビアヤマネコ由来のネコではなく、口絵2の左上に出てきたベンガルヤマネコという別種であることが明らかになった[7]。

陝西省のこの地域に生息する野生の小型ネコ科動物は、図3に登場したヨーロッパヤマネコの2つの亜種のハイイロネコとアジアヤマネコ、それに別種のマヌルネコとベンガルヤマネコの4種類であるが、泉湖村で見つかったネコはベンガルヤマネコだったのだ。

ベンガルヤマネコの亜種は日本にも分布している。イリオモテヤマネコ(図4a)とツシマヤマネコ(図4b)である。

5300年前の中国で、これらと同種のヤマネコが家畜化されようとしていたのである。しかし、家畜ベンガルヤマネコは長くは続かなかった。やがて肥沃な三日月地帯で家畜化されたネコ(イエネコ)が伝えられると、すぐにそれに置き換えられてしまった。

ヒトにとってどのような点でベンガルヤマネコよりもリビアヤマネコ由来のネコのほうが家畜として都合がよかったのかはわからないが、この後でお話しするウマの家畜化でも似たようなことがあった。中央アジアのステップで生まれた家畜ウマは、その後、西ユーラシアステップで生まれた新しいタイプの家畜ウマに置き換えられてしまったのだ。

ヨーロッパヤマネコのたくさんの亜種のなかで、なぜリビ

図4) ⓐイリオモテヤマネコ(*Prionailurus bengalensis iriomotensis*)。
ⓑツシマヤマネコ(*Prionailurus bengalensis euptilurus*)。

アヤマネコだけが家畜化されたのだろうか。

この疑問も、やはりはっきりした答えはわからないが、たまたまリビアヤマネコが分布していた肥沃な三日月地帯で最初の農耕が始まったからと考えるのが妥当であろう。遅れて農耕が始まったほかの地域でほかの亜種の家畜化が進んだとしても、肥沃な三日月地帯で長年ヒトと生活をともにしてきたネコに取って代わられたことであろう。

1-③ ウマとロバ ―文明に大きな影響を与えた家畜

選ばれし生き物

イヌやネコとともにヒトの文明に大きな影響を与えたもう一つの家畜がウマとロバである。その起源についての最近の研究を紹介しよう。

ウマは、イヌやネコとともに「ヒトの友」とされることがある。同じ家畜でも、ウシやヤギなどがそのように呼ばれることはあまりないであろう。

ウマは奇蹄目（きていもく）に分類されるが、ウシやヤギなどの鯨偶蹄目（くじらぐうていもく）よりもイヌやネコなどの食肉目に近縁だという説があり、食肉目と奇蹄目をあわせた「Zooamata（友達の動物）」という分類名もある[1]。

現在では、ホースセラピーという、乗馬やウマの世話などを通じて障がい者の精神機能や運動機能を向上させるリハビリテーション法もある。さらに、ウマが戦争に使われるようになると、ヒトの歴史にも大きな影響を与えた。

現在のグローバル社会はウマによってもたらされたともいえる。

ウマ科動物の祖先

ウマ科のなかで家畜化された動物は、ウマとロバだけであるが、この2つはヒトの移動や物資の輸送に大きな役割を果たし、さらにウマは軍事的にも重要なものであった。ウマは人類の歴史がグローバル化するきっかけを与えたともいえる。

ウマ科のいちばん古い化石は、およそ5200万年前（始新世（ししんせい））の北アメリカとヨーロッパの森林地域にいた「アケボノウマ」（英語ではHyracotheriumあるいはEohippusという）である。この時代、地球は温暖な気候に恵まれていて、北アメリカとヨーロッパには広大な森林が広がっていた。

アケボノウマは体高25～45センチメートルのキツネ程度の大きさで、前肢の指は4本、後肢は3本であった。哺乳類の祖先は5本指であったが、アケボノウマでは進化の過程で前肢の親指と、後肢の親指と小指が退化したのである。これは捕食者から逃げるために速く走るのに適応した進化だったと考えられる。ただし、アケボノウマの段階では、残った指はすべて機能していた。

その後、ヨーロッパのアケボノウマは絶滅したが、ウマ科の進化の舞台は北アメリカで続いた。また、後ほど鳥類のお話をするときに詳しく解説するが、３４００万年前以降には地球全体の寒冷化と乾燥化が進んだ。そのため、ウマの進化の舞台は森林から草原（北アメリカでは「プレーリー」という）に移った。

環境の変化に合わせてウマのからだは次第に大きくなり、中指以外の脚の指の退化が進んだ。そのように北アメリカで進化したものに、２３００万～78万年前の中新世から鮮新世にかけて存続した「ヒッパリオン」がいる（図1）。

ヒッパリオンはユーラシアやアフリカにも進出した。中国では「三趾馬」という。これは脚の指の数が前肢も後肢も３本ということからきているが、中指以外の指は地面に届いていなかった（図1b）。指の退化はその後さらに進み、およそ１２００万年前に現れた現生のウマにつながると考えられる系統では、中指以外は完全に退化してしまった。

草原では以前森林にいた頃とは食べ物が違った。森林ではおもに木の葉や若芽を食べていたが（これを「ブラウザー」という）、草原では草を食べるようになった（「グレーザー」という）。

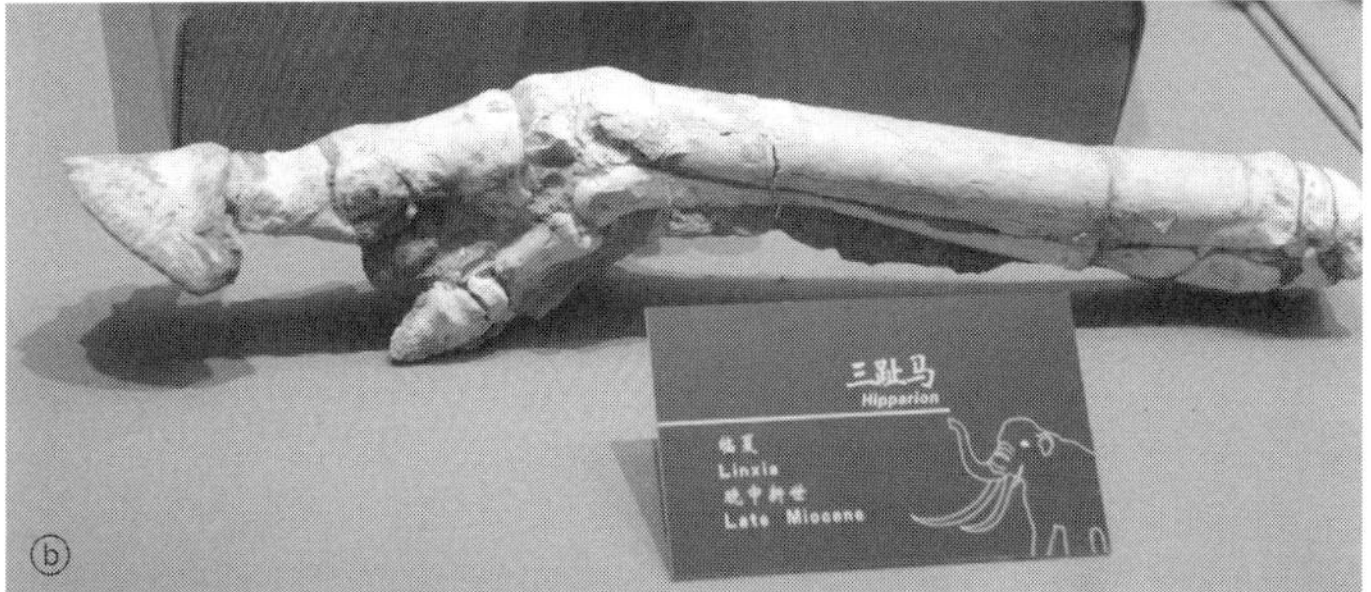

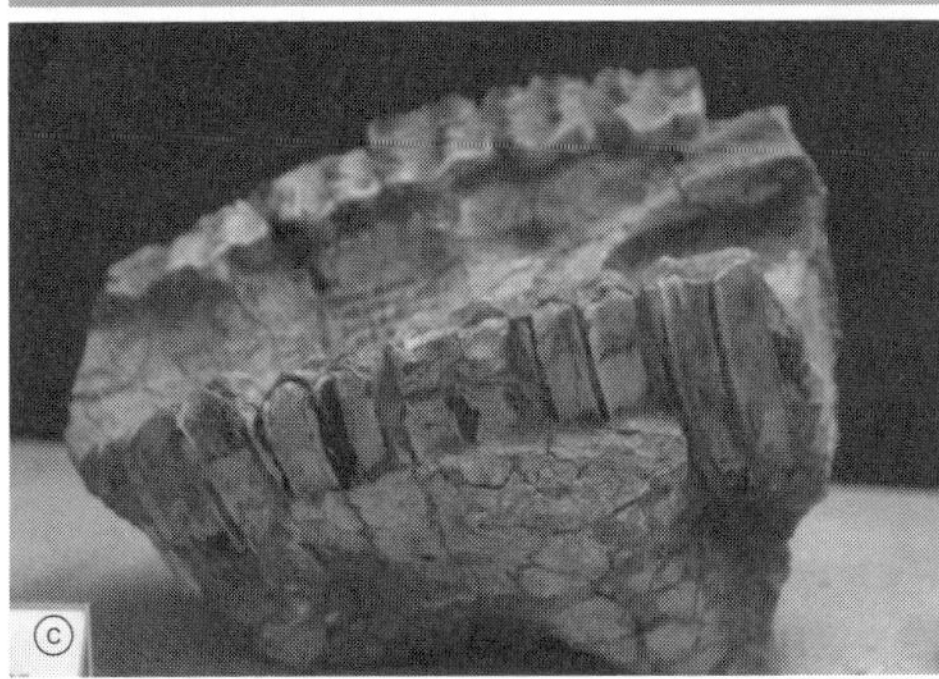

図1）ヒッパリオンの化石（ⓐ,ⓑ：中国・甘粛省博物館、ⓒ：中国科学院古脊椎動物古人類研究所・中国古動物館）。新生代の中新世から鮮新世にかけて（2300万～78万年前）、北アメリカ、ユーラシア、アフリカにまで分布していた。ⓐ 頭骨、ⓑ 脚の骨：脚には3本の指があったが、中指以外は小さく、ほとんど機能しなくなっていた、ⓒ歯：草原のイネ科植物を食べるため、歯冠の長い長冠歯になっている。

草原に生える草はイネ科が主であるが、イネ科植物は土の中の珪酸（けいさん）を吸収し、ガラス質の植物珪酸体として蓄積する。そのために、イネ科植物の葉はジャリジャリしていて、動物にとって食べにくくなっている。木の葉にも植物珪酸体は含まれるが、イネ科植物の草には特に多く含まれるので、それを食べるウマの歯はどんどん摩耗してしまう。そのような事態に対処するように進化したのが「長冠歯（ちょうかんし）」である（図1c）。

多少摩耗しても大丈夫なように、歯冠が高くなった。この長い歯冠が摩耗し尽くして草を食べられなくなったら、寿命が尽きることになる。

このようなウマの仲間から、現生のウマ科動物をすべて含むウマ属（*Equus*）が進化した。

ロバの家畜化

ウマ科のなかでヒトによって家畜化されたのは、ウマのほかは、アフリカノロバ（*Equus africanus*）が家畜化されたロバ（*E. a. asinus*）のみで、サハラ以南のアフリカに多いシマウマが家畜化されることはなかった。現生のウマ科はウマ属（*Equus*）のみだが、口絵3にウマ属の系統樹マンダラを示した。

口絵3のなかで、野生のアフリカノロバで現生のものはソマリノロバだけである。基亜種のヌビアノロバ（*E. a. africanus*）の野生集団は絶滅したが、ロバはヌビアノロバの祖先集団が家畜化されたものと考えられる。[4]

しかし、ロバの家畜化に際しては、ヌビアノロバだけではなく、ソマリノロバからの遺伝的関与もあったようである。[5] アフリカノロバはアフリカの乾燥地域に分布する。

ロバは少ない餌で飼育でき、重い荷物の運搬に適しているため、ソマリア、スーダン、エチオピアなど北東アフリカで家畜化されてから世界中に広まった。およそ5000年前のエジプトの遺跡から、形態的には野生のアフリカノロバに似ているが、重い荷物の運搬に使われていたと考えられる骨が見つかっている。[6] この頃までには、ロバの家畜化が始まっていたのであろう。

飛鳥時代の推古天皇の頃に、朝鮮半島からロバがおくられたという記録がある。ウマは日本各地に在来馬が残っており、古来、日本人の生活に深くかかわってきたが、ロバは結局日本には定着しなかった。

日本の狭い国土には、ウマよりも小さなロバのほうが適しているようにも思われるが、そうではなかったのだ。日本に定着したウマの多くは小型化したが、元上野動物園園長の小宮輝之氏によると、アフリカの乾燥地帯で進化したアフリカノロバの子孫であるロバは、結局、湿度の高い日本の気候にはなじめなかったのだという。[7]

小宮氏によると、ロバが日本に定着しなかった理由はもう一つ考えられる（私信）。日本では、ウマやウシは田んぼを耕すのにも使われたが、ロバはそのような仕事には使えなかったのではないかというのだ。

図2は、ロバと日本の在来馬である木曽馬の蹄（ひづめ）を比較したものである。ウマの蹄は大きいが、ロバの蹄は小さくバレリーナのトウシューズのようで、日本の田んぼでは牛馬のようには使えず、沈み込んでしまったのではないかという。

ウマはどこで家畜になったか

家畜のウマの学名は「*Equus ferus caballus*」であり、モウコノウマ（*Equus ferus przewalskii*）や絶滅した祖先種とともに「*Equus ferus*」に分類される。この種の基亜種がタルパン（*Equus ferus ferus*）で、タルパンが家畜化されたのがウマである（口絵3）。

ウマが地球上のどこで家畜化されたかという問題は、古くから議論の的であった。

家畜化されたウマの証拠が残っている古代遺跡として有名なのが、紀元前3700～3100年頃、現在の北カザフスタンを中心とした中央アジアのステップで栄えたボタイ文化であり、家畜ウマ発祥の地の有力候補であった。ボタイは乗馬術を完成させた最初の文化だったといわれている[8]。

しかし、そのほかにもユーラシア各地の古代遺跡から、ウマが家畜化されていた証拠が見つかっている。

フランス・ポールサバチエ大学のルードヴィック・オルランドらのグループは、ユーラシア各地の古代遺跡で見つかった273個体のウマの骨について、ゲノム規模の古代DNA解析を行なった[9・10]（図3）。

各地のウマのDNAから得られた系統樹により、中央アジアのステップで栄えたボタイ（図3の地域3）で生まれた家畜ウマは、その後、西ユーラシアステップのヴォルガ川とドン川に挟まれた地域（現在ロシア・地域4）で紀元前2200〜2000

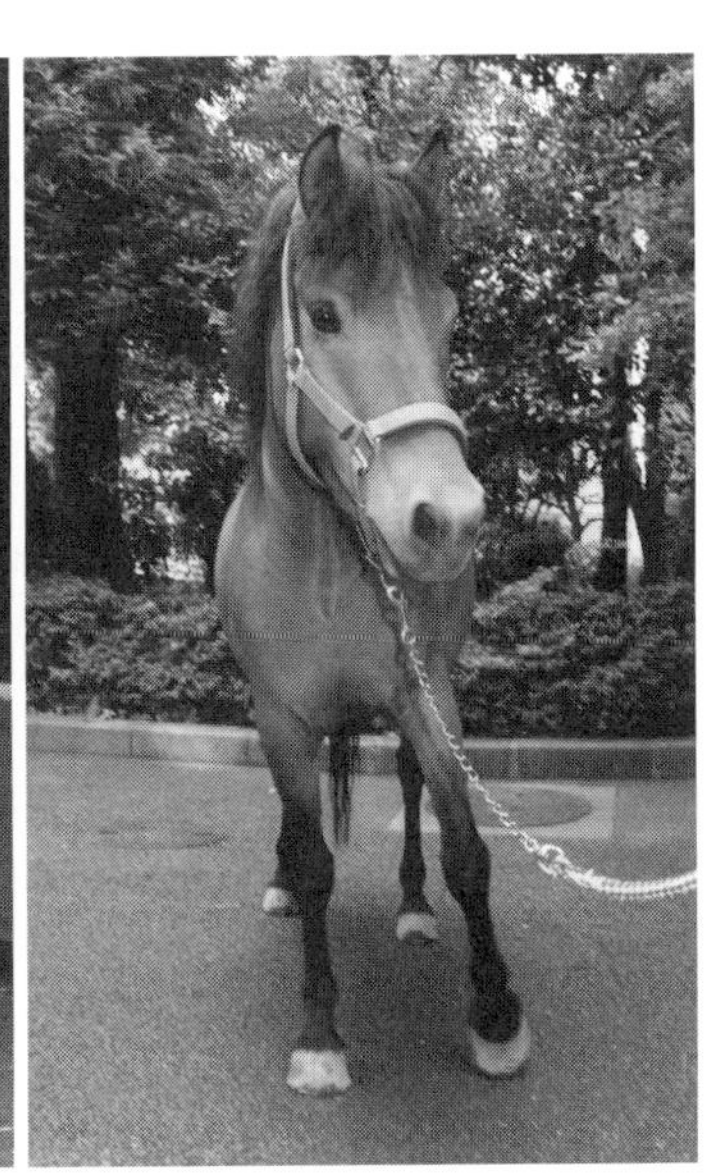

図2）ロバ（左）とウマの蹄の比較。写真はいずれも小宮輝之氏より提供。

年に生まれた新しいタイプの家畜ウマに置き換えられてしまったことが明らかになった。オルランドらはこの新しいタイプのウマを「DOM2（Modern domesticates 2）」と呼んでいる。

実はこれ以前にも、極東シベリア（地域1）や南ヨーロッパ（地域2）でも家畜ウマが生まれていたが、それらの地域でも西ユーラシアステップで生まれたDOM2への置き換わりが進み、現在のウマはすべてDOM2になっている。

なぜ在来の家畜ウマがすべて新しいタイプのウマに置き換えられて、新しいタイプが最終的には世界中に広まったのであろうか。

オルランドらのグループは、DOM2のウマのGSDMCとZFPM1という2つの遺伝子が、強い人為選択を受けていることを明らかにした。GSDMCに対する選択圧は、強靭な体力のウマをつくり

図3）家畜ウマが見つかるユーラシアの古代遺跡と、ウマの古代DNA解析で得られた系統樹(9,10)。❶、❷、❸で示された地域でもウマの家畜化は進められたが、最終的には地域4（西ユーラシアステップ）で家畜化されたウマが世界中に広がり、古い家畜ウマに置き換わった。

上げることに貢献したと考えられる。

ZFPM1のほうは、感情の制御に関与する遺伝子と考えられており、乗馬などを可能にする形質として重要だったと思われる。ボタイ文化のウマなど古いタイプの家畜ウマに比べてDOM2は、これら2つの点で家畜として優れていたために、置き換わったのであろう。

先にお話ししたように、ウマ科のなかで家畜化されたのはロバとウマだけであり、シマウマが家畜化されることはなかった。

生物地理学者のジャレッド・ダイアモンドは、シマウマが家畜化されなかったのは、気性が荒いためだったとしている[11]。

シマウマは気性が荒いために家畜化されなかったのは確かであろうが、ウマが人類の歴史に大きな役割を果たしてきた背景には、単におとなしい性格だったということだけでなく、ヒトとのあいだでうまくコミュニケーションが成り立つような絶えざる相互作用があった結果でもあろうし、さらに、それが可能となるような遺伝的形質が選択された結果でもあろう。

1-④ クマ ―ヒグマとツキノワグマの起源

3度の遭遇体験

私は野生のヒグマ（*Ursus arctos*）に3回だけ遭遇している。最初は、アラスカのデナリ山麓で、2キロメートルほど離れたところを歩く母と子だった（図1、68ページ）。アラスカの雄大な自然の中を2頭で悠然と歩く姿は感動的だった。

次に遭遇したのは、知床岬を回る遊覧船の中から見た、海岸にいたオスであった（図2）。このときは、オスの大きさに圧倒された。その遊覧船で1時間後に3回目の遭遇があったが、それは海岸にいるメスだった。知床のヒグマの生息密度の高さに驚いた。

ヒグマはユーラシアから北アメリカまで北半球に広く分布し、ホッキョクグマ（*U. maritimus*）とならんで、からだの大きさでは現生のクマの中では最大である。たくさんの亜種に分類されるが、体重が680キログラムを超えることもあるコディアックヒグマ（図3）のように巨大なものから、100〜160キログラムのシリアヒグマ（図4）や、オスでも平均135キログラムのパキスタンのヒマラヤヒグマなどのように比較的小さなものまで、大きさはさまざまである。[1]

図2）エゾヒグマ。2007年5月1日、北海道・知床半島の岬付近にて。

近年の分子系統学の発展により、世界各地のヒグマの集団間の遺伝的な関係が解明されつつある。図5は、ミトコンドリアDNAの解析によって描かれたヒグマの系統樹マンダラである。世界各地のさまざまな大きさや色彩のヒグマが、共通の祖先から進化してきたことがわかる。

この系統樹には含まれていないが、かつて北アフリカは広大な森林に覆われていて、たくさんの「アトラスヒグマ」と呼ばれるヒグマの亜種が棲んでいた[3]。

乾燥化とヒトによる森林破壊が進み、さらに古代ローマの剣闘などの見世物のために殺されるなどして衰退し、1

図3）アラスカのコディアック島に生息するコディアックヒグマ（*Ursus arctos middendorffi*）。ヒグマの最大亜種とされている。1989年7月3日、ニューヨーク・ブロンクス動物園にて。

図4）中近東に生息するシリアヒグマ（*Ursus arctos syriacus*）。1991年6月30日、オーストリア・ウィーンのシェーンブルン動物園にて。

図1）デナリ山麓を歩くメスのアラスカヒグマと、その後を追う子供。2005年6月18日、アラスカ・デナリ国立公園にて。

図5）ミトコンドリアDNAの塩基配列データで描かれたヒグマの系統樹マンダラ。分岐の順番と年代は文献(2)による。スケールは10万年。ただし、写真の個体が遺伝的にそれぞれのクレード（分類上のグループ）に属している保証はない。また、それぞれの亜種名は暫定的なものである。エゾヒグマの亜種名は従来どおり*U. arctos yesoensis*としたが、この図でわかるように、道南、道東、道央の集団の遺伝的起源は別々だから、本当はこの亜種名はふさわしくない。本州ヒグマの頭骨写真は、群馬県上野村で見つかり、古代DNA解析に用いられた個体のものである。カムチャツカヒグマは小宮輝之氏の提供。本州ヒグマの頭骨写真は安藤梢氏より提供。

870年頃に絶滅した。古代DNA解析によって、絶滅前にはアトラスヒグマの集団内の遺伝的多様性が高かったことも明らかになった。[4]

図5の中で特筆すべきことは、ヒグマとは別種とされるホッキョクグマが、ヒグマの中でも特に、アラスカ南東部のABC諸島（Admiralty島、Baranof島、Chichagof島の頭文字からとった）に生息するシトカヒグマ（この地方の中心都市であるシトカからきた名前）に近縁であるということである。

このことは2000年頃から指摘されていた。[5] 世界各地のヒグマの地域集団の一つから、形態的にも生態的にも非常に変わった別種であるホッキョクグマが進化したというこの説は、驚きをもって迎えられた。

ところが、ミトコンドリアDNAは母親からしか子供に伝わらないため、異種間で交雑が起った場合に、種の壁を超えてほかの種に広まってしまうことがあるのだ。

ハゼでも起る

上皇陛下が天皇ご在位中に行なわれたハゼのご研究に、この問題に関連したものがある。私もこのご研究の一部をお手伝いさせていただいたので、ここでご紹介させていただこう。[6]

日本近海には、キヌバリとチャガラという、ハゼ科キヌバリ属の近縁な2種が分布している。それぞれの種には太平洋と日本海の集団がある。最初に行なわれたミトコンドリアDNAによるご研究では、図6の左側のような系統樹になった。キヌバリは一つにまとまるが、チャガラは系統的に一つにまとまらず、日本海のチャガラは同種の太平洋のチャガラよりもキヌバリに近縁ということになったのである。

長年にわたり形態をもとにした魚類分類学のご研究をやってこられた陛下にとっては、これは大きな問題であった。キヌバリには、太平洋集団と日本海集団は縦縞の数など区別できる形態的な特徴があるが、チャガラに関してはそのようなものがないのである。

形態的に区別できないチャガラの2つの集団のうちの一方の日本海集団が遺伝的にキヌバリに近いということは、どのように解釈すればよいのであろうか。

先に述べたように、ミトコンドリアDNAは母性遺伝するので、これによって描かれた系統樹は母親の系統を示しているに過ぎない。進化の詳しい様相を明らかにするには、両親から伝わる核DNAもあわせて解析しなければならないため、3つの核遺伝子の解析が行なわれた。

そのうちの一つの遺伝子の系統樹は、ミトコンドリアと同様の図6の左側のようになったが、残りの2つは右側、つまり日本海と太平洋のチャガラは互いに近縁であると

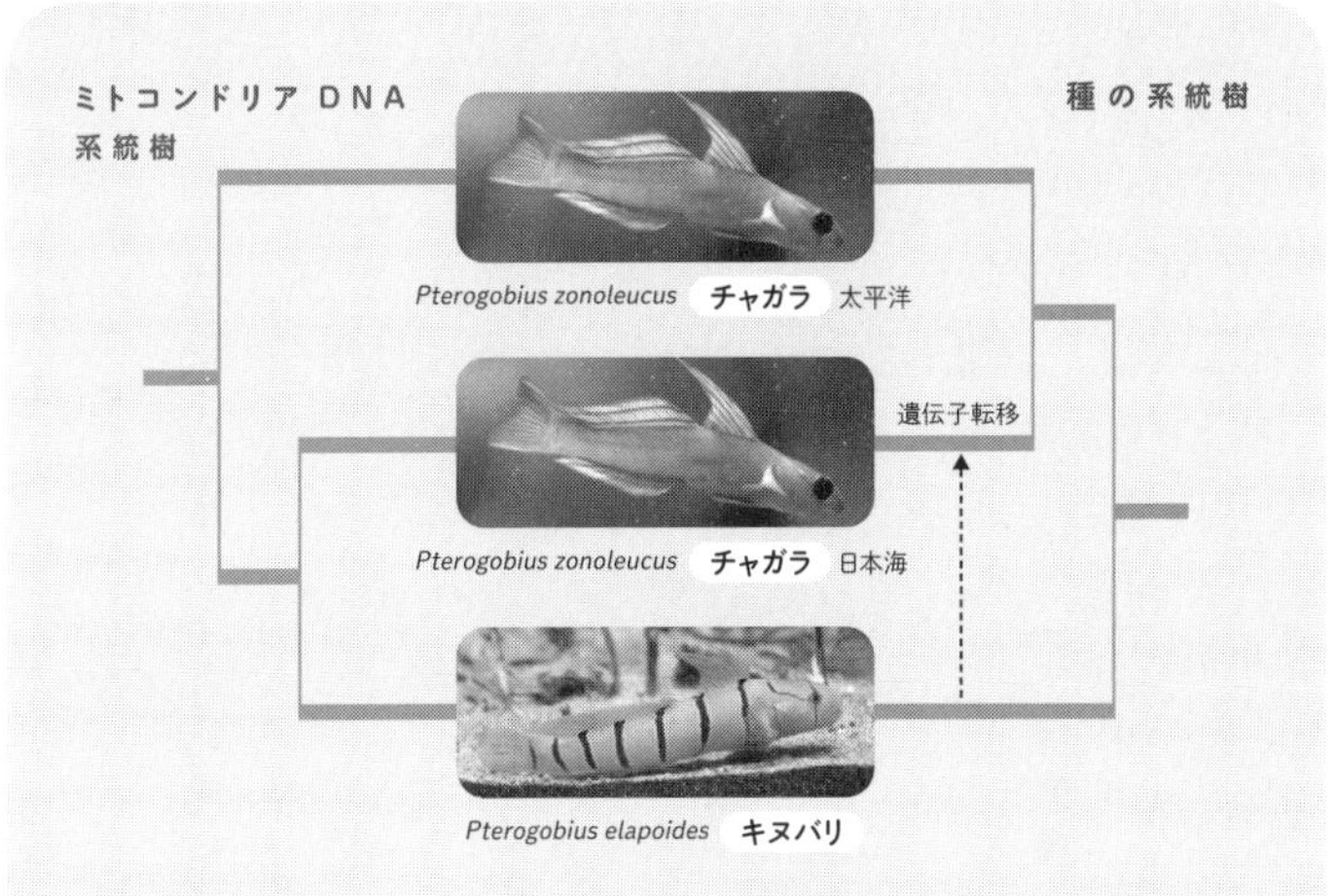

図6）ハゼ科キヌバリ属の2種、キヌバリとチャガラのあいだの系統関係。キヌバリは日本海側と太平洋側とで縦縞の数が異なるが（写真の個体は日本海のもので、太平洋のものは縦縞が1本少ない）、チャガラでは外見上日本海と太平洋のものを区別できないので、同じ写真を用いた。右の系統樹の中の矢印は、キヌバリから日本海チャガラにミトコンドリアの遺伝子転移が起ったことを示す。

いう常識的な系統樹になった。

このことは次のように解釈できる。種としての系統樹では、図6の右側のように、最初キヌバリとチャガラの種分化が起った。その後、日本海のチャガラと太平洋のチャガラが分かれた後で、日本海のチャガラのオスとキヌバリのメスのあいだで交雑が起った。その結果、キヌバリのミトコンドリアと核DNAの一部が日本海チャガラの集団に持ち込まれた。

通常は交雑が起って別種の遺伝子が持ち込まれても、交配を繰り返すうちに次第にその効果は薄まってしまうことが多いが、ミトコンドリアは母性遺伝するため、キヌバリのミトコンドリアをもったメスの系統が代々メスの子供を残し続けると、日本海チャガラ集団の中にあった本来のチャガラのミトコンドリアに代わって、キヌバリ由来のミトコンドリアが大多数を占めてしまう可能性があるのだ。

これを、前に小型ネコ科グループの進化のときにも少し触れた「遺伝子転移」というが、たまたま交雑が起ったときの集団が小さいと遺伝子転移が起りやすいのである。

ホッキョクグマの起源

クマに話を戻そう。ヒグマとホッキョクグマについて核ゲノムの大規模な解析が行なわれて、ここでも似たようなことが起った可能性があると指摘された[7]。

つまり、ヒグマとホッキョクグマが種分化したあとで、ABC島ヒグマ（シトカヒグマ）の祖先集団のメスとホッキョクグマのオスとの交雑によって、シトカヒグマのミトコンドリアがホッキョクグマの集団に持ち込まれたということである。

しかしながら、核ゲノムの中の個々の遺伝子の系統樹を詳しく解析すると、そのような単純なシナリオではなく、ホッキョクグマの核遺伝子の中にも、ヒグマのもつ多様性の中に含まれる遺伝子が多いことが示唆された[8]。

いずれにしても、ホッキョクグマは交雑などを通じてごく最近まで、ヒグマと深くかかわり合いながら進化してきたことは確かである。

ホッキョクグマはヒグマとは生態もかたちも大きく異なるが、このように違った2種が意外と近縁なのである。

本州にいたヒグマ

現在の日本では、ヒグマは北海道でしか見られないが、1万2000年よりも前の更新世には、本州にもヒグマがいたことが化石からわかっている。このヒグマは、現在の北海道に生息するエゾヒグマに比べてかなり巨大なものであった。

更新世の本州にはこのほかにも、絶滅したナウマンゾウ（図7）やオオツノジカなど、巨大な哺乳類がたくさん生息していた。

最近、山梨大学の瀬川高弘らのグループが、3万2500年前の本州ヒグマの化石の古代DNA解析を行なった[2]。彼らは化石からミトコンドリアDNA

図7）更新世の日本にいたナウマンゾウ（*Palaeoloxodon naumanni*）。2014年2月8日、倉敷市立自然史博物館にて。

を採取して分析し、このヒグマと世界各地のヒグマとの遺伝的な関係を調べたのである（図5）。

この本州ヒグマの頭骨は図の中に示されているが、メスと推定されるにもかかわらず、現生の最大級のオスのエゾヒグマなみの巨大なものであった。

ミトコンドリアＤＮＡの解析からは、道南のエゾヒグマがこの本州ヒグマにいちばん近縁であることがわかった。北海道のエゾヒグマは系統的にまとまったグループをつくるのではなく、道南、道東、道央のヒグマはそれぞれ異なる由来をもつ。

本州ヒグマといちばん近縁なグループ（姉妹群）である道南エゾヒグマが分かれたのがおよそ15万８０００年前、またこのグループがその姉妹群である北アメリカのグリズリーから分かれたのがおよそ20万３０００年前と推定された。

これまで本州ヒグマの起源に関しては、朝鮮半島から渡来したと考えられ、またエゾヒグマは北海道の北に位置するサハリンから来たと考えられてきた。このように北海道と本州のヒグマの起源を別々と考えてきた最大の理由は、北海道と本州を隔てる津軽海峡を動物相の分布境界線とする「ブラキストン線」の存在であった。

２５８万〜１万２０００年前の更新世を通じて氷河期が繰り返され、そのたびに海水面が低下して、図8に示すように朝鮮半島から対馬海峡を越えて本州に動物が渡ったり、

図8）本州ヒグマが渡来した経路に関する2つの仮説(2)。瀬川高弘氏より提供。

大陸からサハリンを経由して北海道に渡ることができる状況がたびたび生まれた。

一方、津軽海峡の水深は深いため、そのようなときでも容易には渡ることができなかったと考えられてきた。そのためにブラキストン線が設けられているのである。

ところがおよそ14万年前の海水準低下期に、ナウマンゾウとオオツノジカが本州から北海道へ渡った証拠があるという。

瀬川らの解析結果からは、ヒグマもまた大陸からサハリン経由で北海道に来たものが、本州にいたナウマンゾウ（図7）やオオツノジカがブラキストン線を越えて北海道に渡った頃に、逆に北海道から本州に渡った可能性が高いと考えられる。

一方、最近「チバニアン」（77万4000〜12万9000年前）と命名された中期更新世の34万年前以降、ヒグマが本州に広く分布していたことが化石記録から知られている。ところが、今回解析された本州ヒグマは、その姉妹群である道南エゾヒグマからおよそ15万8000年前に分かれたと推定されている。

このことから、今回解析された本州ヒグマは、34万年前の本州ヒグマとは別系統だと考えられる。つまり、ヒグマは本州に少なくとも2回渡ってきたことになる。

クマ科動物の祖先

ここまでヒグマの進化についてお話ししてきたが、ここから話を広げて、クマ科全体の進化を取り上げることにする。その中で、絶滅した北アメリカとヨーロッパの巨大なクマや、本州に生息するニホンツキノワグマの起源についても紹介しよう。

現生のクマ科は3つの亜科に分類される。ジャイアントパンダ亜科、メガネグマ亜科、クマ亜科である。図9はミトコンドリアDNAデータから推定されたクマ科全体の系統

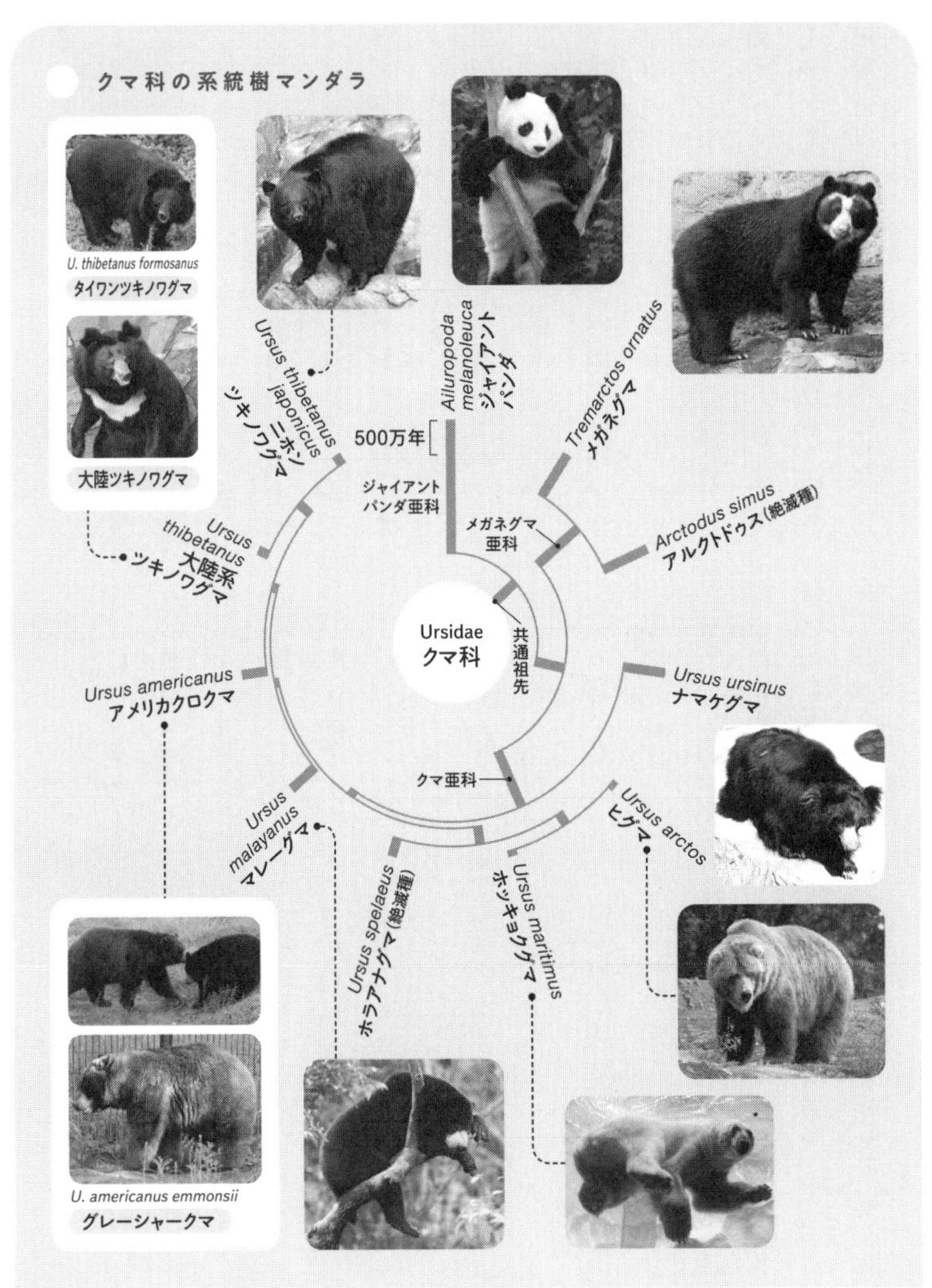

図9) ミトコンドリアDNAによるクマ科の系統樹マンダラ。分岐の順番と年代は文献(9)による。スケールは500万年。

樹マンダラである。

クマ科の中で、中新世前期のおよそ2000万年前に最初にほかから分かれたのが、中国四川省に生息するジャイアントパンダ亜科であり、続いて中新世中期の1500万年前に分かれたのがメガネグマ亜科である。

この2つの亜科には現生種はそれぞれ1種ずつしか含まれない。残りがクマ亜科である。クマ亜科内では、中新世後期の630万年前にナマケグマが最初に分かれ、残りが510万年前に2つの系統に分かれた。一つがヒグマのグループ、もう一つがツキノワグマのグループである。

メガネグマ亜科の絶滅した巨大なクマ

メガネグマ亜科の現生種は南アメリカのメガネグマ一種だけだが、絶滅種としては北アメリカに「アルクトドゥス」がいた(図10)。

アルクトドゥスは顔が前後に短いため、英語では「Short-faced bear」と呼ばれる。体重が1トンにも達する巨大なクマだった。およそ300万年前にパナマ地峡が形成されて南アメリカが北アメリカと地続きになったときに、この仲間のクマが南に移住し、その後メガネグマに進化した。北アメリカに残ったアルクトドゥスは、最後の氷河期が終わったおよそ1万1000年前に絶滅した。

図9の中のアルクトドゥスの位置づけは化石の古代ＤＮＡ解析によるものである[10]。

ただし古代ＤＮＡ解析とはいっても、化石そのもののＤＮＡを調べるのではなく、絶滅した動物が生きていた環境に遺したＤＮＡを調べる、いわば「古代環境ＤＮＡ解析」と呼ばれる手法も近年開発が進んでいる[11]。

化石のＤＮＡを調べるには、通常は化石に穴をあけてその中のＤＮＡを取り出すが、環境ＤＮＡ解析ならば貴重な化石を傷つけずにすむのだ。

メキシコの複数の洞窟で更新世後期（1万6000～1万4000年前）の地層からアルクトドゥスとアメリカクロクマの環境ＤＮＡが見つかった。

これらを、カナダで見つかった2万2000～5万年前のアルクトドゥスの化石から採取されたＤＮ

図10）絶滅したアルクトドゥス（*Arctodus simus*）の復元図（©Dantheman9758）。

Aや現生のアメリカクロクマのDNAと比較したところ、メキシコ更新世後期のアメリカクロクマは現生のアメリカクロクマに近縁であるが、2地点のアルクトドゥスは遺伝的にかなり離れていることがわかった。アルクトドゥスには多様な系統があったのである。

それでは、なぜアルクトドゥスは絶滅したのだろうか。

彼らは最終氷期が終わったおよそ1万1000年前に絶滅したが、同じ頃に地上性のオオナマケモノをはじめとする北アメリカの大型哺乳類の多くも絶滅した。この絶滅には気候変動による環境変化がかかわっている可能性があるが、アメリカ先住民の進出がかかわっている可能性もある。

ツキノワグマの来た道

ツキノワグマのグループには、マレーグマ、アメリカクロクマ、ツキノワグマが含まれる。

アメリカクロクマは北アメリカに分布するが、「クロクマ」という名前にもかかわらず、体色は黒色以外に、図9のアラスカのグレーシャークマのような青色からシナモン色までさまざまである。

ツキノワグマは、別名「アジアクロクマ」とも呼ばれるように、西はイラン、アフガニスタンから東は日本まで、アジア全域に広く分布する。

前に、北海道のヒグマは3つの系統に分けられ、それぞれが世界のヒグマの中の別々の系統に由来すること、また、かつて本州にいた巨大なヒグマは、北アメリカのグリズリーに近縁な道南ヒグマが、およそ14万年前の氷河期に津軽海峡を渡ったものであることを紹介した。

一方、分子系統学的解析から、本州と四国に分布するニホンツキノワグマ（九州にも分布していたが絶滅したとされている）は、非常に古い起源をもっていることが明らかになった（9・12）。

ニホンツキノワグマは、ツキノワグマ全体の系統樹の中で最初にほかから分かれたのである。ニホンツキノワグマに対して、タイワンツキノワグマを含む大陸系のツキノワグマは、系統的にまとまった一つのグループを形成しているから、ニホンツキノワグマはツキノワグマ全体の中でも独自の系統なのだ（図9）。

ツキノワグマ進化の初期には、この種はユーラシア大陸全体に広く分布しており、日本にも分布していたと考えられる。ツキノワグマがアメリカクロクマと分かれて独自の進化の道を歩み始めたのはおよそ390万年前、ニホンツキノワグマが大陸のツキノワグマと分かれたのがおよそ150万年前の更新世（260万～1万2000年前）だったと推定される。

更新世は地球の寒冷化が進んだ時代であり、そのあいだにツキノワグマの生息地である森林が次第に縮小し、多くの地域集団が絶滅したと考えられる。ニホンツキノワグマはこの時代を生き抜いてきた集団だったのだ。

ただし、ニホンツキノワグマに関しては不可解な問題がある。

ツキノワグマの中で最初にほかから分かれた古い系統なのに、グループ内の多様性が意外に低いのである。特定のグループのＤＮＡの多様性から、最後の共通祖先が生きていた年代（tMRCA: Time of the most recent common ancestor）を推定できる。

大陸のものを含めたツキノワグマ全体のtMRCAに比べて、ニホンツキノワグマのそれは10分の1に過ぎないのである。このことは、ニホンツキノワグマは日本に渡来して以来ずっと大きな個体数を保持し続けたのではなく、最近になって個体数を爆発的に増やしたことを示唆する。(9)

これには、前にお話しした本州ヒグマの存在が影響していたと思われる。

本州ヒグマの一つの系統は、およそ14万年前に北海道から本州に渡来したと考えられるが、34万年前にはすでに別の系統がいた。このヒグマがニホンツキノワグマを圧迫していた可能性があるのだ。

更新世が終わる1万2０００年前頃に本州のヒグマが絶滅したのを機に、ニホンツキノワグマは繁栄の時代を迎えたのかもしれない。

なぜヒグマは生き残ったのか

ヒグマとホッキョクグマが非常に近い親戚であることを前にお話ししたが、この2種の姉妹群が、絶滅した「ホラアナグマ」である。

ホラアナグマは更新世後期のヨーロッパとアジア西部に生息していたが、およそ2万4000年前に絶滅した。このクマもアルクトドゥス同様に巨大だった(図11)。

古代DNA解析により、ヨーロッパのホラアナグマの遺伝的な多様性は5万年前までは高くて、個体数も多かったことが示されたが、その後はおよそ2万4000年前の絶滅まで減り続けたという(13・14)。およそ2万1000年前は最終氷期の「最寒冷期(Last Glacial Maximum;LGM)」と呼ばれ、ホラアナグマが絶滅したのはちょうどその頃であった。

そのため、ホラアナグマの絶滅にLGMがかかわっていたのではないかという説があったが、実際にはそれよりも

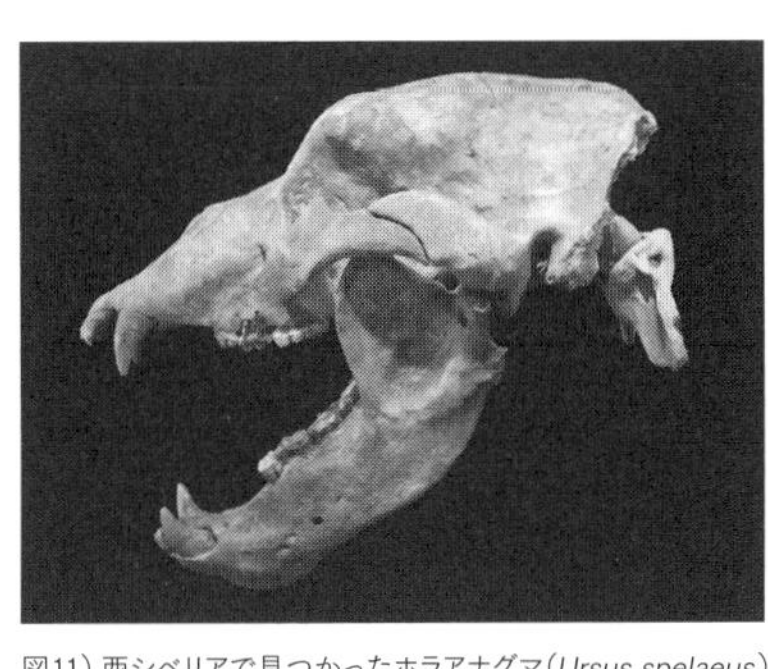

図11) 西シベリアで見つかったホラアナグマ(*Ursus spelaeus*)の頭骨化石(© Didier Descouens)。頭骨の大きさは57cm。

はるか昔の5万年前から個体数は減少し始めていた。つまりホラアナグマが衰退し始めた原因は、LGMではないということである。

さらに不思議なことに、同じ頃ヨーロッパにはヒグマも生息していたが、こちらは5万年前から生息数はあまり変わっていない。ホラアナグマとヒグマのあいだのこの違いは何によるのだろうか。

今から5万年前頃から、ヨーロッパ各地に現生人類（*Homo sapiens*）が広がっていたので、これがホラアナグマ絶滅と関係があるのではないかと考えられるが、それならばなぜヒグマも同じように減らなかったのかという謎が残る。

ホラアナグマもヒグマと同様に冬眠をしていた。スペインのホラアナグマが代々冬眠に使っていた洞窟には、ときには数千個体分の遺骨が蓄積していることがある。これらの骨に残っているDNAの解析からさまざまなことが明らかになってきた[15]。

スペインのホラアナグマのDNAからは、同じ血縁のグループが何世代にもわたって同じ洞窟を使っていたことがわかる。同じ血縁のオスもメスも、自分が生まれた洞窟に戻って冬眠していたと見られるのだ。

一方、ヒグマが冬眠に使っていた洞穴についても同様のことが調べられたが、そのようなことは認められず、ヒグマの場合、冬眠に使う洞窟の選び方はホラアナグマに比べると柔軟であった。

特定の洞窟に対するこだわりの有無が、現生人類の拡散によって一方が絶滅し、他方が生き残った原因だった可能性があるのだ。

初期の現生人類は洞窟に住むことが多く、洞窟をめぐってホラアナグマはヒトと競うことになった。特定の季節に特定の洞窟に帰巣するホラアナグマの習性も、現生人類による狩りを容易にしたのではなかろうか。

ヒグマに残されたホラアナグマの痕跡

ホラアナグマはおよそ2万4000年前に絶滅したが、そのゲノムの一部はヒグマのゲノムの中に今でも残っている。

ゲノムが解読された結果、ヒグマのゲノムの0・9〜2・4パーセントがホラアナグマに由来するものであることがわかったのである。[16]

種は、その中だけで生殖が行なわれる集団と定義されるが、前にもお話ししたように、実際には種の壁を越えた交雑はしばしば見られる。

ヒグマのゲノムの数パーセントがホラアナグマに由来するということは、現生人類（*Homo sapiens*）とネアンデルタール人（*Homo neanderthalensis*）の関係に似ている。

アフリカで進化した現生人類がユーラシアに進出した際に、ネアンデルタール人に出会い交雑した。ネアンデルタール人はその後絶滅したが、そのゲノムの一部はわれわれのゲノムにも残っているのである。(17・18)

1-⑤ コウモリ ― 自力で空を飛べる唯一の哺乳類

ウイルスを通して身近に

コウモリが私たち人間にとって身近な生き物であることを再認識させたのは、感染症を引き起こすコロナウイルスの存在だった。

２０１９年末に中国・武漢で発生したCOVID-19は、その後、世界的なパンデミックとなったのは記憶に新しい。この感染症を引き起こす病原体はSARS-CoV-2というコロナウイルス科のウイルスである。このウイルスは、もともとキクガシラコウモリを自然宿主とするものが、ヒトに感染できるように進化したものである。

動物のウイルスが種の壁を超えてヒトに感染するようになることを「異種間伝播（spillover）」といい、このような感染症を「人獣共通感染症（zoonosis）」という。

自然宿主の中では、ウイルスはたいていの場合、宿主に対して目立った症状を引き起こすことなく潜んでいるが、生態系が乱されると、潜んでいたウイルスがヒトに感染して顕在化することがあるのだ(1)。

人獣共通感染症には、COVID-19以外にもエボラ出血熱、狂犬病、エイズ(後天性免疫不全症候群)、A型インフルエンザなどさまざまなものがあるが、その中にはもともとコウモリを宿主としていたウイルスによるものが多く含まれる。

COVID-19を引き起こすウイルスSARS-CoV-2がもともとコウモリを宿主としていたものであることが報道されると、中国の北京市や上海市の住民から市当局に対して、住宅地近くのコウモリを駆除してほしいという要望が殺到したという。しかし、コウモリのウイルスがそのままヒトに感染したわけではない。

「吸血コウモリ」とも呼ばれるチスイコウモリの咬み傷から狂犬病ウイルスがヒトに感染することはあるが、たいていのウイルスは野生のコウモリに接触したからといって、そのままヒトに感染するわけではない。

SARS-CoV-2の祖先ウイルスはキクガシラコウモリを自然宿主としていたと考えられるが、それがヒトに感染するようになり、それがさらにヒトからヒトに感染してパンデミックを引き起こすようになるためには、何段階かの進化が必要であった。しかし、その途中の過程はいまだによくわかっていない。

コウモリの独自性

日本人にとっておそらくもっとも馴染みのあるアブラコウモリを紹介しよう。コウモリは「翼手目」という独自の目を構成するが、実はアブラコウモリでは、翼手目の特徴のいくつかが成り立たない。このような話を展開していく前に、まずは翼手目一般の特徴をおさらいしておこう。

翼手目は哺乳類のなかで、げっ歯目に次いで種数が多い。翼手目は哺乳類の中で唯一、自分の力で空を飛ぶことができるグループである。図1にコウモリの翼の構造を示した。

前足の親指（第1指）を除くすべての指が伸長し、これらと腕や体側のあいだに手膜（皮

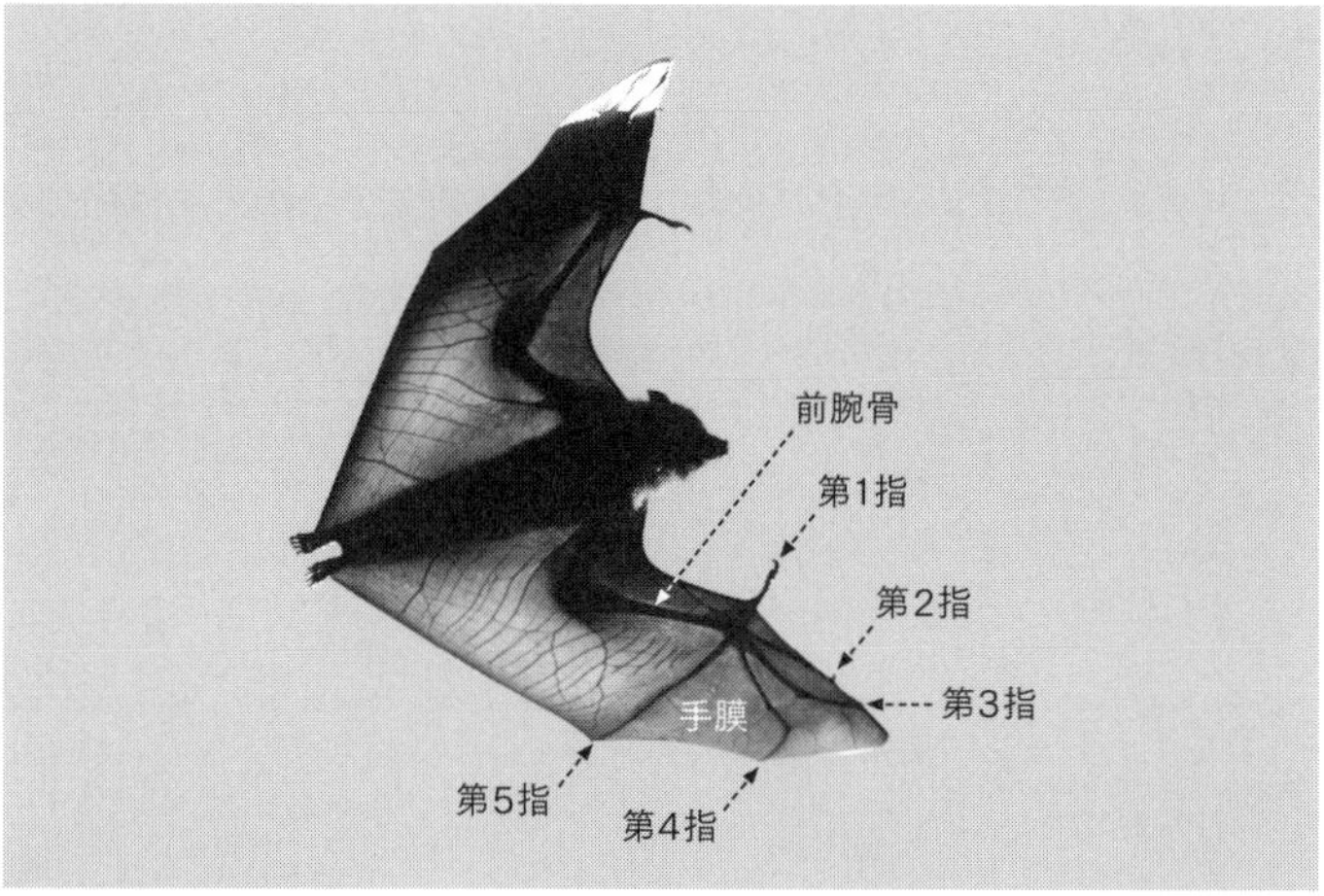

図1）コウモリの翼の構造。マダガスカルオオコウモリ（*Pteropus rufus*；翼手目・オオコウモリ科）。2007年1月31日、マダガスカル南部ベレンティにて。

図2）コウモリの後ろ足の甲が背中側を向いているのは、ぶら下がるのに便利なように進化の過程で回転してしまったのだ。ⓐ マダガスカルオオコウモリ。2007年8月20日、マダガスカル南部ベレンティにて。ⓑ ハチマキカグラコウモリ（*Hipposideros diadema*；翼手目・カグラコウモリ科）。2010年2月8日、インドネシア・スマトラ島にて。

膜）が広がって翼が形成されていることがわかる。飛膜には血管網が張り巡らされている。

コウモリは後ろ足で逆さまにぶら下がるが、それに便利なように、後ろ足が進化の過程で回転してしまっている（図2）。

前足を飛翔のための翼にしたので、逆さまにぶら下がるために後ろ足を改造したのである。そのため、コウモリは地上を俊敏に歩くことができない。孤島などで天敵のいないところに移住した鳥類では飛翔能力を失うことはよくあるが、コウモリでそのようなことが見られないのは、このことが関係しているのであろう。

コウモリは地上を俊敏に歩くことができないとお話ししたが、何事にも例外がある。

チスイコウモリが四足歩行で素早く走る映像を、動画サイトYouTubeにアップされている「vampire running」で見ることができる。

チスイコウモリは、血を吸う対象となる動物の体表を素早く歩き回る必要があるのだ。チスイコウモリの場合は、四足歩行といっても、推進力はおもに前足を動かす肩の力によっているように見える。

「逆さま・ぶら下がり姿勢」がコウモリの飛翔に先立って進化したという説がある。(2) コウモリの祖先は、木の幹などに逆さまにぶら下がった待ち伏せ姿勢で昆虫などを捕食していたのだという。皮膜の発達により、それを捕虫網のように使うことによって昆虫を捕まえやすくなったのであろう。

さらに皮膜の発達により、それを使ってムササビのように滑空することが可能になった。ただし、後ろ足を逆転させてしまったあとでは、もはや鳥のようには二足歩行ができなくなってしまった。進化は後戻りできないのだ。こうして最終段階として飛翔性のコウモリが誕生した。

翼手目には、おもに夜行性で昆虫食の「小コウモリ」と、おもに昼行性で植物食の「大コウモリ」がいる。ただし、小コウモリは系統的にまとまったグループではなく、その中のキクガシラコウモリやカグラコウモリは、ほかの小コウモリよりも大コウモリに近縁である。

種数で翼手目の大半を占める小コウモリはたいてい、「夜の空の捕食者」としての「ニッチ（生態的地位）」を占めている。飛翔能力だけではなく、暗闇の中で獲物を見つける能力、飛びながら獲物を捕らえる能力などを進化させた。

それに寄与しているのが「エコロケーション（反響定位）」である。超音波を発して、それの跳ね返りを聴きとることによって、周囲の地形や獲物の位置・種類を知るレーダーである。エコロケーションによって小コウモリは獲物の昆虫の種類まで見分けられるという。

コウモリは長寿

「夜の空の捕食者」としてのニッチへの適応が、翼手目がげっ歯目に次いで哺乳類の中で多くの種をかかえることができた最大の要因であろう。

コウモリにはこのほかにもさまざまな特徴があり、そのうちの一つが、からだが小さい割に寿命が長いことである。

図3は、翼手目とそのほかの哺乳類、それに鳥類について、体重の対数と最大寿命の対数のあいだの関係を見たものである。

さまざまな生活史をもつ動物を一緒にして、体重と最大寿命だけを指標にした解析であるから、相関関係はあまり高くない。それでも、一般にからだの小さな動物は大きな動物に比べて寿命が短く、コウモリは全般的にからだが小さいが、その割に寿命が長いことがわかる。

しかも、同じ大きさのほかの哺乳類に比べて圧倒的に長寿である。また鳥類はコウモリ以外の哺乳類に比べて寿命が長いが、コウモリは鳥類よりもさらに寿命が長い傾向が見られる。

図3の小型動物の中で突出して寿命の長いブラントホオヒゲコウモリ

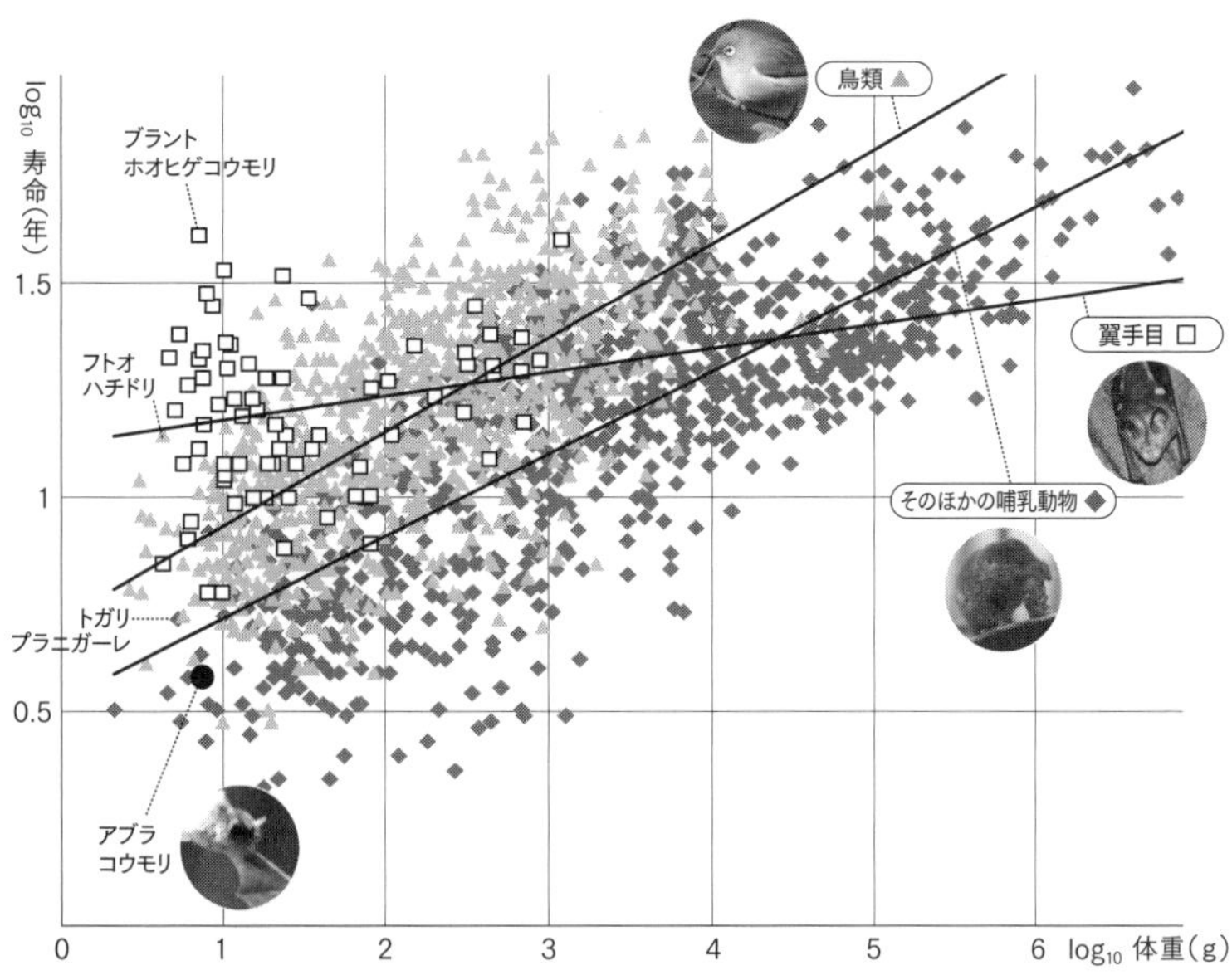

図3）翼手目（コウモリ82種；□）、そのほかの哺乳動物（895種；◆）、それに鳥類（空を飛ばない鳥のグループであるダチョウなどの走鳥類を除く988種；▲）、それぞれにおける体重（グラム）の対数と最大寿命（年）の対数のあいだの相関関係。この解析には含まれないアブラコウモリだけ●で示した。AnAge Database of Animal Ageing and Longevityのデータにより作成。回帰直線にはアブラコウモリは含まれない。哺乳類の回帰直線は体重のもっと重いものも含めて描かれたが、この図ではおよそ10キログラム以下の部分だけを示した。

図4・右上）ブラントホオヒゲコウモリ（*Myotis brandti*；翼手目・ヒナコウモリ科）。体重7グラムで最大寿命41年（©A.V. Borissenko）。図5・左上）トガリプラニガーレ（*Planigale tenuirostris*；有袋類・フクロネコ科）。体重5.3グラムで、体重10グラム以下のコウモリ以外の哺乳類の中では最大寿命がいちばん長く5.2年（©Alan Couch）。図6・左下）フトオハチドリ（*Selasphorus platycercus*；アマツバメ目・ハチドリ科）。体重は4.2グラム程度で最大寿命は14年だが、コウモリにはかなわない。ジョン・グールド『ハチドリ科鳥類図譜』第3巻より（©玉川大学教育博物館）。

（*Myotis brandti*）（図4）は、体重がわずか7グラムなのに最大寿命が41年である。

体重10グラム以下のコウモリ以外の哺乳類の中では、有袋類のトガリプラニガーレ（*Planigale tenuirostris*）の体重5・3グラム、最大寿命5・2年がいちばん長い（図5）。

一方、鳥類は哺乳類一般に比べて寿命が長いが、小型のものではコウモリにかなわない。ブラントホオヒゲコウモリと同じくらいの大きさのフトオハチドリの最大寿命が14年だという（図6）。

コウモリは小型哺乳類の中ではずば抜けて長寿であるが、それは彼らが空を飛ぶことと関係がありそうである。それは、同じように空を飛ぶ鳥類が長寿であること符合する。空を飛ぶことによって、捕食者から逃れやすくなることが関係しているのであろう。

それではは小型コウモリは、なぜ鳥類よりもさらに長寿なのであろうか。

その理由の一つとして、冬眠が関係している可能性があるが、小型コウモリがたいてい夜行性であることも大きいであろう。夜間の行動が捕食圧を弱めていることは確かである。

一般に捕食圧が強い状況に置かれた動物種の最大寿命は、あまり捕食されないものに比べて短くなる傾向がある。若いうちからどんどん捕食されてしまうような状況で進化した種では、長い寿命を支えるような遺伝的な形質は進化しないであろう。

そのような状況では、短い一生のあいだになるべくたくさんの子供を残すほうが、一生のあいだに残す子供の数が増えるので適応度が高まるのだ。

短命なアブラコウモリ

特に小型のコウモリは、体重の割に寿命が長いという話をしたが、何事にも例外がある。それが、多くの日本人にとって馴染みのあるアブラコウモリである（図7）。コウモリの中では例外的に短命なアブラコウモリを紹介しよう。

たいていの小コウモリは洞窟で大きな集団をつくって生活するが（図8）、アブラコウモリはあまり大きな集団をつくらない。このコウモリはヒトの家を住処にすることが多いため「イエコウモリ」とも呼ばれ、ヒトの生活に密着している。都会にも棲んでおり、ヒトの集落が少ない田舎では見られない[4]。彼らは人工の光に集まる昆虫なども採餌し、人工的な環境をうまく利用している。

アブラコウモリが棲みつくような家屋が日本に多く造られるようになったのは、せいぜい過去1300〜1400年くらいということから、日本のアブラコウモリは、その時代以降に帰化した動物だという説がある[5]。

図7）アブラコウモリ（*Pipistrellus abramus*；翼手目・ヒナコウモリ科）。体重は5〜11g。同じ程度の大きさの同属のコウモリの最大寿命はたいてい10年を超えるが（表1）、この種のオスの最大寿命は3年であり、その年生まれのオスは秋の交尾期まで生存しても、たいていは冬を越すことなく死亡してしまう。

アブラコウモリの体重は5〜11グラムであり、同じ程度の大きさの同属のほかのコウモリの最大寿命はたいてい10年を超える（表1）。

ところが、私の住む香川県で長年学校の教師をしておられた森井隆三

学名	和名	成獣の体重（グラム）	最大寿命（年）
P. kuhlii	クールアブラコウモリ	6	8
P. nathusii	ナトゥージウスアブラコウモリ	10	11
P. subflavus	アメリカトウブアブラコウモリ	7.5	14.8
P. pipistrellus	ヨーロッパアブラコウモリ	5	16.6

表1）アブラコウモリ属（*Pipistrellus*）の成獣の平均体重と最大寿命
AnAge Database of Animal Ageing and Longevity（http://genomics.senescence.info）より。

図8）ヒダクチオヒキコウモリ（*Chaerephon plicata*；翼手目・オヒキコウモリ科）。タイのこのお寺には、ヒダクチオヒキコウモリのねぐらになっている洞窟がある。ここでは夕方になるとコウモリは一斉に餌（昆虫）を採りに出かけるが、このような光景が30分以上も続くというから、この洞窟にはおよそ300万頭のコウモリが生息していることになる。中央アメリカから北アメリカ南部にかけて生息する、これと近縁なメキシコオヒキコウモリ（*Tadarida brasilensis*）は、一つの洞窟に2000万頭が生息することがあるという。河合久仁子博士より提供。

さんによると、この種のオスのほとんどは生まれて10か月以内に死亡するという(6)。6月下旬から7月上旬に出産するが、冬眠明けにはオスとメスの個体数比は0・05になる。つまりその年生まれのオスは秋の交尾期まで生存してもたいていは冬を越すことなく死亡してしまう。

図7は冬眠明けの4月19日に撮影した写真なので、たぶんメスだと思われる。最大寿命は、オスとメスでそれぞれ3年と4年くらいである。平均的な鳥類よりも短命で、陸上の小型哺乳類と変わらない。

胎生のコウモリの母親がたくさんの仔を胎内に抱えて空を飛ぶのは困難だから、たいていのコウモリは一度に1頭か、せいぜい2頭の仔しか生まない。それに対して、アブラコウモリの出産は一度に2~4頭（平均：2・6~3・0）だという。[7] アブラコウモリは、短い寿命を補うかたちで、たくさんの仔を産むのだ。

動物の繁殖戦略

動物の繁殖の仕方には大別して2つのタイプがある。一つはたくさんの仔を産むタイプである。死亡率が高くても、たくさんの仔を産むことでカバーするやり方である。もう一つが、少数の仔を大事に育てるやり方である。どちらの方法を採用するかは、その動物の置かれた状況によって決まる。

集団の個体数Nが時間tとともにどのように変化するかは、増加率をrとして、式①で表される。

左辺の個体数$N(t)$の時間tに関する微分は、時間当りの個体数がどのように変化するかを表すものだから、右辺の増加率と個体数を掛け合わせたものと一致する。

これは1798年にトマス・ロバート・マルサスが人口に関して考

式①　マルサスの『人口論』に登場したモデル

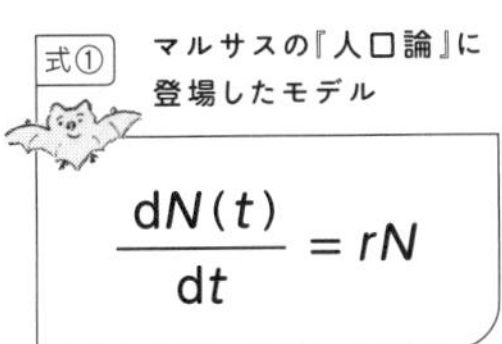

$$\frac{dN(t)}{dt} = rN$$

式②　マルサスのモデル（式①）を解くと……

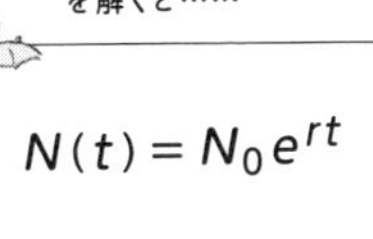

$$N(t) = N_0 e^{rt}$$

えたモデルである。この微分方程式を解くと式②のようになる。

ただし、N_0は$t=0$での個体数、出生率と死亡率の差が増加率rである。時間tにおける個体数$N(t)$は、N_0に自然対数の底である$e=2.718281828\cdots$のrt乗になるということである。なぜここでeが出てくるかというと、e^{rt}(eのrt乗)をtで微分するとrになるという性質をもつからである。

この個体数の時間変化を図示すると図9のようになるが、増加率rが1より大きければ$(r>1)$、個体数は増え続ける。

つまり、時間とともに指数関数的に個体数が増えるということである。しかし実際には、このように個体数が増え続けることはあり得ない。資源は有限だから、与えられた環境が抱えることのできる個体数には限りがあるのだ。

マルサスは、人口は指数関数的に増える潜在的な傾向があるが、資源をめぐる競争によってそれが抑えられると考えた。このような視点が、チャールズ・ダーウィンとアルフレッド・ラッセル・ウォーレスが生物進化に関して自然選択説に到達するきっかけを与えたのである。[8]

個体数が多くなると、その増加を抑えられることを表現するために、式③が考えられる。

この式でKは環境収容量であり、その環境が維持できる個体数になる。個体数(N)が環境収容量(K)に近づくと、N/Kだけ増加率が減るということである。

個体数が環境収容量に達したところで、増加率はゼロになる。もしもこれを超えると増加率は負になるので、個体数がこれを超えることはない。この微分方程式は「ロジスティック方程式」と呼ばれ、個体数の時間変化を図示すると図10のようになる。

個体数が環境収容量よりもはるかに少ない状況では、個体数の変化はマルサスのモデルに従うが、個体数が増えると次第にその増加が頭打ちになり、全体としての曲線はS字型になる。

式③ 現実に近いロジスティック方程式

$$\frac{1}{N}\frac{dN}{dt}=r\left(1-\frac{N}{K}\right)$$

これを生態学の問題として初めて扱ったのがロバート・マッカーサーとエドワード・オズボーン・ウィルソンであった。[9] 彼らのテーマは、海を越えて海洋島にたどり着いた新しい種がどのようにしてそこに定

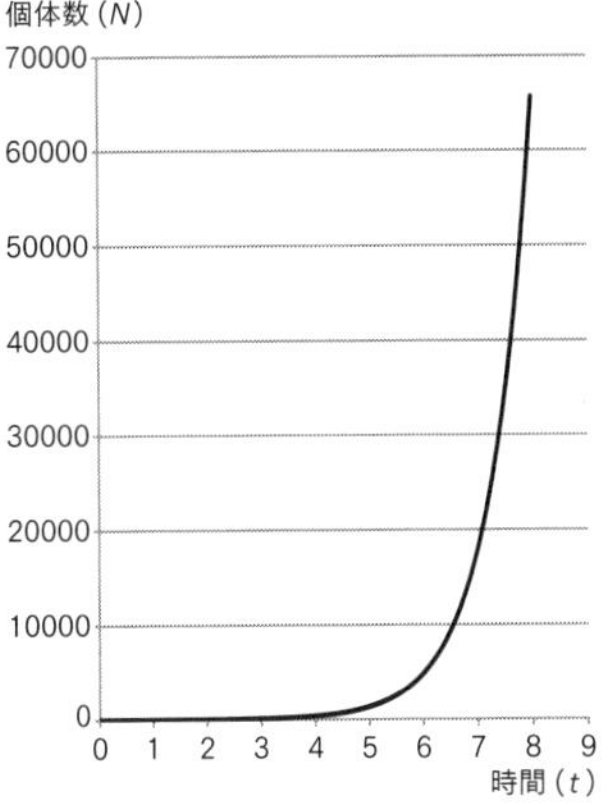

図9) マルサスモデルによる自由増殖曲線。式②でr=1.3、N_0=2 とした。2個体から出発した集団の個体数が、ネズミ算式に増える。

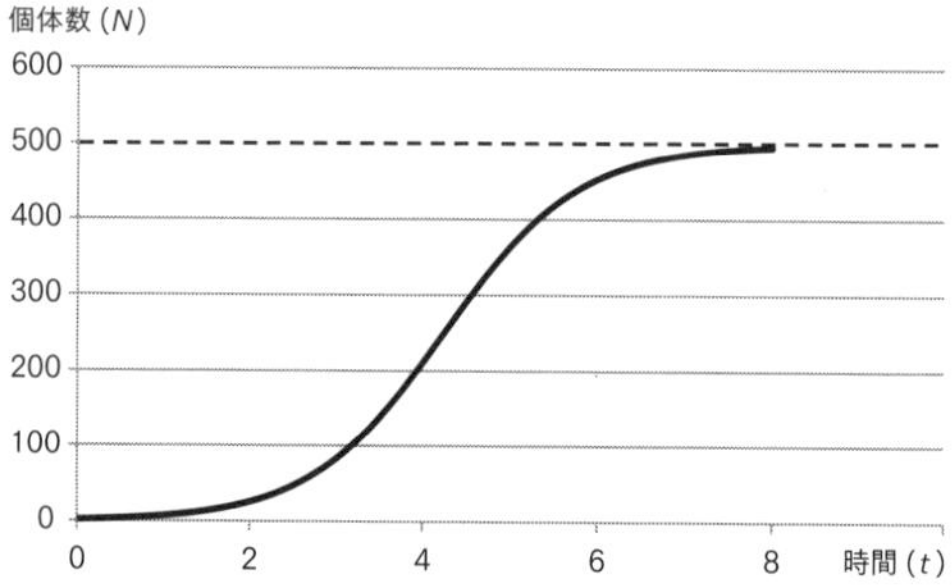

図10）ロジスティック曲線。r=1.3、N_0=2は図9と同じ条件で、環境収容量K=500とした。個体数の増加が環境収容量（K）のところで頭打ちになる。

着するかということであった。

最初は個体数が小さいので、生き延びることができずに絶滅してしまう危険性が大きい。そのような状況では、増加率（r）が大きく、素早く個体数を増やせることが有利であろう。このように増加率を高くする方向に働く自然選択を、彼らは式③のrになぞらえて「r選択」、そのような戦略を「r戦略」と呼んだ。

一方、長い時間スケールで見ると、個体数の増加はその島の資源量に応じて頭打ちになるから、増加率の高いことが必ずしも有利に働くとは限らない。資源の利用を効率的に行なうことが重要になってくるのだ。

そこでマッカーサーらは次のように考えた。

つまり、図10でロジスティック曲線が飽和に近いレベルに達すると、むしろ増加率を低下させて、資源をより有効に利用して、環境収容量（K）を高める傾向が生じるのではないかと。彼らはこれを「K選択」、そのような戦略を「K戦略」と呼んだ。

実際の動物では、極端な「r戦略」と極端な「K戦略」のあいだのさまざまな段階がみられるが、日本のアブラコウモリは、確かにr戦略を採っているように思われる。

なぜアブラコウモリの寿命は短いか

なぜコウモリの中でアブラコウモリの寿命が特に短いのかについては、よくわかっていない。

日本のアブラコウモリは、彼らが棲みつくような家屋が日本に多く造られるようになった1300〜1400年前以降に帰化した動物だという説を紹介した。もしかしたら、彼らはまだそのような新しい生息環境が広がりつつある状況に適応しているために、r戦略を採っているのかもしれない。ほかに競争相手がいない新しいニッチを利用するようになった動物は、急いで個体数を増やすような戦略を採る傾向があるのだ。

開発による都市化が進む日本では、アブラコウモリの生息域が拡大し、個体数が増加している。このようなことが、アブラコウモリの寿命や産仔数に影響している可能性がある。

このような考えが妥当かどうかを調べるには、大陸のアブラコウモリや近縁なコウモリの生活史、特にその生息環境や寿命、産仔数などを詳しく調べる必要があるが、残念ながらそのような情報はまだあまり多くない。

ただ、韓国のアブラコウモリ（*P. abramus*）の翼に標識をつける調査をした韓国の研究者によると、標識をつけたメスが10年後に回収されたという[10]。

韓国のアブラコウモリは、表1に示したアブラコウモリ属一般に近い最大寿命をもっているようなのである。この個体のDNAは調べられていないので、本当に日本のアブラコウモリと同種なのかという問題はあるが、このことは、日本に帰化したアブラコウモリが新しいニッチに適応してr戦略を採っている可能性を示唆するものである。

日本にはモリアブラコウモリ（*P. endoi*）という、樹洞に棲む同属のコウモリがいて、*P.abramus*が帰化動物だとするとそれ以前からのものと考えられるが、この種の詳しい生態はわかっていない。

それでも、同じアブラコウモリ属で研究が進んでいる種に関しては、いずれも長い最大寿命の記録が得られているので（表1）、日本のアブラコウモリが同属の中で特異な生活史をもっていることは確かである。

また表1で、同属の中でもいちばん長い最大寿命の記録をもつヨーロッパアブラコウモリ（*P. pipistrellus*）の1回の産仔数が、イギリスではたいてい1仔であるのに対して、ロシアでは多くが1産2仔か、稀には3仔だという[11]。

このようなことは、餌条件などその動物の置かれた状況によって変わるものであるが、単に餌だけの問題なのか、あるいはほかにどのような要因がこのような違いをもたらしたものなのかなどは、興味深いテーマである。

一般にコウモリは大きな集団をつくって生活していて、しかも寿命が長いことが、特異なウイルス叢（そう）を共生させていることと関係があると考えられる。ほかのコウモリと大きく異なる生活史をもつ日本のアブラコウモリに共生するウイルス叢がどのようなものか、今後も興味深い研究対象になるであろう。

図7の写真は、香川県高松市の私の自宅付近の川で4月19日午前10時頃に撮影したものである。高松ではこの時期すでにツバメが渡ってきており、飛び方がツバメのように見えたが、よく見ると色が違い、アブラコウモリだとわかった。夕暮れ時にはたくさんのアブラコウモリが一斉に飛ぶが、この写真を撮ったときに飛んでいたのは1頭だけであった。

アブラコウモリは飛びながら蚊、蛾、甲虫、アメンボウなどの昆虫を捕食するが、同じように昆虫を飛びながら捕食するツバメなどの鳥類との競合を避けて夜間に活動するようになったと考えられる。

また、夜間の活動には、猛禽類などに捕食されるのを避ける意味もあると考えられる。

実際に、昆虫食のモモジロコウモリ（*Myotis macrodactylus*）が冬眠期に日中活動していてハイタカ（*Accipiter nisus*）に捕食されたという報告もある[12]。

アブラコウモリの摂食量は1日で2・5グラムだというから、体重7グラムとすると、その36パーセントにも達する量になる[11]。

冬眠明けの時期には、夜間活動する昆虫が少ないために猛禽類に捕食される危険を冒して昼間活動することがあるのだと思われる。

1-⑥ スズメ目 ── 鳥類最大グループの多様性

哺乳類全体よりも多い種数

鳥類はおよそ1万種を擁する大きなグループである。鳥類は恐竜の中から進化したグループだから、恐竜の仲間とみなすことができる。恐竜は6600万年前に絶滅したとされているが、その子孫は今でも鳥類として生きているのだ。そのため、鳥類以外の恐竜は「非鳥恐竜（ひちょうきょうりゅう）」と呼ばれる。

中生代は「恐竜時代」、非鳥恐竜が絶滅した6600万年前に幕を開けた新生代は

「哺乳類時代」と呼ばれることがある。しかし、種数で見る限り、現生の哺乳類は6000種足らずでしかなく、いまだに恐竜の子孫である鳥類には遠く及ばない。

スズメ目(もく)は、現生鳥類およそ1万種のうち半分以上のおよそ6200種を擁する、鳥類最大の目である。スズメ目だけで哺乳類全体の種数を超えるのである。

スズメ目が多様である理由の一つに、概して小さな鳥が多いことが挙げられる。哺乳類でも種数がいちばん多いのはげっ歯目であり、この目にもネズミなど小さな動物が多い。小さな動物ほどニッチ(生態的地位)が多様で、種数が多くなる傾向があるのだ。[1]

なぜ小さな動物ほど生態的地位が多様になるのだろうか。

一般に、異なる環境が多いほど種の多様性が増えるが、からだが小さいほど、大きな動物は気がつかないような多様な環境の違いを感じることができる。それには、自然界のもつフラクタル的な性質が関与していると考えられる。フラクタルは数学的な概念でここでは詳しく説明しないが、興味のある方は文献(1)を参照していただきたい。

1967年にアメリカの数学者ベノワ・マンデルブロがフラクタルについて最初に発表した論文の表題は、「イギリスの海岸線の長さはどれだけか?」というものであった。[2]

海岸線の長さを正確に測ろうとすると奇妙なことが起るのだ。普通の地図は海岸線の大まかなかたちだけを描いていて、細かな凸凹は無視している。精度を上げて細かな凸凹も測るようにすると、大ざっぱな地図で測るよりも海岸線の長さは長くなる。精度を上げていくと、海岸線はどんどん長くなり、ある一定値に収束せずに長くなり続ける。このような性質をもったものをフラクタルという。

同じようなことで、からだの小さな動物ほど、感じることのできるニッチの違いが多様になるのである。

からだの大きな動物は粗い精度でしか環境の違いを感じられないが、からだの小さな動物ほど、測定精度を上げると海岸線がどんどん長くなるのと同じように、細かな環境の違いを感知する。

「スズメ目+オウム目」の系統進化

口絵4に鳥類全体の系統樹マンダラを示した。その中でスズメ目にいちばん近縁な目（姉妹群）はオウム目である。[6]

アメリカ・ルイジアナ州立大学のカール・オリベロスらのグループは、4060個の核遺伝子座についてスズメ目の137科すべてを網羅した分子系統学的な解析を行なった。[7]

スズメ目が最初地球上のどこで進化したかを議論するためには、姉妹群のオウム目をあわせた系統樹解析が必要になるので、図1に最新のオウム目の系統樹[8]とあわせた系統樹マンダラを示す。

スズメ目の中で最初に分岐した枝が、ニュージーランドにのみ生息するイワサザイ科の系統であり[9]、現在まで生き残っているのはイワサザイとミドリイワサザイ（*Acanthisitta chloris*）の2種だけである。

もう1種のスチーフンイワサザイ（*Traversia lyalli*）が1894年まで、スティーヴンス島というニュージーランドの北島と南島を分けるクック海峡に位置する小さな島に生息していたが、灯台守が持ち込んだネコのせいで絶滅した[10]。

イワサザイ科を除くもう一つの枝から、およそ6200種のスズメ目の種の大部分が進化した。

オウム目でも「カカポ」とも呼ばれる、ニュージーランドのフクロウオウムの仲間が最初に分岐している。オウム目で次に分岐したオウム科は、フィリピンにも分布するが、ほとんどはオーストラリア、ニュージーランド、ニューギニア島と周辺諸島など「オーストラリア区」と呼ばれる地域に分布する。

また、スズメ亜目の中でも、最初から順次分岐したコトドリ科、ミツスイ科、モリツバメ科なども、オーストラリアを中心としたオーストラリア区に分布する。

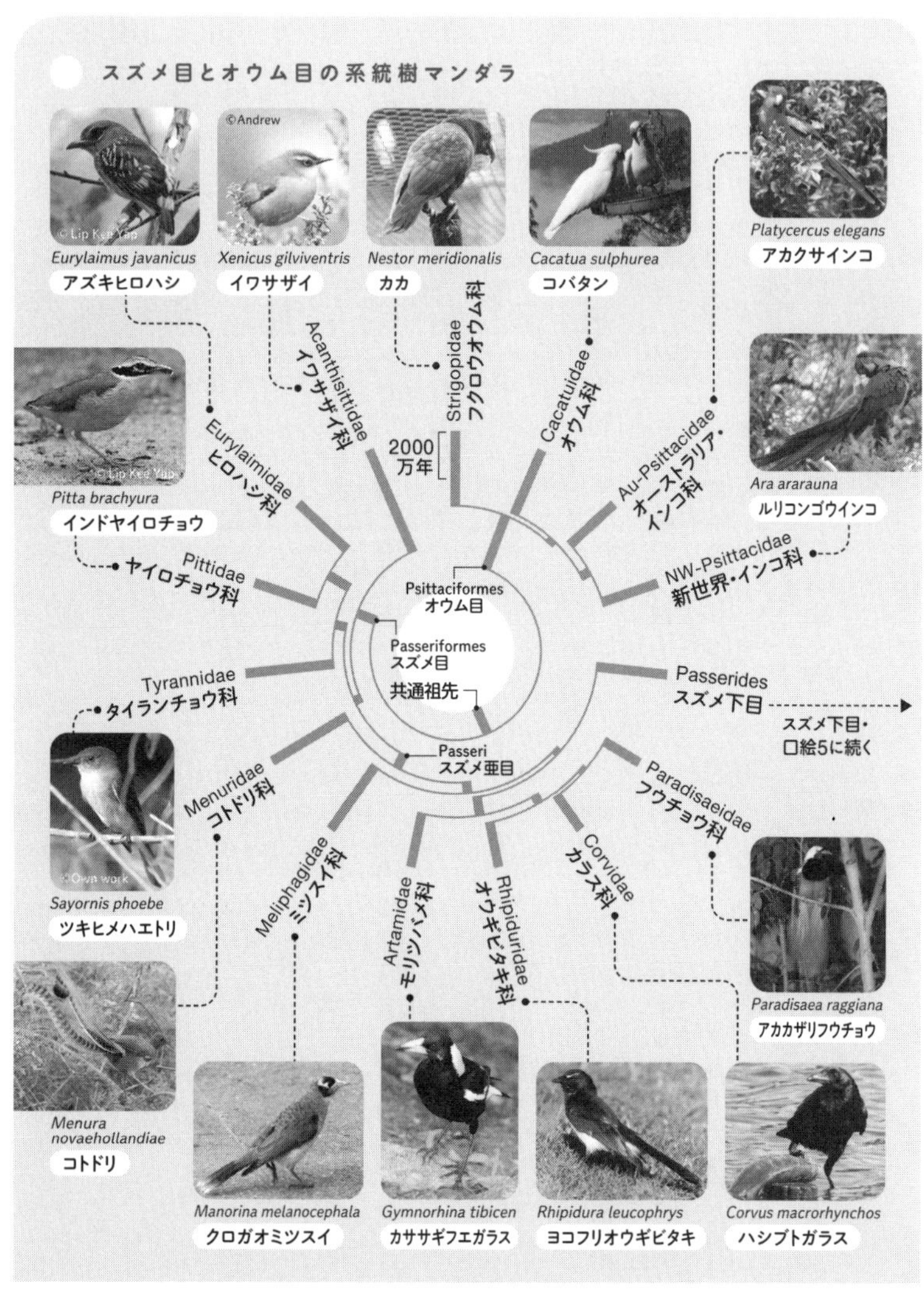

図1）お互いに姉妹群の関係にあるスズメ目とオウム目をあわせた系統樹マンダラ。分岐の順番と年代は文献(7,8)による。スケールは2000万年。

これらのことから、「スズメ目とオウム目」はもともとオーストラリア区に起源をもつグループであり、それぞれが多様化したあとで、一部の系統が分布を広げたものと考えられる。[3]

新世界（南北アメリカ）のインコは、オーストラリア区に移住する前の「スズメ目とオウム目」の遠い祖先が暮らしていた南アメリカ（このことは次に説明する）に戻ったのである。

このように、系統樹を描くことによって、ある動物分類群が地球上のどこで進化したかを推測できる。

進化の歴史をさらにさかのぼって、現生鳥類の共通祖先が地球上のどこで進化したかという問題を考えてみよう。

現生鳥類は、ダチョウなど飛べない鳥のグループである「走鳥類」と、南アメリカのシギダチョウ類をあわせた「古顎類」、そのほかの鳥類をすべてあわせた「新顎類」に分けられる。古顎類は100種に満たない小さなグループであるが、一方の新顎類は1万種を超える多様なグループであり、現生鳥類の大部分を占める。

新顎類の目のあいだの分岐がいつ起ったかに注目すると、多くの分岐が口絵4の中心部に赤い点線で示した、非鳥恐竜が絶滅した6600万年前よりも少し後だったことがわかる。

「スズメ目とオウム目」の分岐も、およそ6200万年前だったと推定される[11]。

このことは、非鳥恐竜や翼竜の絶滅に伴って空席になったニッチを埋め合わせるように、鳥類の急速な種分化が起ったことを示している。同様のことは、哺乳類の進化でも見られる。

新顎類の中で最初にほかから分かれた「キジ目+カモ目」以外のものを「ネオアヴィス（Neoaves）」といい、このグループの共通祖先はおよそ7000万年前に南アメリカにいたと考えられている[12]。

この頃の南アメリカは、南極を通じてオーストラリアとも陸続きになっていた（図2a）。かつて存在していたゴンドワナ超大陸の分裂が進んでいたが、まだ南アメリカ、南極、オーストラリアはつながっていたのである。

その頃の南極は温暖な気候で緑の植物に覆われた大陸であり、鳥類が分布を広げる回廊の役割を果たしていた。「スズメ目とオウム目」の共通祖先は、この回廊を通って、オーストラリア区に到達したと考えられる。

実は、ニュージーランドのキーウィや絶滅したモア、オーストラリアのエミューやヒクイドリ、マダガスカルの絶滅した巨鳥エピオルニスなどの祖先も、この回廊を通って新天地に到達した[5・13]。

さらに、現在世界で有袋類がいちばん繁栄しているオーストラリアにも、彼らの共通祖先がその頃同じルートを通って南アメリカから到達したのである。その結果、オーストラリアでそれまで繁栄していた多くの単孔類が絶滅し、現在はカモノハシとハリモグラを残すだけになった。「スズメ目とオウム目」の共通祖先も同じルートを通って、南アメリカからオーストラリアに到達したと考えられるのだ。

そのような状況は、大陸移動の結果として南極大陸が孤立した大陸になった、およそ3500万年前に終わりを迎えた（図2b）。

それまで南極大陸と陸続きだった南アメリカとオーストラリアが分離した結果、南極大陸の周りには「南極環流」という、西から東へ向かう環流が流れるようになった。そのために、それまで赤道付近から南極に

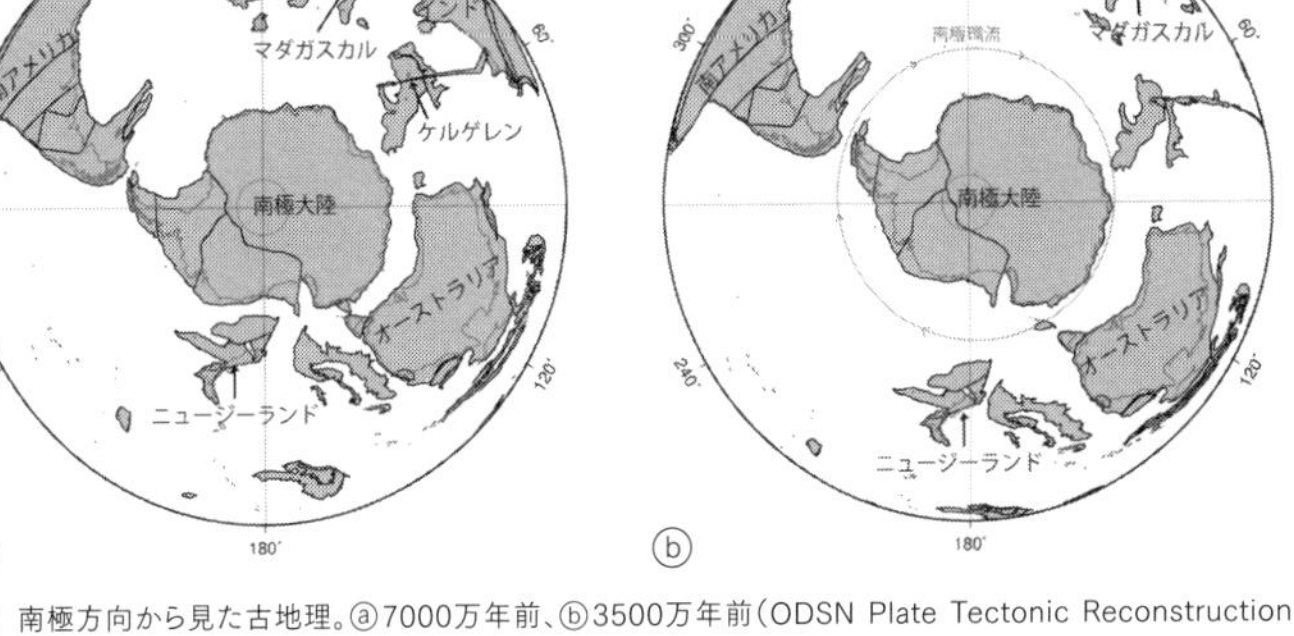

図2）南極方向から見た古地理。ⓐ7000万年前、ⓑ3500万年前（ODSN Plate Tectonic Reconstruction Serviceより）。

向けて流れていた暖流が遮られ、南極大陸は氷の大陸になってしまったのである。

氷で覆われていた南極大陸でこれまで発見された化石は限られているが、ヒトの活動に起因すると考えられる近年の地球温暖化によって、南アメリカとオーストラリアの動物相を結ぶ回廊として南極大陸が果たした役割を示す化石が、今後どんどん発見されるようになるであろう。

地球温暖化がわれわれの生活に深刻な影響を与えていることを考えると、これは皮肉なことである。

スズメ下目の系統進化

図1の鳥のうち、日本で普通に見られるのはカラス科だけである（ヒトが持ち込んで野生化したインコはいるが）。

それぞれのグループがオーストラリア区で多様化したあとで、一部の系統がアジア、ヨーロッパ、アフリカ、南北アメリカなどに分布を広げたのである。

続く口絵5のスズメ下目（かもく）、その中の小グループである図3のスズメ小目（しょうもく）には、われわれにも馴染みの、日本にも分布する鳥が多くあらわれる。

ここに出てきた「下目」「小目」は、見慣れない分類階級かもしれない。階級が上の

図3）スズメ小目の系統樹マンダラ。分岐の順番と年代は、文献(7)による。スケールは1000万年。この中で、シロガシラウシハタオリ（ケニア・ツアボ国立公園）、ショウジョウコウカンチョウ（アメリカ・サウスカロライナ州チャールストン）、キガシラムクドリモドキ（アメリカ・イェローストーン国立公園）、ミヤマシトド（アラスカ・デナリ国立公園）、アルダブラタイヨウチョウ（マダガスカル・アンタナナリブ近郊）、ミドリフウキンチョウ（動物園）以外の写真は、すべて日本国内の野外で撮影したもの。

ほうから順に「目」「亜目」「下目」「小目」となる。なぜ「下目」「小目」という馴染みの薄い階級の系統樹マンダラを示したかというと、スズメ目のように構成メンバーの多いグループを説明するには、「目」「科」「属」などだけでは足りなくて、中間的な階層のグループ名が必要になってくるのだ。

図2で示した大陸移動は、動物の移動に大きな影響を与えた。陸上の哺乳類と違って、渡り鳥などを見ると、空を飛ぶ鳥類にとって、海で隔てられることはあまり障壁にならないのでは、と思うかもしれない。

しかし実際には、海が鳥の移動の障壁になっていることは多い。

渡り鳥の中には海の上を平気で渡るものもいるが、多くはなるべく狭い海峡を渡るようなルートを採る。それは、多くの鳥が上昇気流を使ってエネルギー消費を少なくしており、陸地では昼間地表が暖まって上昇気流が生じるが、海の上ではそれがないからである。(15)

そのために、渡りの季節になると狭い海峡には、そこを渡る鳥がたくさん集中して見られるのだ。

チャールズ・ダーウィンと独立に自然選択の考えに到達したアルフレッド・ラッセル・ウォーレスは、その2年前の1856年に生物地理学上の大発見をしている。現在

「ウォーレス線」と呼ばれる動物分布の境界線である。

彼はマレー諸島の探検を続ける際にロンボク島で、その前に立ち寄ったバリ島とは動物相が大きく異なることに気がついた。バリ島とロンボク島は気候も景観も似ていて、25キロメートルしか隔たっておらずお互いの島が見える距離なのに、動物相がまったく違うのである。哺乳類だけではなく鳥類も違っていた。

例えば、図1に出てくるオウム科のコバタンは、ロンボク島にはたくさんいるのに、バリ島では見られない。

このように、陸続きかどうかは鳥の分布にも大きく影響するので、南アメリカとオーストラリアを結ぶ南極大陸の存在は、現生鳥類の進化と分布に大きな影響を与えたことは確かである。

大陸移動が鳥類の進化に及ぼしたもう一つの影響がある。それは気候の変化である。およそ3500万年前に南極が孤立した大陸になったために、南極環流ができ、南極大陸は氷の大陸になったという話をした（図2b）。

大陸移動が引き起こしたこの寒冷化の影響は南極周辺だけにとどまらず、全地球規模に及んだ。およそ3400万～2600万年前（漸新世（ぜんしんせい）前期と中期）には、地球全体が寒冷化したのだ。

実は、スズメ亜目の主要なグループのあいだの分岐がこの時期に起っている。このことは、寒冷化に伴ってそれまでの暖かい気候に適応していた森林が分断されたため、そこに生息していたスズメ目鳥類の種分化が促進された結果ではないかという説がある。[12] 生息域が分断された結果、同じ種だったものが別々の種に進化したというのである。

この説が正しいかどうかは今後の検証が必要であるが、大陸移動はさまざまな面で、生物進化に影響を与えてきたのである。

2

植物とそれに依存する生き物たち

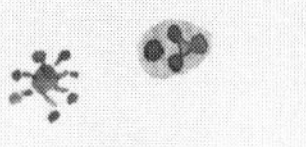

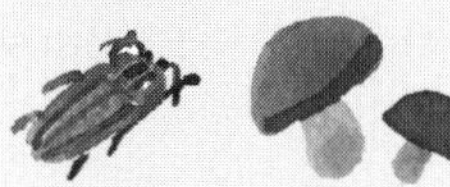

2-① 巨木の起源 ―コケが陸上に上がってから

光を求めて上へ

植物は水と二酸化炭素から光のエネルギーを使って糖類を合成し、その副産物として酸素を放出する。これを「光合成」といい、植物のこの働きが、地球上のほとんどの生き物の生活を支えている。光合成を進めるためには、植物は太陽の光を浴びなければならない。

最初に陸上に進出した植物であるコケ類は、地面を覆うように育つことによって光を確保した（図1）。ところが、ほかの植物に覆われると光を浴びられなくなってしまうので、地面から立ち上がって垂直方向に伸びることによる、太陽光をめぐる競争が激化した（図2）。しかし、コケ類は垂直方向にあまり高く伸びることができない。

コケ類以外の現生の陸上植物を「維管束植物（Tracheophyta）」という。これにはシダ植物と種子植物が含まれる。

維管束は重力に逆らって植物体を立ち上がらせ、植物体全体に水や栄養を運ぶ。これによって、植物は高く伸びて大型化できるようになった。

維管束植物が進化しなかったら、陸上生物の世界はほとんど平面的なものだったに違いない。地下では三次元的な豊かな世界が開けたかもしれないが、高い樹木の出現によって、昆虫や鳥類が空を飛ぶ意味がはじめて生じ、陸上で三次元の豊かな生態系が生まれたのである。

また、ヒトを含む霊長類の進化も、高い樹木がつくる森林の発展によってはじめて可能になった。

大型化した樹木が集まって森をつくると、てっぺんの樹冠だけが十分な光を浴びられるようになる。樹冠が重なると、下のほうの枝は枯れてしまうので、それぞれの樹冠がなわばりのように重ならないように樹冠平面の分割が起る[1]（図3）。これを「クラウン・シャイネス」という。

クラウン・シャイネスができる原因には、樹冠が重なると光合成できなくなって、陰になった枝が枯れて

図1）地面を覆うヒメジャゴケ（*Conocephalum japonicum*；ゼニゴケ植物門）。

図2）ハイゴケ（*Hypnum plumaeforme*）を囲むコスギゴケ（*Pogonatum inflexum*）が光を遮ると、ふだんは地面を這うハイゴケが垂直方向に伸びる。

しまうだけではなく、風で枝同士が衝突することによって隙間ができることもある。

実はそれだけではなく、枝をこれ以上伸ばしても無駄だと学んだ樹木が、樹冠の成長を止めてしまうこともあるらしい。化学物質などを通じた樹木同士のコミュニケーションによって、ぶつかる前に樹冠の成長を止めている可能性さえあるという[2]。まさに、「遠慮深い樹冠」である。

絞め殺しの木

最初は地面を這うように広がっていた植物は、ほかの植物との競争を通じて、光を求めて垂直に伸びるようになった。

なかでも、イチジク属（*Ficus*）の植物には特異な生き方をするものがいる。いわゆる

図3）77年生のスギ（*Cryptomeria japonica*）の樹冠。東京大学千葉演習林にて。このように樹冠が互いに重ならないようになっている様子を「クラウン・シャイネス（シャイな樹冠）」という。

「絞め殺しの木」と呼ばれるものである。ツルを伸ばしてほかの木に巻きつき、最終的にその木を締めつけて枯らしてしまうのだ。

鳥やコウモリが食べたイチジクの果実の種子が糞として木の枝の上などに落ちると、そこで発芽して根を伸ばす。根は急速に枝分かれして太くなり、樹木に巻きつきながら伸びて地面に到達し、その後地面からの水分・養分と太陽の光でどんどん太くなる。

イチジクに巻きつかれた樹木は、こうして水分や栄養の循環を阻害されて枯れてしまうことが多い（図4a・b）。これは樹高の高い熱帯雨林などで、植物が素早く光の当たる環境（樹冠）を獲得するための特性である。

またイチジク属の木には、枝から気根が伸びるものが多い。気根は地面に到達すると本

図4）ⓐタブノキ（*Machilus thunbergii*；クスノキ科）に絡みつくアコウ（*Ficus superba*; クワ科）。2008年3月7日、屋久島にて。
ⓑイチジク属（*Ficus*）の「絞め殺しの木」。ⓐのようにして絞め殺された木が枯れて空洞になっている。2006年6月29日、中国雲南省シーサンパンナにて。

当の根になり、それまで気根だったものは根の生えた幹のように太くなる。

一本の木にたくさんの幹ができることになり、一本の木がまるで林をつくっているように見えるのである（図5ａ・ｂ）。

高くそびえる巨木の起源

このように、太陽の光を求めて樹木は高くそびえるようになった。マダガスカル、アフリカ、オーストラリアに分布するバオバブの巨木は世界的に知られている。日本にも樹高30メートル、幹周り16メートルにも達する屋久島の縄文杉などの巨木が多い（図6）。

さらに、アメリカ・カリフォルニアのレッドウッド海岸にあるセコイア（*Sequoia sempervirens*）のなかには、樹高が１００メートルを超える

図5）ⓐ この公園には何本もの木が生えているように見えるが、実は全体で一本のイチジク属（*Ficus*）の木なのである。2010年5月13日、ハワイ・マウイ島にて。最初一本の幹から伸びた木の枝から、たくさんの気根と呼ばれるものが伸びてくるⓑ。気根が地面に到達すると、そこから本当の根が地中に伸び、以前の気根は根の生えた幹のように太くなる。そのようなことで、一本の木であるにもかかわらず、たくさんの幹ができることになる。
ⓑ これはⓐと同じ木だが、たくさんの気根が垂れ下がっているのが見える。これが地面に到達すると、地中に根が伸び、気根は幹のように太くなる。

ものがたくさんある。[3]

巨大な樹木が垂直に伸びるためには、それを支えるための強固な幹が必要で、現在の樹木ではリグニンが幹の強度の基になっている。この物質は、光合成によって合成された糖から二次的につくられる三次元網目構造をもつ巨大高分子であり、木質を形成する。

植物がリグニンを合成するようになったのは、シルル紀（4億4400万～4億1900万年前）の後期であり、こうして巨木が誕生する基盤が整えられた。次のデボン紀（4億1900万～3億5900万年前）には、高くそびえた巨木の森が誕生した。デボン紀とそれに続く石炭紀（3億5900万～2億9900万年前）には、陸地は巨木の森で覆われるようになったのである。

図6）屋久島の「縄文杉」と名づけられたスギ（*Cryptomeria japonica*）。2016年11月11日。幹周りは16m、樹高は30m。

リグニンで強化された幹をもった巨木は、石炭紀には40メートルもの高さに達していた。そのような巨木もいずれ寿命がくれば枯れて倒れてしまう。ところが、その当時の生物の中にはリグニンを分解できるものがいなかった。

リグニンはセルロースなどと結合して存在するが、リグニンと結合した状態ではセルロースも分解できなかった。そのため、倒木が分解されることなく、そのまま地中に埋没して石炭になったのである。「石炭紀」という名前はこのことからきている。

このような状況は生態的に大きな問題を引き起こした。植物は光合成を行なうことによって二酸化炭素を消費して酸素を放出する。逆に、動物や菌類などが植物を分解する過程で酸素が消費されて二酸化炭素が放出される。ところが、この分解過程が働かないために、大気中に酸素がどんどんたまっていった。デボン紀の中頃から石炭紀を通じて、大気中の酸素濃度は上昇を続けた。

翅を広げると70センチメートル以上にもなるメガネウラ（*Meganeura*）というトンボが石炭紀末のおよそ3億年前に出現したのは、このような高い酸素濃度によるものであった。現在の日本のトンボの中でいちばん大きなオニヤンマでさえ、翅を広げて10センチメートル程度だから、メガネウラがいかに大きかったかがわかる。

現在の大気中の酸素分圧の割合は21パーセントだが、石炭紀に続くペルム紀（2億99

00万〜2億5200万年前）には、それが30パーセントにも達した。

酸素濃度の上昇は、動物が活発に活動するためにはよいことであるが、生態系全体としては深刻な問題であった。巨木が分解されないというのは、物質が循環しなくなるということである。酸素が増えて二酸化炭素が少なくなるということは、光合成の原料が少なくなるのだから、植物にとっても問題である。

また、温室効果ガスである二酸化炭素が少なく、酸素が多いということで、寒冷化が進んだ。

この状況を一変させたのが、次にお話しする、リグニンを分解できる菌類の進化であった。

2-② 菌類の驚くべき役割—酸素欠乏事件

新しいタイプの菌類の誕生

現在、大気中の酸素分圧の割合は21パーセントだが、石炭紀（3億5900万〜2億9900万年前）には30パーセント近くもあった。

石炭紀にこのように酸素濃度が高かった理由は、前述のように、その頃に巨大な森林が出現したからである。

樹木が大気中の二酸化炭素を吸収し、葉の中の葉緑体で太陽光のエネルギーを使って二酸化炭素を水と反応させ、ブドウ糖などの糖類をつくりだす。これが光合成で、この際に酸素が放出される。この樹木が枯れると、そのまま地中に埋もれて石炭になった。

現在では枯れた木を分解する菌類がいる。

分解は光合成とは逆の反応だから、酸素を消費して二酸化炭素を放出する。デボン紀・石炭紀に先立つシルル紀の後期には、植物はリグニンという物質を合成して幹を強化し、光を求めて高く伸びるようになったが、それを分解できる生物がいなかったのだ。

リグニンはセルロースなどとも結合して存在するが、そのような状態ではセルロースも分解されなかった。そのために、枯死した樹木はそのまま石炭になったのである。

そのような状況は、石炭紀が終わって次のペルム紀が始まるおよそ3億年前に出現した、新しいタイプの菌類のおかげで少しずつ変わっていった。「ハラタケ綱（こう）」（真正担子（しんせいたんし）菌綱（きんこう）と呼ばれる担子菌である。

この新しい菌類が、それまで分解することが困難だったリグニンを分解する能力を進化させたのである。

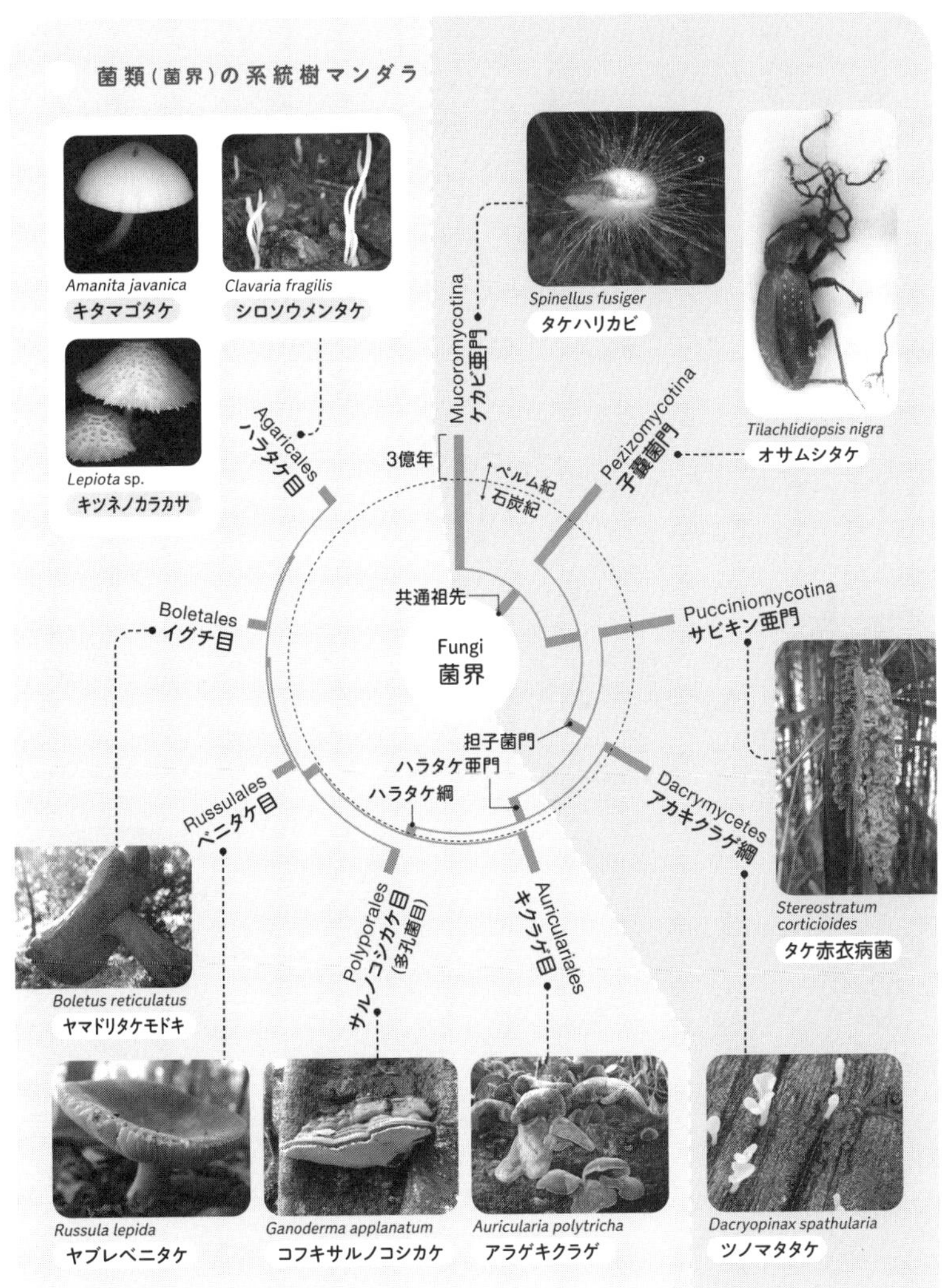

図1) 菌類の系統樹マンダラ。分岐の順番と年代は文献(1)による。スケールは3億年。中心の点線の円は2億9900万年前の石炭紀とペルム紀の境界を示す。その頃に現生のハラタケ綱(図の左側の背景色が淡い部分)の最後の共通祖先が生きていて、リグニン分解能を獲得していたと考えられる。

図1に菌類（動物界、植物界などとならんで「菌界」という）の系統樹マンダラを示した。菌類は、細胞核をもたない原核生物の細菌と区別するために、「真菌類」と呼ばれることもある。

菌類は、植物のような光合成を行なわない「従属栄養生物」であり、栄養をほかの生物に依存する。その際、動物のようにほかの生き物を食べるのではなく、消化酵素を体外に分泌して有機物を分解し、得られた養分を吸収する。

リグニンを分解する菌類の進化

現在の菌類の中で最大のグループが「子嚢菌門」と「担子菌門」である。

子嚢菌には酵母やコウジカビなどのほか、図1にあるオサムシタケなど、昆虫に寄生する冬虫夏草がある。また、藻類が菌類と共生してできる地衣類は、たいてい子嚢菌を宿主とするものである。

もう一方の担子菌の中から、およそ3億年前（図1の円で示した時代）に、リグニンを分解できるものが現れたのである。

この系統樹で、担子菌の中のハラタケ亜門で最初に分かれたアカキクラゲ綱も、木材を分解する木材腐朽菌である。しかし、この菌類はセルロースを分解するものの、リグニンは分解できなかった。褐色のリグニンが残るため「褐色腐朽菌」と呼ばれる。

その後、リグニンも分解できる「白色腐朽菌」としてハラタケ綱が進化したのである。図1の左側のほうで背景が淡い色の部分がハラタケ綱であり、われわれに馴染みのキノコの大部分がこれに属する。

リグニン分解能の進化により、ペルム紀（2億9900万〜2億5200万年前）になると、枯れた巨木の分解が次第に進むようになった。これにより、石炭紀のように枯れた木がそのまま地中に埋もれて石炭になってしまうのではなく、分解された物質を次の世代の生き物が利用できるようになった。物質循環が起るようになったのである。

図2は、私が住む高松市の公園の切り株で見かけたキノコである。

ここでは少なくとも4種類のハラタケ綱のキノコが切り株の分解にかかわっているのが見える。

また図3には、同じ公園の倒木の中から生えた菌糸体が見える。

菌類は、このように木の内部に張り巡らせた菌糸から出す酵素で材質部を分解し、栄養を取り込んで成長する。キノコは、菌糸体が次世代に命をつなぐ胞子をつくるための子実体のかたちをとっている状態なのだ。

ただ、ハラタケ綱の菌類がすべて、枯れた木の分解にかかわっているわけではない。

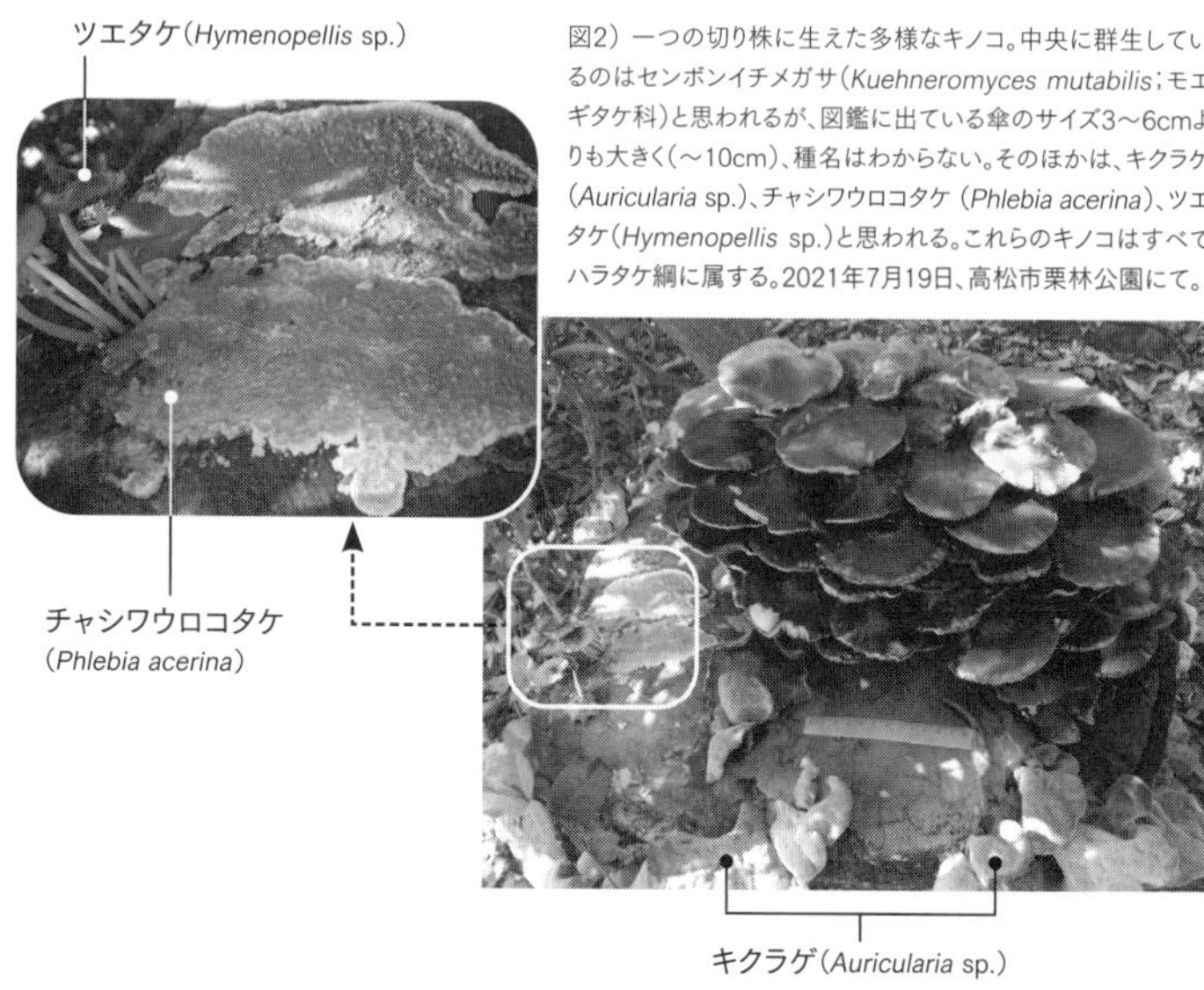

図2）一つの切り株に生えた多様なキノコ。中央に群生しているのはセンボンイチメガサ（*Kuehneromyces mutabilis*；モエギタケ科）と思われるが、図鑑に出ている傘のサイズ3〜6cmよりも大きく（〜10cm）、種名はわからない。そのほかは、キクラゲ（*Auricularia* sp.）、チャシワウロコタケ（*Phlebia acerina*）、ツエタケ（*Hymenopellis* sp.）と思われる。これらのキノコはすべてハラタケ綱に属する。2021年7月19日、高松市栗林公園にて。

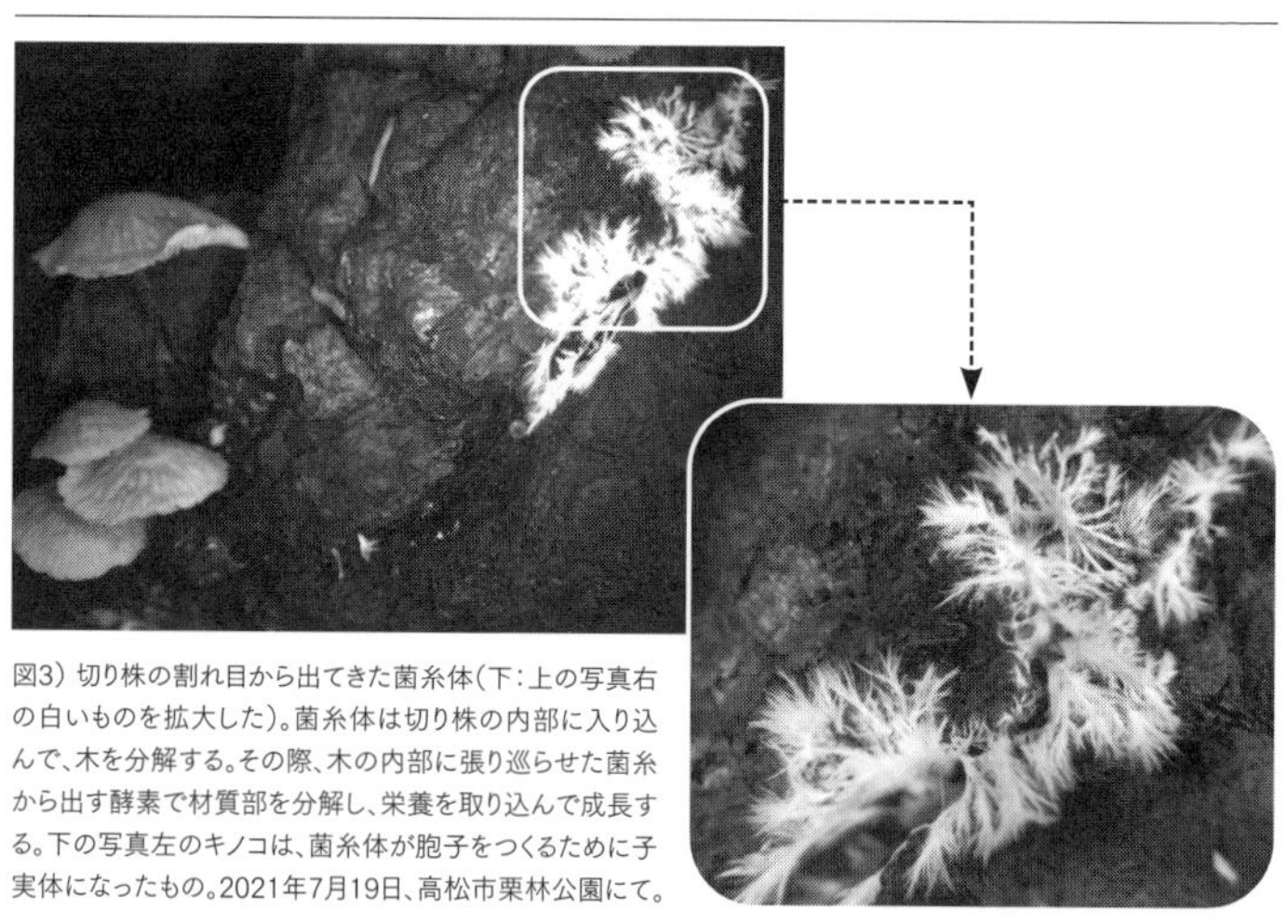

図3）切り株の割れ目から出てきた菌糸体（下：上の写真右の白いものを拡大した）。菌糸体は切り株の内部に入り込んで、木を分解する。その際、木の内部に張り巡らせた菌糸から出す酵素で材質部を分解し、栄養を取り込んで成長する。下の写真左のキノコは、菌糸体が胞子をつくるために子実体になったもの。2021年7月19日、高松市栗林公園にて。

例えばマツタケ（*Tricholoma matsutake*）は、ハラタケ目キシメジ科の担子菌だが、生きたアカマツなどの樹木の根と、「外生菌根（がいせいきんこん）」と呼ばれる共生体を形成する。外生菌根とは、菌類の菌糸が植物の根の細胞内や隙間に侵入して、菌糸と生きた根の細胞が結合した構造である。菌糸から植物の栄養となる無機塩や水分が供給され、逆に植物から菌糸へは光合成産物が供給される。イグチ（図4）やベニタケの仲間にも外生菌根をつくるものが多い。

ハラタケ綱の菌類がすべて木材腐朽菌や落葉分解菌など植物の分解にかかわっているわけではなく、植物と共生していて、植物が生きていく上で欠かせない役割を果たしているものも多いのである。

ただし、外生菌根をつくる菌類が出現するためには、木材や落葉※が腐生菌によって十分分解されていることが必須である[(2)]。

酸素欠乏時代の到来

ペルム紀のはじめにリグニンを分解できるハラタケ

図4）イグチ科（Boletaceae）のキノコ。イグチ科の菌類には外生菌根をつくるものが多い。2020年7月12日、高松市栗林公園にて。

※木材を分解する木材腐朽菌と、落ち葉などを分解する落葉分解菌などの仲間のこと。

綱が出現すると、枯れた巨木が分解されるようになり、物質循環が進んだ。ところがここで、われわれの祖先にとって大きな問題が起った。それは酸素の欠乏であった。

木の分解は酸素を消費して二酸化炭素を生み出す。そのために、ペルム紀の後半から、地球大気の酸素濃度は減少し始めた。古生代はペルム紀で終わるが、酸素分圧の割合は次の中生代三畳紀（2億5200万～2億100万年前）には15パーセント、さらに続くジュラ紀（2億100万～1億4500万年前）には12パーセントにまで極端に減少してしまった。

われわれ哺乳類の祖先である単弓類（たんきゅうるい）（図5）は、まだ酸素が豊富だったペルム紀の前半に繁栄した。その時代、酸素分圧の割合は30パーセントにも達した。ところが、ペルム紀末から三畳紀にかけて酸素濃度が減少すると、高酸素濃度に適応した単弓類にとって生きにくい時代になり、単弓類は次々に絶滅していった。衰退していく単弓類に代わって登場したのが恐竜であった。

図5）ペルム紀の単弓類・デメトロドン（*Dimetrodon* sp.）。国立科学博物館にて。

恐竜は独自の呼吸法を進化させたのである。恐竜は6600万年前に絶滅したとされているが、その子孫は鳥類として現在でも繁栄を続けている。したがって、鳥類も恐竜の仲間であり、鳥類以外の恐竜を「非鳥恐竜（ひちょうきょうりゅう）」という。恐竜が進化させ、現在の鳥類が引き継いでいる呼吸法が「気嚢（きのう）」による呼吸である（図6）。

哺乳類の肺は行き止まりの袋小路の袋であり、その袋に空気を吸い込んだり、吐き出したりする。その際に、肺を流れる血液は運んできた二酸化炭素を酸素と交換する。ところが、袋に空気を吸い込んだり吐き出したりするやり方では、袋の中の空気を完全に吐き出してから新しい空気を吸い込まない限り（どうしても古い空気が少し残るので、それは不可能）、酸素をたくさん含んだ新鮮な空気と二酸化炭素をたくさん含んだ空気が混ざってしまう。この点で、哺乳類の呼吸は効率が悪い。

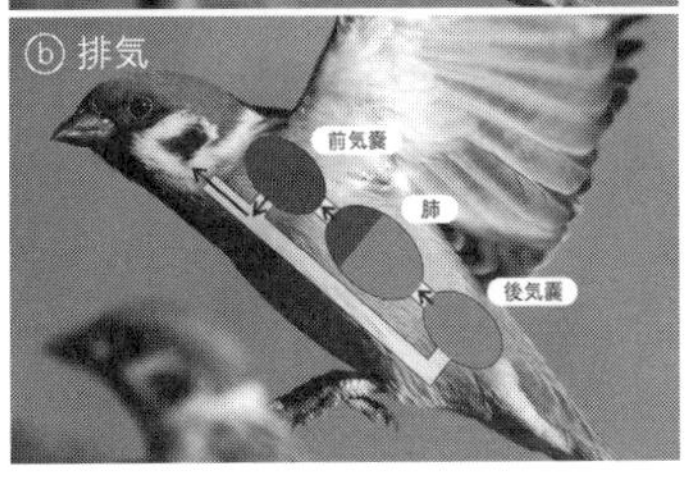

図6）祖先の恐竜から受け継がれた気嚢による鳥類の呼吸。鳥類の肺には前部と後部に気嚢がついている。ⓐ 新鮮な空気はまず後気嚢に取り込まれる。ⓑ それに伴い肺の中の古い空気は前気嚢に押し出される。このような貫流型の方式により、肺には新鮮な空気が留まることになる。一方、哺乳類やその祖先の単弓類では、先が行き止まりの袋状の肺に空気を吸い込んだり、吐き出したりするので、古い空気と新しい空気が混ざってしまい、呼吸の効率が悪い。

一方、恐竜やその子孫の鳥

類の気嚢を使った呼吸システムでは、空気の入口と出口が分かれているので、肺の中の空気はすべて入れ替わることになる。

三畳紀のあいだに気嚢の獲得によって単弓類に対して優位に立った恐竜は、ジュラ紀、さらに続く白亜紀（1億4500万〜6600万年前）を通じて繁栄する。[3]

そのあいだ、われわれの祖先の単弓類は、恐竜の陰で夜行性の小さな動物として過ごすことになる。

哺乳類の誕生

酸素濃度の減少は、われわれの祖先に大きな試練を与えた。

生き物には環境の変化に適応する能力があり、酸素濃度の減少だけであればなんとか適応できたかもしれない。実際、単弓類から進化した哺乳類の中には、ヤクやチルー（図7）など、標高5000メートルのチベット高原に生息するものがいる。

現在のこの標高における酸素濃度は、酸素濃度が最低だったジュラ紀の海水面のものに匹敵する。したがって、気嚢をもたなくても酸素欠乏時代を生き抜くことは可能なのである。

問題は、ほかの動物との競争なのだ。酸素欠乏時代に画期的な呼吸法を進化させた恐竜との生存競争では、われわれの祖先はやはり圧倒的に不利だったのだ[4]。

恐竜繁栄の陰で夜行性の生活に追いやられたわれわれの祖先は、そのあいださまざまな新しい特徴を進化させて哺乳類が生まれた。その特徴の一つが内温性であった。それまでは、現在の爬虫類のように、朝に日光を浴びてからだを温めてから活動していたものが、夜行性になってそのような生活ができなくなった。日光を浴びなくても体温が保てるような内温性の進化は、哺乳類が生き残るためにどうしても必要なものであった。

また、夜行性の生活にとって重要な嗅覚と、嗅覚から得られるまわりの環境に関する情報を統合するための脳の進化は、6600万年前に非鳥恐竜が絶滅したあとに哺乳類が繁栄するための基盤を整えたことになる。

中生代最後の白亜紀は、6600万年前の非鳥恐竜の絶滅とともに終わって次の新生代が始まるが、白亜紀の後半になると、酸素濃度は現在とあまり変わらないようになった。

これにより哺乳類も次第に非鳥恐竜と互角に競争できるようになり、非鳥恐竜が絶滅したあとの新生代に繁栄することになる。

図7）チルー（*Pantholops hodgsonii*；鯨偶蹄目・ウシ科・ヤギ亜科）のメスの群れ。2006年6月19日、中国・青海省・ココシリ自然保護区にて。標高およそ5000メートル。標高の高いこのあたりでは、6月でもこのように雪が積もることがある。

2-③ タマムシ――木を食べる美しい虫

菌類と同じように木質部や落ち葉などを分解して物質循環に貢献している動物たちを紹介しよう。

タマムシと出会う

木材を食べる昆虫としては、シロアリがよく知られている（図1）。シロアリは、日本では木造住宅に被害を与える害虫と見なされることが多いが、生態系における物質循環に大きく貢献している。

たしかにこの昆虫は木材を食べ、これを分解するのに寄与する酵素の一部はシロアリ自身がもっているものもあるが、分解のほとんどは腸内に棲む細菌、菌類、原生生物などさまざまな微生物によっている。

ヒトの場合、腸内微生物叢全体の重量は1・5キログラム程度だが、シロアリの腸内微生物叢の重量はシロアリの体重の30パーセントにも達する[1]。シロアリは、ゴキブリの仲間で

図1）イエシロアリ（*Coptotermes formosanus*；網翅目・シロアリ科）。2018年6月1日、高松市紫雲山にて。

ある網翅目に属し、材食性のゴキブリもシロアリと同様に、一生を通じて木材を食べる。

ここでは、木材を食べる昆虫としてはシロアリほど有名ではないが、その美しさに関しては日本では古来有名なタマムシを紹介しよう。

タマムシ（ヤマトタマムシ）といえば、奈良・法隆寺の「玉虫厨子」が有名である。装飾にタマムシの美しい羽を使用していることからこの名がある。

玉虫厨子制作に使われたタマムシの数は5300匹といわれているが、現在ではその羽のほとんどが失われている。それでも、わずかに残った羽は現在でもその美しさを保っている。タマムシの羽の美しい色彩は、色素によるものではなく構造色なので、死後もその輝きは保たれ続けるのだ。

図2）倒木の中から穴をあけて出てくるタマムシ（ヤマトタマムシ；*Chrysochroa fulgidissima*）の成虫。2021年6月17日午前8時17分、高松市栗林公園にて。口にはかじった木屑がついている。またこの倒木にはキクラゲ（*Auricularia* sp.）がたくさん生えているのが見える。

6月のある朝、私の住む家の近くの公園で、倒木の幹の中から穴をあけてタマムシが出てくるところに遭遇した（図2）。

枯れた木の割れ目に産みつけられた卵から孵化したタマムシの幼虫は、木質部を食べて育つ。

そして、およそ3年間を真っ暗な木の中で過ごし、最後に蛹から成虫になって、やっと木から出てくる。

木の木質部だけを食べて育ったタマムシの幼虫が、このように美しい成虫になって木の中から出てくるのは驚くべきことである。

この写真は6月17日の午前8時17分に撮影したものだが、もっと早い時刻に出てくるものが多いのではないかと思われる。この倒木にはすでにほかにも同じような穴があいていたからだ。

この倒木には前には、お話しした菌類・ハラタケ綱のキクラゲがたくさん生えていて、木を分解しているが、タマムシの幼虫も木の分解に一役買っている。この幼虫は朽ち果てて水分のない木は食べないので、枯れた木の分解の初期段階で活躍するのだ。

タマムシは産卵から孵化、蛹化を経て成虫になるまで飼育するのは難しいといわれているが、それを成功させたタマムシ研究の第一人者として知られる芦澤七郎によると、幼虫が成虫になるまでの期間は早くて2年、遅い場合は5年も6年もかかるという[2]。

ただし、この早くて2年で成虫というのは、あくまでも飼育下でのことで、野外では最低3年かかるという。

それはどういうことか、芦澤の研究を少し紹介しよう。

野外では、幼虫は冬になると冬眠状態になる。ところが、飼育下では最初の1年目の冬を暖かくしておくと、幼虫は冬眠せずに木を食べて成長を続ける。1年間に2年分成長するから、十分に成長したところで2年目の冬を経験させると、次の春には成虫になるということである。

タマムシの脚の先端には二又に分かれた爪があり、その脇に4つの吸盤が並んでいる（図3）。

先端の爪はものにつかまるのに役立ち、吸盤はエノキの葉のようにつやのある葉につかまるのに役立つのだという（図4）。

エノキの葉はタマムシの成虫が好んで食べるものだから、滑らずに食事ができることは重要であろう。しかし、人工のガラスやプラスチックの面はなめらか過ぎて、タマムシの脚が離せなくなることがあるという。タマムシは進化の過程でそこまでなめらかなものに遭

図3）タマムシの脚の吸盤（矢印）。

図4）エノキ（*Celtis sinensis*；アサ科）の葉。

遇したことがなかったので、それに対応できないのは当然である。

ヤモリはタマムシとは違ってガラスの表面でも自由に移動できる。これは、吸盤ではなく、非常に細かい毛が密集して生えているために、毛を構成している分子とガラスを構成している分子のあいだに働く弱い力であるファンデルワールス力と呼ばれる分子間力によるのだという。

タマムシの成虫はエノキの葉を食べるが（幼虫はエノキの倒木の木質部を好んで食べる）、エノキの実もさまざまな動物の食料になっている。

上皇陛下は天皇在位中の5年間、毎週日曜の午後2時に皇居の決まった場所でタヌキの糞を採集されて、タヌキが何を食べているかを調べられたことがある。9月から翌年の2月にかけてはムクノキの実がいちばん多かったが、そのあいだエノキの実もよく食べられていたという(3)。

エノキは、タマムシが幼虫時代から成虫になっても利用する木であり、皇居にはタマムシもよく見られるようである(4)。皇居は都心に豊かな生態系が保存されている貴重な場所である。

木材を食べる甲虫たち

タマムシは「鞘翅目（しょうしもく）」（甲虫目ともいう）に分類される。甲虫はおよそ40万種が記載されていて、種数では多細胞動物の20パーセント以上を占める。種類が多いといわれている昆虫の中でも最大のグループなのである。

口絵6に鞘翅目の系統樹マンダラを示す。

この系統樹には、鞘翅目のおもな4つの亜目のうち、現生の種数が多いオサムシ亜目（食肉亜目Adephaga）とコガネムシ亜目（多食亜目Polyphaga）しか含まれていないが、残りのツブミズムシ亜目（粘食亜目Myxophaga）とナガヒラムシ亜目（始原亜目Archostemata）は、オサムシ亜目とコガネムシ亜目が分かれる前にこれらの祖先系統から分岐したものである。

いずれにしても、これら4つの亜目のあいだの分岐は、3億5900万〜2億9900万年前の石炭紀のあいだに起ったが、木材を食べる系統が多く含まれるコガネムシ亜目の中での上科のあいだの分岐のほとんどは、石炭紀に続くペルム紀（2億9900万〜2億5200万年前）と三畳紀（2億5200万〜2億100万年前）のあいだに起ったものである。

つまり、ハラタケ綱菌類がリグニン分解能を進化させて、地球生態系における物質循環がスムーズに起るようになった後で、コガネムシ亜目の中のいくつかの系統で、木材を食べる材食性が進化したのである。

具体的には、タマムシ科のほかにハムシ上科のカミキリムシ科、ゾウムシ上科のキクイムシ科、コガネムシ上科のコガネムシ科（カブトムシ）とクワガタ科などである。

この後で、これら材食性の甲虫がどのように進化したかを見ることにする。

シロアリが木材を消化する能力の大部分は腸内微生物叢によっているが、実はタマムシなどでは、消化酵素の大部分が自分自身のゲノムにコードされている。(5)

材食性甲虫の進化

アジア大陸原産で、日本の普通種であるゴマダラカミキリ（*Anoplophora malasiaca*）に近縁のものに、ツヤハダゴマダラカミキリ（*A. glabripennis*）がいる。

このカミキリムシの幼虫は生きた樹木を食害するが、これが輸入貨物に紛れ込んで世界各地に拡散して問題になっている。最近でも、兵庫県神戸市の六甲アイランドで多数の個体が確認され、盛んにアキニレを食害していることが報告された。(6)

２０１６年に、このツヤハダゴマダラカミキリのゲノムが解析された結果、面白いことが明らかになった。(7)カミキリムシ科には

科	種数
ハネカクシ科(Staphylinidae)＋シデムシ科(Silphidae)	56200
ゾウムシ科(Curculionidae)*	51000
オサムシ科(Carabidae)	40350
ハムシ科(Chrysomelidae)	32500
カミキリムシ科(Cerambycidae)	30079
コガネムシ科(Scarabaeidae)	27000
ゴミムシダマシ科(Tenebrionidae)	20000
タマムシ科(Buprestidae)	14700

表1）鞘翅目において記載された種数が1万を超える科(9)。肉食性の種が多いハネカクシ科、シデムシ科、オサムシ科などとともに、材食性の種が多いカミキリムシ科、ゾウムシ科、ハムシ科、コガネムシ科、タマムシ科なども種数が多い。＊キクイムシ亜科(Scolytinae)を含む。

3万以上の種が含まれ（表1）、もっぱら木材を食べる動物の科としては、非常に種数が多い。

この科のほとんどの種は、幼虫の時期には木材を食べて成長する。木材を食べてそれを栄養にするためには、リグニンやセルロースなどの分解しにくい高分子物質を分解しなければならない。

同じように木材を食べるシロアリでは、木材を分解する酵素の一部はシロアリのゲノムにコードされているものの、食べたものを分解しているのはおもに腸内の共生微生物である[8]。

実はツヤハダゴマダラカミキリのゲノム解析によって、このカミキリムシのゲノムには、木材を分解するのに必要な酵素の遺伝子がたくさんコードされていることがわかったのである[7]。

その後のさらに大規模な研究で、それらの酵素は、カミキリムシ科だけでなく、カミキリムシ科を含むハムシ上科、さらにキクイムシを含むゾウムシ上科の甲虫のゲノムにも広く見られることがわかった[5]。

先に鞘翅目の系統樹マンダラ（口絵6）を示したが、その中でハムシ上科とゾウムシ上科はあわせて植物食を意味する「Phytophaga」と総称されていた。このグループのすべてが木材を食べるわけではないが、少なくともセルロースに富む植物を食べることに特化しているのである。

さらに、これらの遺伝子が、系統的にはPhytophagaとは離れたタマムシ上科のゲノムでも見つかった。

前にお話ししたように、タマムシの幼虫が枯死した木の中で何年も木質部だけを食べて育つのは、食べたものを分解する酵素を自分自身のゲノムの中にコードしていることが大きく寄与していると考えられる。

Phytophaga（ハムシ上科＋ゾウムシ上科）の共通祖先はおよそ1億8000万年前のジュラ紀に生きていたが、タマムシ上科の共通祖先はそれよりも後になる。したがって、これらの酵素遺伝子はPhytophagaの共通祖先のゲノムに取り込まれたものであろう。

遺伝子が親から子に伝わることを「垂直伝達」というが、遺伝子が伝えられる手段としては、このほかに種の壁を超えた「水平伝達」という方法もある。これは共生微生物の遺伝子の取り込みによることが多い。

木材を分解するのに必要なこれらの遺伝子は、菌類や細菌のものがPhytophagaの共通祖先のゲノムに水平伝達によって取り込まれたものと考えられる。その後、Phytophagaでは親から子に垂直伝達によって伝えられるようになり、このグループの繁栄に寄与した。

また、これらの遺伝子がタマムシ上科の共通祖先にも水平伝達によって伝えられ、タマムシの幼虫が木だけを食べて成長することを可能にしたのである。

ところが、これらの甲虫のゲノムに、木材を分解するのに必要な酵素の遺伝子がすべてコードされているわけではない。遺伝子の水平伝達をもたらしたと考えられる菌類や細菌の一部は、現在でもツヤハダゴマダラカミキリの腸内で共生していることが知られている。[9]

したがって、これらの甲虫は木材を分解するための酵素の遺伝子をたくさんゲノム中に取り込んだものの、それらだけでは完全に分解するには十分ではなく、今でもある程度は共生微生物の助けを借りなければならないようである。

甲虫のもつこれらの遺伝子はPhytophaga同士やPhytophagaとタマムシ上科のあいだでもよく似ているので、微生物からの水平伝達が何回も独立に起ったのではなく、Phytophagaの共通祖先のゲノムに水平伝達によって取り込まれたものが、種分化に伴って垂直伝達で子孫に伝えられたことがわかる。

ただし、系統的に離れたタマムシ上科にもこれらの遺伝子が見出されるのは、Phytophagaからタマムシ上科の共通祖先に水平伝達によって伝えられたものと考えられる。
一方、コガネムシ上科のカブトムシやクワガタムシのゲノムには、これらの遺伝子の多くが見つからない。カブトムシ（図5）の幼虫は、木や落ち葉の腐食が進んだ腐葉土という土状にまで分解されたものを食べて育つ。タマムシやカミキリムシのような本格的な材食性ではないのだ。

同じコガネムシ上科のクワガタの飼育用には、菌糸ビンというものが市販されている。オガクズにヒラタケやカワラタケなどハラタケ綱菌類の菌糸を混ぜ、それらの菌糸がオガクズを分解して、クワガタの幼虫が効率的に養分を吸収できるようにしたものである。

このようなものが必要だということは、クワガタの幼虫が木材を自分自身で分解する能力は、カミキリムシやタマムシなどに比べるとかなり限られていて、菌類などの助けがないと分解できないことを意味している。

図5）カブトムシ（*Trypoxylus dichotomus*；鞘翅目・コガネムシ科）の成虫。

2-④ 小さな生き物—物質循環の立役者

木材を食べる二枚貝

海生の動物の中にも樹木の木質部を食べるものがいる。フナクイムシである（図1）。フナクイムシという名前は、木造の船を食べてしまうことからきているが、ムシとはいうものの二枚貝の仲間である。確かに二枚の貝殻がついていて、木を掘削するのにこの貝殻を使うという。

前にお話ししたように、リグニンの分解にはハラタケ綱菌類の関与が重要だが、近年は細菌の重要性も指摘されている[1]。

フナクイムシに関しては、共生している細菌がリグニンなどの分解にかかわっているといわれているが、共生細菌の大規模なゲノム解析によっても、フナクイムシがリグニンを分解する詳しい機構は未だに明らかになっていない[2]。

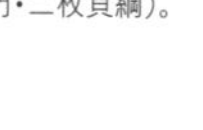

図1）フナクイムシ（*Teredo* sp.；軟体動物門・二枚貝綱）。
©United States Geological Survey

なぜ海生の動物の中で、通常は海中にはない木材を食べるものが進化したのであろうか。その鍵は、マングローブにあると考えられる（図2a）。

マングローブとは、熱帯や亜熱帯の海岸や河口部など、淡水と海水の混ざり合う汽水域に生育する植物のことである。たいていの陸上植物は塩濃度の高いところでは生育できないが、ヤエヤマヒルギ（図2b）などのマングローブは高塩濃度への耐性を進化させ、汽水域に進出したのである。フナクイムシは、もともとマングローブの木質部を食べるように進化したものが、木造船に被害を与えるようになったものと考えられる。

タマムシによってあけられた穴がダンゴムシなど小動物のすみかになるように、フナクイムシによってあけられたマングローブの穴もさまざまな動物のすみかになる[3]。

図2）ⓐ マングローブ。漁師がマングローブ林に潜むカニなどを採っている。2005年11月14日、マダガスカル西部チュレアール付近の海岸にて。
ⓑ マングローブの一種であるヤエヤマヒルギ（*Rhizophora mucronata*；真正双子葉類・ヒルギ科）の群落。2003年3月13日、沖縄・西表島にて。

ミミズがつくる肥沃な土

チャールズ・ダーウィンは、ミミズ（図3）が畑の肥沃な土をつくるのに欠かせない役割を果たしていることを、40年にもわたる観察を通じて明らかにした[4]。

ダーウィンの計算によると、彼が住んでいたイングランド南部のダウンの畑の表土は、3年に1度はミミズの体内を通るのだという。ミミズは、腐食が進んだ落ち葉などを土と一緒に食べて養分を得たあと糞として排泄するが、土の粒子が団子状になったミミズの糞のおかげで、空気が通りやすい肥沃な土ができるのだ。

海中の生態系では、そこに棲む生産者の植物プランクトンと消費者の動物の食物連鎖が密接に関連して、比較的速く物質が循環している。海中の生態系における主要な生産者は植物プランクトンであり、分解されやすいのだ。

ところが陸上の生態系、特に森林では、物質の蓄積量に比べて循環量が少ない[5]。冷温帯の森林では、1ヘクタールあたり数百トンの有機物が、樹木や土壌に蓄積されているが、1年間に循環している有機物の量は数トン程度である。

陸上でもアフリカのサバンナなどでは、分解に時間がか

図3）フトミミズ科（Megascolecidae）のミミズ。

かる樹木が少ないので、森林に比べると物質循環の速度が高い。リグニンを分解できる菌類は進化したが、やはりリグニンを含む木質は分解に時間がかかるのだ。

サバンナの植物の主体である草にはリグニンはあまり含まれないため、サバンナの生態系は膨大な数の哺乳類を養うことができるのである（図4）。

森林では樹木が巨大化した結果、動物などが食料として直接利用しやすい葉や果実などに比べて、すぐには分解されにくい幹などの生物体量が相対的に多くなった。循環量が少ないことは、樹木が巨大な生物体を生成し、さらに枯死した有機物が長い時間をかけて蓄積することによる。

このような緩慢な森林の生態系の特徴が、多様な生き物の生活を可能にしている。

図4）アフリカのサバンナで見られるアフリカスイギュウ（*Synceros caffer*）の群れ。2003年8月13日、ケニヤ・ツアボ国立公園にて。

倒木や落ち葉は小動物のすみかに

太陽の光を求めて高くそびえ立つようになった樹木は、自分自身の重みを支えるためにリグニンという物質を進化させたが、当初はこれを分解できる生き物がいなかったことはこれまでにもお話しした。

およそ3億年前に担子菌の中のハラタケ綱がリグニン分解能を進化させ、物質循環がスムーズに起るようになった。

しかし、それでも枯れた樹木が完全に分解してしまうまでには、長い年月がかかる。そのあいだ、次第に分解されていく樹木は、さまざまな動物に棲み場所を提供しているのだ。

前に、タマムシの幼虫が枯死した木の木質部を食べて成長したあと成虫になって出てくる話をしたが、タマムシが出たあとの穴はダンゴムシなど小動物のすみかにもなる（図5）。

ダンゴムシは落ち葉を食べて分

図5）2−③・図2（141ページ）でタマムシが出たあとの穴は、オカダンゴムシ（*Armadillidium* sp.；節足動物門・汎甲殻亜門・等脚目）などの小動物のすみかにもなる。2021年6月25日、高松市栗林公園にて。ダンゴムシは落ち葉を食べて、共生微生物の力で分解することを通じて物質循環に貢献している。ダンゴムシは落ち葉だけでなく、昆虫の遺体なども食べる雑食性である。

解することを通じて物質循環に貢献している。また倒木や切り株、それに落ち葉の下の土壌は、トビムシやヤスデ、ダンゴムシなどのすみかになる（図6、図7）。図6で散らばっている四角いものはダンゴムシの糞だが、なぜこのようなかたちかは謎である[6]。

これら小動物の豊かな世界は、文献（7・8）で美しい画像として見ることができる。落ち葉や倒木などは、完全に分解されるまでのあいだ、これら小動物にすみかを提供しているのである。樹木の木質部は、食料としては動物が利用しにくいため、食べ残された構造物が多様な動物の棲み場所を生み出しているともいえる[9]。

森林生態学者の武田博清によると、トビムシやササラダニなどの土壌動物は、からだの大きさに比べて大きな卵を少数だけ産む特徴があるという[9]。

1章（1－⑤、99ページ）で紹介した「r戦略」対「K戦略」のうちの「K戦略」の繁殖戦略を採っているということであ

図6）アヤトビムシの一種（*Entomobryidae*；節足動物門・汎甲殻亜門・内顎綱；中央）とヤスデの一種（*Diplopoda*；節足動物門・多足亜門・倍脚綱；左端と右端の2個体）。2－③・図2（141ページ）の倒木近くの切り株上。散らばっている四角いものはダンゴムシの糞。2021年7月4日、高松市栗林公園にて。

図7）図6の近くの分解が進んだ別の倒木上には担子菌の菌糸体（白いもの）が伸び、その上をアヤトビムシが動き回っていた。このトビムシは菌類も食べているのだろう。2021年7月4日、高松市栗林公園にて。

る。これは土壌の安定した環境条件を反映しているものと考えられる。

変形菌の役割

陸上の森林生態系では、物質循環の速度が緩慢であるために、さまざまな動物が生きていくことができる。

図8）ムラサキホコリ（*Stemonitis* sp.；真正変形菌綱）の一種の子実体。2021年7月4日、高松市にて。2−③・図2（141ページ）でタマムシが出てきたのと同じ倒木にムラサキホコリの子実体ができた。

ハラタケ綱菌類によるリグニン分解がもっと急速に進んでどんどん物質循環が起るようであれば、これまで見てきたような小動物が生きていく場所はあっという間に消えてしまうであろう。

物質循環は生態系を維持する上でなくてはならないものだが、多様な生物が生きていくためには、これがあまり速すぎても困るのである。このように物質循環の速度を制御している要因の一つとして重要なものに、変形菌（粘菌ともいう）が挙げられる。

図8は、2−③・図2（141ページ）でタマムシ

の幼虫が木質部を食べて成虫になって出てきたのと同じ倒木上に発生した、ムラサキホコリという変形菌の子実体である。

子実体とは、変形菌が次世代に命をつなぐ胞子をつくるためのものである。変形菌の一生は、胞子の発芽により単細胞のアメーバができるところから始まる。このアメーバは自分よりも小さな細菌を食べて成長する。

アメーバにはオス・メスがあり、異性が出会うと接合し、染色体数が$2n$の変形体になる。変形体でも核は分裂して増えるが、細胞は分裂せずに単細胞のままで大きくなる。つまり、核をたくさんもつにもかかわらず単細胞ということである。大きな変形体になると、キノコなど大きな菌類も食べて成長する。変形菌は分解者である菌類や細菌を食べるため、物質循環の速度を抑制する働きをしているのである。

倒木・切り株の中や落ち葉の下などで成長した変形菌は、子実体をつくるために外に出てくる。われわれが普通目にするのは（本書の写真に出てくるのはすべて）、この段階以降のものである。

日本では梅雨の終わり近くになって晴れ間のあるときに見かけることが多い。湿度や温度が子実体形成に適したものになると出てくるのである。

子実体がつくる胞子は乾燥したものであり、これが風で飛散することによって変形菌の分布が広がる。胞子は、湿った状態では飛散できないのだ。変形体は「粘菌」という名前が示すように湿ってねばねばしているが、子実体になっても最初は湿っている。それが乾燥することによって成熟した子実体になる。

分解者の働きが活発過ぎると、倒木などが短時間に分解されてしまうということは、小動物のすみかがなくなるだけではない。分解されてできた無機塩は、植物が再生産する際の養分になるが、植物がすぐに必要

図9）木の切り株に生えたキクラゲ（*Auricularia* sp.）を覆う変形菌の変形体。2021年6月18日、高松市栗林公園にて。上は13:43、下は17:19。数時間でかなり変化しているのがわかる。下はいよいよこれから子実体形成かと思われたが、あいにくその後雨が降り、翌日から土日の連休でCOVID19のための休園が重なり、経過を観察することができなかった。3日後の月曜の朝に行ってみると、変形菌は跡形もなくなっていて、キクラゲだけが残っていた。変形菌の子実体は乾燥することによって胞子をまき散らせるように成熟するが、どうやら雨のために子実体形成に失敗したようである。変形体はつながっているので、一つの変形菌がたくさんのキノコを同時に襲っているのがわかる。変形菌の種同定を変形体だけから行なうのは難しい。およそ3週間後に同じ場所に生えた子実体からチョウチンホコリでないかと推測されるが（図10）、確かなことはわからない。

とする以上の無機塩ができても、雨で流されて最終的には海にいくので、陸上の生態系には寄与しない。

このような点からも、物質循環の速度の抑制は重要である。実際には変形菌だけではなく、動物も菌類やさらには変形菌を食べることによって、物質循環の速度を複雑に制御しているのである。

図9は、切り株上のキクラゲに生えたチョウチンホコリと思われる変形菌の変形体であり、キクラゲを完全に覆っている。チョウチンホコリは変形菌のご研究で有名な昭和天皇が、国内では最初に発見されたものである。

図9の上の写真は完全な変形体であるが、そのおよそ3時間半後の下の写真では、そこから子実体が形成されつつあるのが見える。このように変形体は動物のように動き回り、かたちも変わるのである[5]。

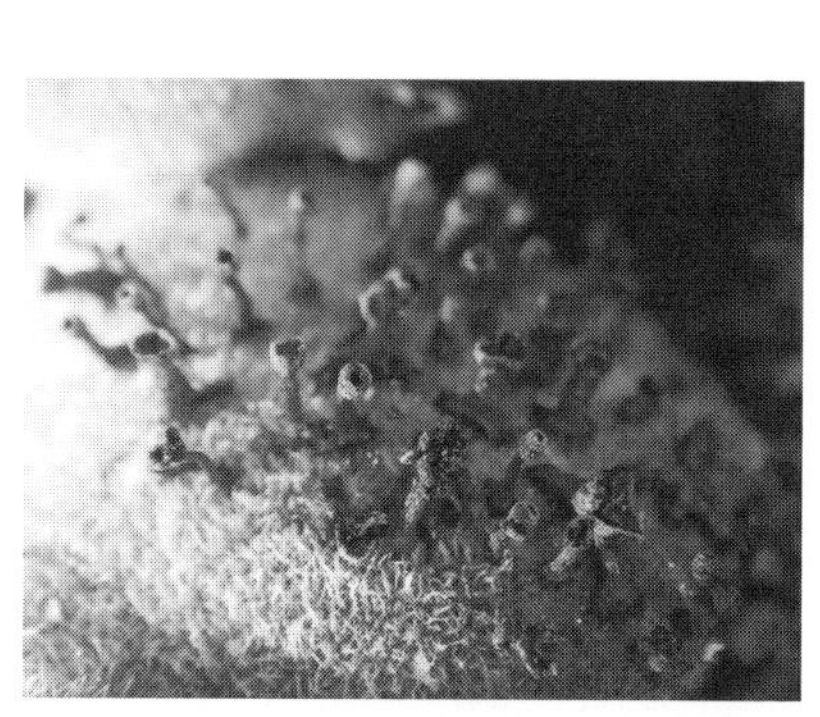

図10）キクラゲ上に生えたチョウチンホコリ（*Physarella oblonga*；真正変形菌綱）の子実体。2021年7月11日、高松市栗林公園にて。このように乾燥して成熟した子実体から胞子（黄色い粉状のものが見える）が放たれて風で飛散することによって、命が次の世代につながる。

このような変形体が、次世代に命をつなぐための胞子をつくる子実体になるわけだが、図9の下の写真のような段階が進んで子実体ができる。そのためには乾燥が必要だが、乾燥して成熟する過程で減数分裂が起り、染色体数がnの胞子がつくられる。

しかし、このときにはその後雨になって、子実体形成は失敗したようである。図10にその後うまく成熟した子実体の写真を示す。

ここまで紹介した変形菌（真正変形菌綱）に近縁なものにツノホコリがあり、変形菌を含めてこれらはアメーボゾア門（Amoebazoa）を構成する。口絵7にアメーボゾア門の系統樹マンダラを示す。

先に、変形菌の子実体は乾燥することによって成熟し、胞子が風の力で飛散できるようになるとお話しした。口絵7ではクダホコリ、マメホコリ、マツノスミホコリの未熟な子実体と成熟した子実体を並べて示したが、赤くて美しかった未熟な子実体が、一日くらいで乾燥して黒ずんだ成熟した子実体に変身するのである。

また、アオモジホコリの子実体も、最初はみずみずしい緑色だったものが、乾燥して成熟すると黄色っぽくなる。

乾燥した胞子は風に乗って遠くまで飛散する。世界中でおよそ1000種の変形菌が知られているが、そのうちのおよそ半分は日本で見ることができる。また、そのほとんどは日本の固有種ではなく、世界の共通種である。

日本で変形菌の種類が多いのは、湿気の多い気候が関係していることは確かであるが、変形菌の胞子が小さくて、世界中に散布されやすいために、世界共通の種が多いのである。

変形菌だけでなく、トビムシなど菌類を食べる動物も多いので、シロアリやタマムシ、カミキリムシなどのように枯死した樹木の分解を促進する動物がいる一方で、分解速度を抑制する働きをするものもいる。

さらに変形菌を食べる動物や菌類もいるので、さまざまな生き物が複雑に絡み合いながら、樹木の分解速度、つまり物質循環速度が決まるのである。

3

大繁栄する昆虫たち

3-① 昆虫の起源 ― 大繁栄する節足動物

眼をもつ三葉虫の繁栄

節足動物門Arthropodaは、現生の記載された生物種の半分以上を占める大きなグループである。その中で三葉虫は、現生の動物につながることが明らかな多細胞動物化石がはじめて見つかるおよそ5億2500万年前のカンブリア紀初期に出現した。図1aの三葉虫は、カンブリア紀初期の化石として有名な中国雲南省の澄江動物群の一つである。

三葉虫は3億年近く続く古生代を生き抜いたが、およそ2億5100万年前の古生代ペルム紀末に絶滅した。

この3億年という長さは、鳥以外の恐竜が生きた時代のおよそ2倍に相当する。そのあいだに化石として知られている三葉虫は2万種を超える。

カンブリア紀には三葉虫以外にもさまざまな節足動物が繁栄したが、ペルム紀末に三葉虫が絶滅したあとも多くの系統が生き残り、現在でも地球上でもっとも繁栄している動物のグループである。

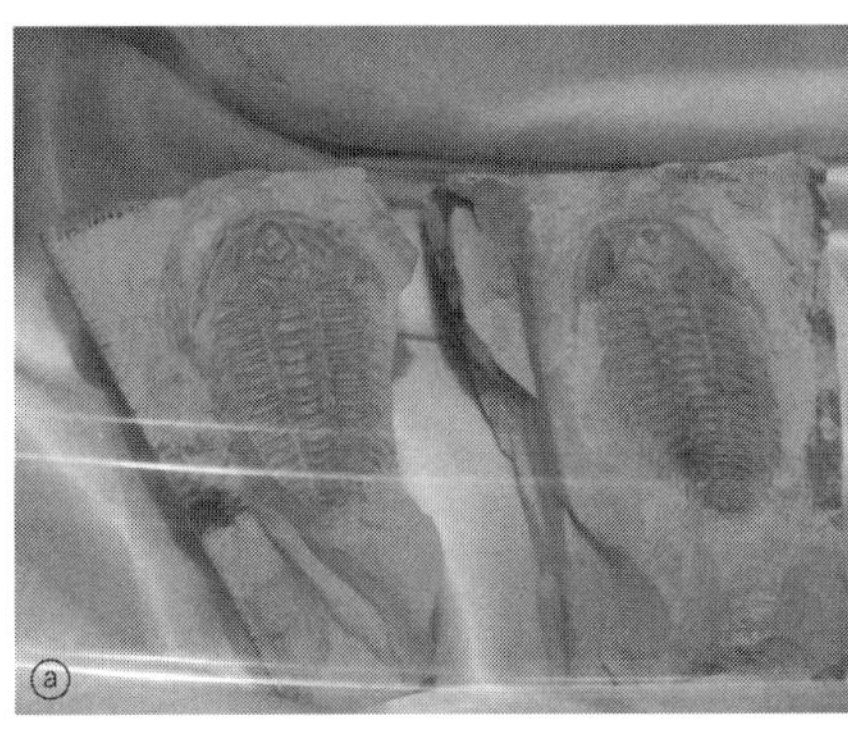
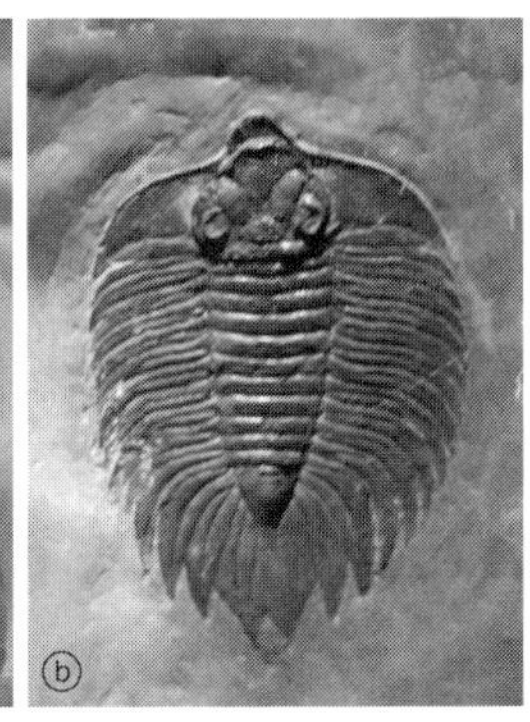

図1) ⓐ 初期の三葉虫、クーニャンギア・プストゥロサ(*Kuanyangia pustulosa*;節足動物門)。2008年12月18日、中国科学院南京地質古生物研究所にて。中国雲南省の澄江(チェンジャン)流域で発見されたおよそ5億2500万年前のカンブリア紀初期の澄江動物群の一つ。三葉虫はこの時代から古生代を通じて繁栄し、古生代最後のペルム紀末(約2億5100万年前)に絶滅した。
ⓑ 4億4400万~4億1900万年前のシルル紀の三葉虫、アークティヌルス(*Arctinurus boltoni*;節足動物門, アメリカ)。2013年11月21日、北九州市いのちのたび博物館にて。

三葉虫の特徴として重要なのが「眼」をもっていたことである。

シルル紀の三葉虫の一種であるアークティヌルス(図1b)は、立派な眼(複眼)をもっていたが、このような構造はカンブリア紀初期の最初の三葉虫でも認められる。

また、カンブリア紀初期のほかの多くの節足動物にも眼があった。カンブリア紀最大の捕食動物とされているアノマロカリスもその一つである。

図2aは、澄江動物群よりも少しあとのカンブリア紀中期を代表する有名なバージェス動物群のものであるが、同じような眼はカンブリア紀初期のアノマロカリスでも認められる。

現生のトンボの複眼(図3)には2万個

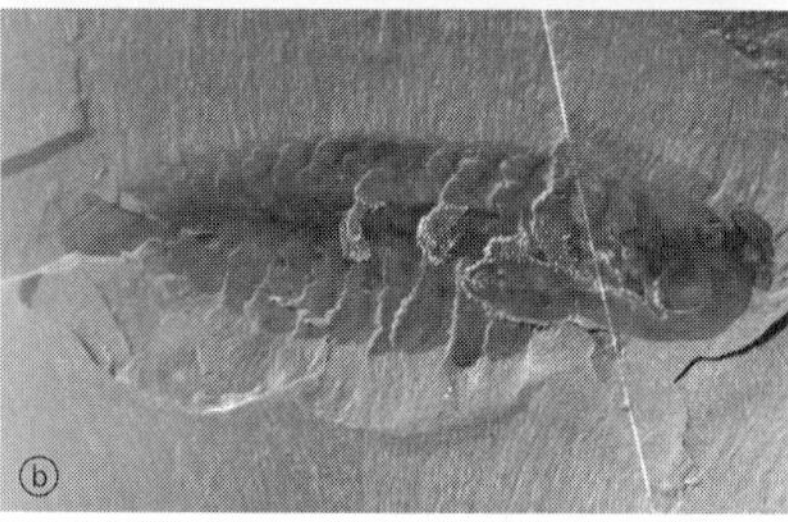

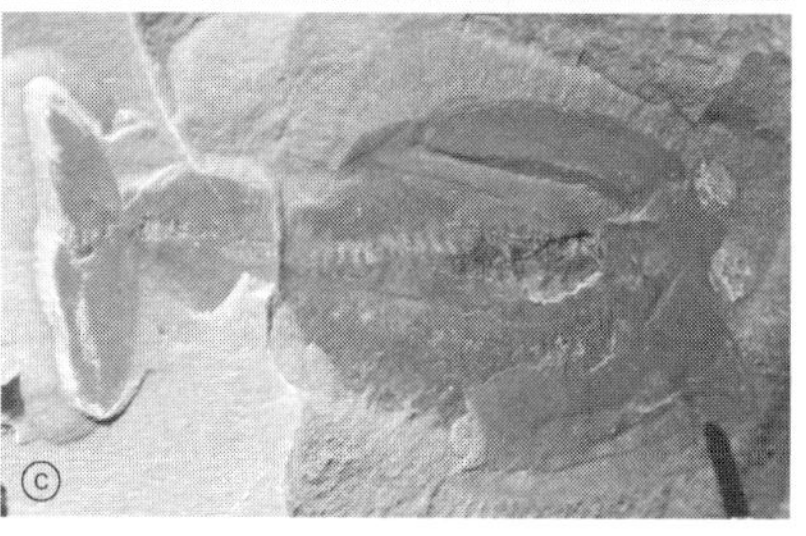

図2）ⓐ アノマロカリス（*Anomalocaris canadensis*；節足動物；5億800万年前のカンブリア紀中期）。頭部に一対の眼があった。この化石はカンブリア紀中期のものであるが、カンブリア紀初期の澄江のアノマロカリス化石でも同様の眼が認められる。
ⓑ オパビニア（*Opabinia regalis*；節足動物；5億800万年前のカンブリア紀中期）。
ⓒオダライア（*Odaraia alata*；節足動物；5億800万年前のカンブリア紀中期）。
3点とも国立科学博物館2015年特別展「生命大躍進」、ロイヤルオンタリオ博物館所蔵標本。

以上のレンズがあるが、アノマロカリスの複眼にも、それに匹敵する数のレンズがあったという(1)。

レンズの数が多いということは、デジタルカメラで撮像素子が多いことに相当するから、解像度の高い画像が得られる。

図2bは、カンブリア紀中期の節足動物、オパビニアの全身化石である。オパビニアの頭部には5つの眼があった。また、これと同じ動物群のオダライアにも一対の大きな眼

があった（図2c）。

図4は、カンブリア紀初期・澄江動物群の一つであるフキシャンフィア・プロテンサである。この種の分類学的帰属に関しては議論があるが、節足動物という見方が強い。最近この種の化石から、現生の軟甲類（甲殻類の中のカニやエビの仲間）や昆虫の脳や視神経系に似た構造が見つかっているという[1]。

これらのことは、この時代までに節足動物は高度な視力をもっていたことを示している。

ところが、カンブリア紀初期には、節足動物以外の動物の多くは眼をもっていなかったらしい。これらの動物の眼は、これ以降になって進化したのだ[2]。

動物はほかの生き物を食べて生きるが、カンブリア紀初期における節足動物の眼の進化は、彼らに捕食動物として非常に有利な立場を与えるものであった。

これをきっかけに、捕食される側の眼をもたなかった動

図3）頭全体が眼であるかのようなトンボの複眼。アカスジベッコウトンボ（*Neurothemis ramburii*）。2009年11月24日、台湾台北市。

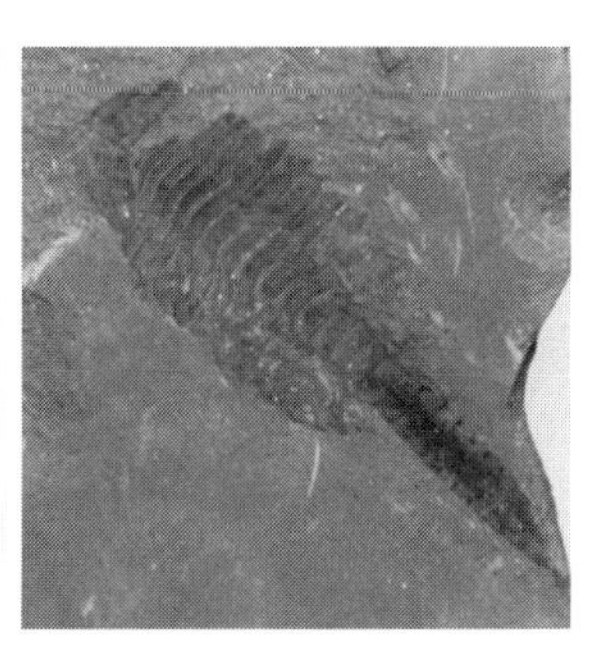

図4）5億2500万年前のカンブリア紀初期・澄江動物群の一つであるフキシャンフィア・プロテンサ（*Fuxianhuia protensa*；節足動物門と考えられる）。2008年12月18日、中国科学院南京地質古生物研究所。

物にも、それに対抗する進化が起った。

捕食者をいち早く発見して逃れるための眼の進化とともに、運動性や食べられにくくするためのかたい殻などの進化である。それに応じて捕食動物にもさらなる進化が起った。

こうして、捕食者と被捕食者のあいだの絶えざる軍拡競争が始まり、その結果として多様な動物が生まれたのだ。

新たな分類のかたち

従来の分類学では、現生の節足動物門は4つの亜門に分類されてきた。クモなどの鋏角亜門（Chelicerata）、ムカデやヤスデなどの多足亜門（Myriapoda）、エビやカニなどの甲殻亜門（Crustacea）、昆虫やトビムシなどの六脚亜門（Hexapoda）である。カブトガニは一見甲殻類のようだが、実はクモの仲間の鋏角類である。

カブトガニはおよそ4億8000万年前のオルドビス紀に出現して繁栄したが、現生種は4種のみである。それには、日本にも分布するカブトガニやアメリカ東海岸のアメリカカブトガニが含まれる。また絶滅した三葉虫は、これら4つの亜門とは別のArtiopoda亜門という系統に属する。

現生の4亜門のあいだの系統関係についてはさまざまな意見があったが、従来の一般的な考え方では、鋏角亜門が最初に分かれ、残りの3亜門のうち、多足亜門と六脚亜門がもっとも近縁とされてきた。ところが分子系統学の発展に伴って、甲殻亜門が六脚亜門に近縁だと考えられるようになってきた。

たしかに、多足類と昆虫などの六脚類とのあいだには、共通の形態形質が多く見られるが、これらの節足動物は陸上生活に適応したものが多いため、収れん的に獲得した形質なのである。(3) その中には、例えば空気から直接酸素を取り込むための気管系などがある。

それに対して、甲殻亜門にもダンゴムシやワラジムシ（等脚目）など陸生のものもいるが、ほとんどが水生である。

現生の節足動物が4つの亜門に分類できることに疑いの余地はないと、長いあいだ考えられてきた。

ところが近年の分子系統学によれば、いわゆる甲殻類は系統的にまとまったグループではなく、ミジンコや田植え時期の水田でよく見られるカブトエビなど「鰓脚綱」と呼ばれるグループは、ほかの甲殻類よりも昆虫などの六脚類に近縁であることが明らかになってきた。

そのため、甲殻亜門と六脚亜門を統合した「汎甲殻亜門（Pancrustacea）」が設けられるようになった。

口絵8に、若くして亡くなった天才的な博物画家・杉浦千里（1962〜2001年）の細密画を中心としてつくった、節足動物門の系統樹マンダラを示す。

杉浦は40年足らずの生涯で、甲殻類の見事な細密画をたくさん遺したが[4]、残念なことにカブトエビやクモの細密画は遺さなかった。そのため、この2つの生物の画像は私の拙い写真を使わせていただいた。

海から陸へ、空へ

節足動物門は種数において現生の動物のなかで最大のグループであるが、そのなかでも昆虫綱が圧倒的多数を占める。図5は、昆虫綱に近い部分の節足動物の系統樹マンダラをより詳しく示したものである。

先ほど甲殻類の中で鰓脚綱がエビやカニなどほかの甲殻類よりも昆虫綱に近縁だとお話ししたが、実はそれよりもさらに昆虫綱に近縁なものがいる。

海底洞窟などに生息するムカデエビからなるムカデエビ綱である。

ムカデエビとの共通祖先から陸上に進出して、その後に昆虫に進化した六脚類の祖先

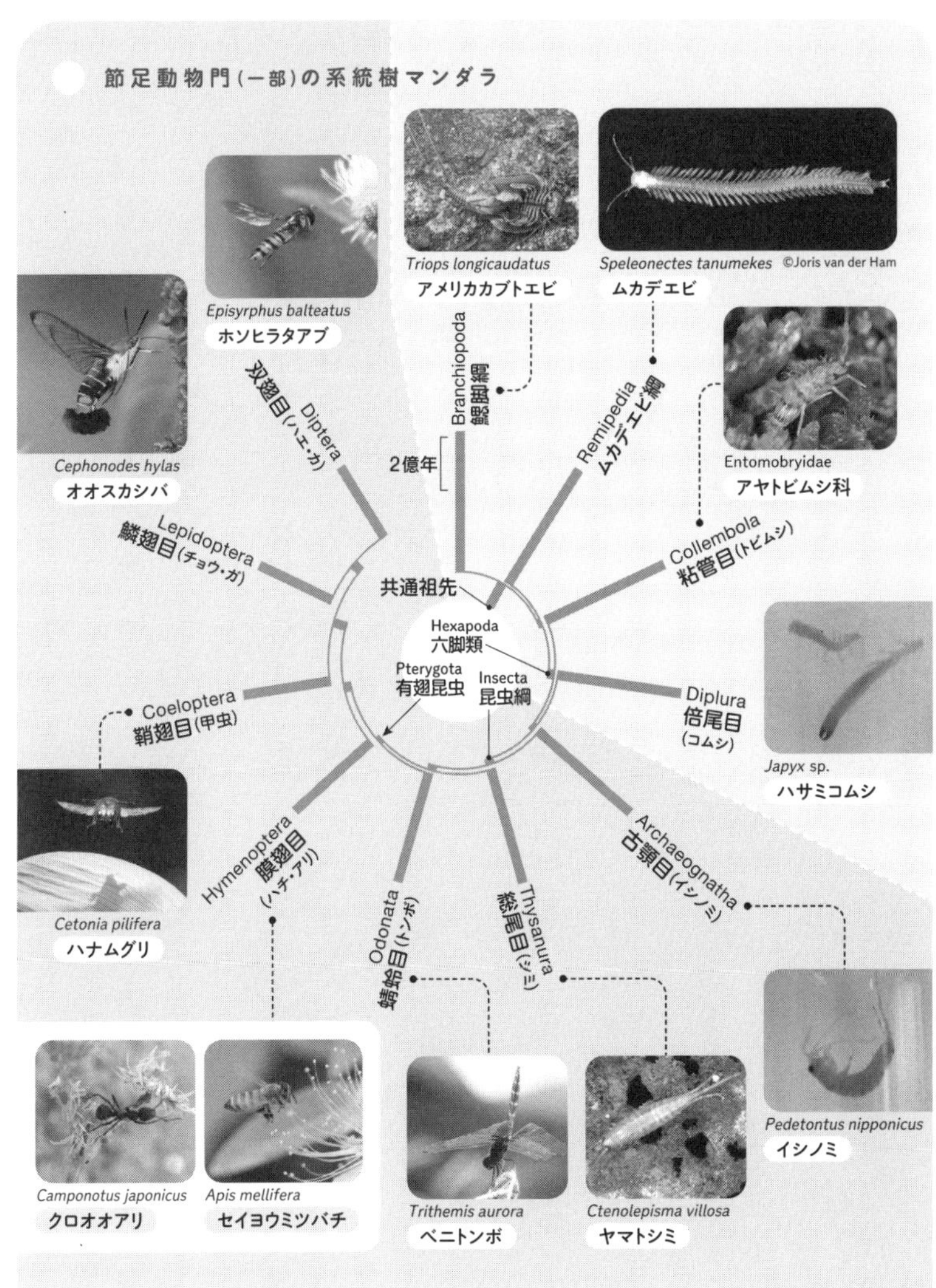

図5) 節足動物門の昆虫綱に近い部分の系統樹マンダラ。分岐の順番と年代は文献(6)による。スケールは2億年。背景の色が濃い部分が昆虫綱。

が生まれたのである。
陸上に進出した六脚類の最初の系統がトビムシ（粘管目）やコムシ（倍尾目）であり、その後およそ4億1900万年前のシルル紀からデボン紀に移行する頃に、昆虫が誕生した。

昆虫の最初の系統はイシノミ（古顎目）やシミ（総尾目）など地面を這い回るものだったが、その後およそ3億5900万年前に始まる石炭紀には、動物史上初めて空を飛べるようになったトンボなど飛翔性の昆虫が進化した。

図5で有翅昆虫と矢印で示したところである。

最初の六脚類が陸上に進出したのは、それ以前に地衣類、コケ類、菌類、細菌などが進出していたからだが、有翅昆虫が空を飛ぶようになったのは、2章（2−①、120ページ）で述べたように、それまで地表近くだけを覆っていた植物のなかから、進化した維管束植物が太陽光を求めて高くそびえ立つようになったからである。

文字どおり翅のない無翅昆虫であるイシノミとシミは、この系統樹の中ではまとまったグループはつくらず、シミのほうが有翅昆虫と近縁である。つまり、シミとの共通祖先から有翅昆虫が進化したのだ。

昆虫の98パーセント以上の種が有翅昆虫であり、イシノミやシミなどの無翅昆虫はわ

ずかである。(3)

図5のなかのシミの写真は、私が住んでいる香川県高松市の朽ちた木の切り株の上でたまたま見かけたものであるが、イシノミは私自身見たことがなく、博物館の標本写真である。

このように、無翅昆虫はわれわれにはあまり馴染みのないものであるが、一方の有翅昆虫は、あらゆる記載された生物種の半数以上を占めるほど繁栄している。このように有翅昆虫が繁栄したのは、彼らの飛ぶ能力のためであることは疑いない。

石炭紀にははじめて有翅昆虫が進化したが、それに続く古生代最後のペルム紀（2億9900万〜2億5100万年前）には、現生の目（もく）のほとんどが出現した。

ノミやシラミは翅をもたないが、これらはかつてもっていた翅を退化させたと考えられるので、有翅昆虫のグループに入る。

有翅昆虫が飛ぶようになった後、およそ2億年前の三畳紀には、脊椎動物からも翼竜が進化したが、それまでの1億5000万年ものあいだ、有翅昆虫は唯一空を飛ぶことのできる動物としての地位を維持した。

空を飛ぶようになると、移動距離が広がり、遺伝的に離れた異性と出会う機会が増えて近親交配が避けられるようになった。

有翅昆虫が記載された生物種の半数以上を占めるほど繁栄している理由として彼らの飛翔能力を挙げたが、そのほかに、彼らのからだが小さいことも重要である。

1章（1－⑥、106ページ）で、鳥類のなかでもからだの小さなスズメ目の種数が圧倒的に多いことと関連して挙げたが、からだが小さいほど、大きな動物には気がつかないような多様な環境の違いを感じることができ、微細な環境の違いをもとに棲み分けることが可能なのである。

有翅昆虫はさらに「変態」という画期的な仕組みを進化させた。

幼虫から蛹を経て成虫へとかたちを変える「完全変態」である。

現存する昆虫のうちの75パーセント以上の種が、幼虫時期と成虫時期とでまったく異なる食べ物を摂るという。[7] これにより、同じ種の幼虫と成虫が競合せずに、多様なニッチを利用できるようになった。

中生代最後の白亜紀（1億4500万～6600万年前）に入ると、きれいな花を咲かせる顕花植物が進化し、この後に紹介するように、昆虫の進化も新たな段階を迎えることになる。

3-② 昆虫と植物のあゆみ ―もちつもたれつの関係

空飛ぶ昆虫と植物

空を飛ぶようになった昆虫は、生物進化のまったく新しい局面を切り開いた。

それは昆虫だけで実現できたことではなく、植物との協同による結果である。

昆虫は、植物の花粉を食べ、花の蜜を吸うことによって食料を得るとともに、花粉を別の花に運ぶことによって植物の受粉を助けている（図1）。このような昆虫の働きを「送粉（そうふん）」という。

3―①・図5（171ページ）で取り上げた有翅昆虫（すべて成虫）の写真も、すべて彼らが花を訪れている場面である。そもそも美しい花が進化したのは、送粉者を引き寄せるためだった。

図1）ハス(*Nelumbo nucifera*)の花を訪れるクマバチ(*Xylocopa appendiculata*)。2021年7月15日、高松市栗林公園にて。

種子植物は35万種あるが、これらの植物では雄しべの花粉が雌しべに付着して起る受粉によって種子ができる。このような仕組みを「有性生殖」という（図2）。

減数分裂の過程で組換えが多数回ランダムに起るので、つくられる遺伝子の組み合わせは膨大な数になる。そのため、有性生殖を行なう種では、一卵性双生児以外は遺伝的に同じ個体はいない。

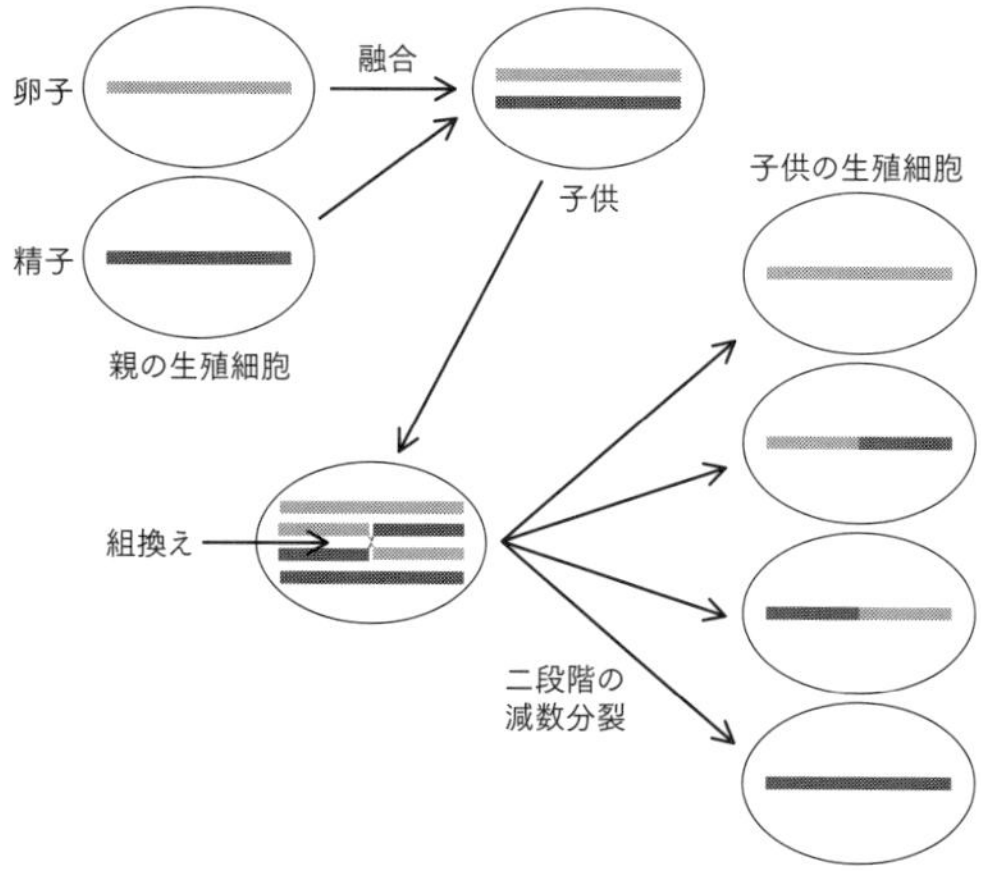

図2）有性生殖における染色体の組換え。文献（1）の図を参考にして作成。有性生殖では母親由来の染色体と父親由来の染色体がそのまま子孫に伝えられるのではない。卵子と精子が融合して子供（二倍体）が生まれるが、その子供の生殖細胞（卵子や精子などの配偶子）がつくられるのに先立って、母親由来の染色体と父親由来の染色体のあいだで組換えが起る。このように組換えられた染色体が生殖細胞を通じて孫に伝えられる。組換えは1対の染色体上でもランダムに多数回起るので、それによってつくられる染色体上の遺伝子の組み合わせは天文学的な数になる。

子孫を残すために有性生殖は必須のものではなく、繁殖のためにはむしろ効率の悪い方法である。

動物でも植物でも、交配なしで子供が生まれる「単為生殖」という方法もある。個体数を増やすという観点からは、こちらのほうが圧倒的に効率的であるが、有性生殖では遺伝的に多様な子供を残せるのだ。

　短期的には単為生殖の系統が優勢になることがあるが、遺伝的多様性が低いため、環境の変化などによって、絶滅してしまう危険性が高い。それに対して、遺伝的多様性を保つ有性生殖を行なう種は、環境変動に耐えやすい。

　進化は将来の環境変動を見越して進むものではないから、なぜ効率が悪い有性生殖を多くの種が採用しているかは、依然としてよくわからない部分がある。それでも実際に種子植物の多くが有性生殖で繁殖している。これがうまく進むには、オスとメスの出会いが必要である。植物の場合は受粉がその出会いにあたる。

　種子植物は、裸子植物と被子植物に分けられるが、スギやマツなどの裸子植物の多くは、大量の花粉を風の力でまき散らすことによって雌しべに届ける。これを「風媒（ふうばい）」というが、同じ種類の花の雌しべに届かなければ意味がないので、効率が悪い。

　これに対して被子植物では、動物の力を借りて花粉が届くような仕組みが進化した。これを「動物媒（どうぶつばい）」、そのような働きをする動物を「送粉者（そうふんしゃ）」という。

　最初の送粉者は昆虫で、彼らは花粉を食べに花を訪れた。花粉を食べた虫は、からだに花粉をつけて別の花に移るので、そこで受粉が起る。

被子植物の中で初期に分かれたモクレンは、昆虫に花粉を与えて送粉してもらう。その後、昆虫にとってもっと魅力的な食べ物である蜜(みつ)を提供する植物が現れた。

現生の被子植物の90パーセントが昆虫を主とした動物に送粉してもらっているが、[2] そのほとんどは、花の蜜で動物を引きつけている。

風媒では花粉が同種の花の雌しべに届くとは限らないので効率が悪いとお話ししたが、動物媒ではどうだろうか。

同時期に咲く花の種類が多いと、別の種類の花に花粉を運ぶことになって混乱する恐れがあるが、実際には送粉者のほうに好みの花があって、ランダムに送粉しているわけではない。

高松市では5月上旬ならば、アオスジアゲハがその時期に咲くトベラの花を好んで訪れるので、ほかの種類の花粉が紛れ込む機会は抑えられている(図3)。

植物にとっては、なるべく自分と同じ種の花粉だけを運んでもらうのが望ましいし、送粉者にとっては自分だけが蜜にありつけるのが望ましい。そのような双方の思

図3) トベラ(*Pittosporum tobira*;セリ目トベラ科)の花の蜜を吸うアオスジアゲハ(*Graphium sarpedon*;鱗翅目アゲハチョウ科)。2022年5月8日、高松市栗林公園にて。

惑で進んだ共進化の典型的な例が、図4のマダガスカルのラン科植物アングレーカム・セスキペダレとキサントパンスズメガの関係である。

このランの花には30センチメートルの長さの距（きょ）があり、その奥に蜜をためる。19世紀に園芸植物としてイギリスに入ってきたこの花を見たチャールズ・ダーウィンは、マダガスカルにはこの長い距の奥に届くほどの長い口吻をもったガがいるに違いないと予言した。

それを聞いたアルフレッド・ラッセル・ウォーレスは、それはスズメガだと考え、画家に描かせた絵が存在している。ダーウィンの死後1903年になって、彼が予言したとおりのキサントパンスズメガが見つかった。

送粉には昆虫に限らず、鳥類、コウモリを中心とした哺乳類など多様な動物が関与している。それでも、昆虫が被子植

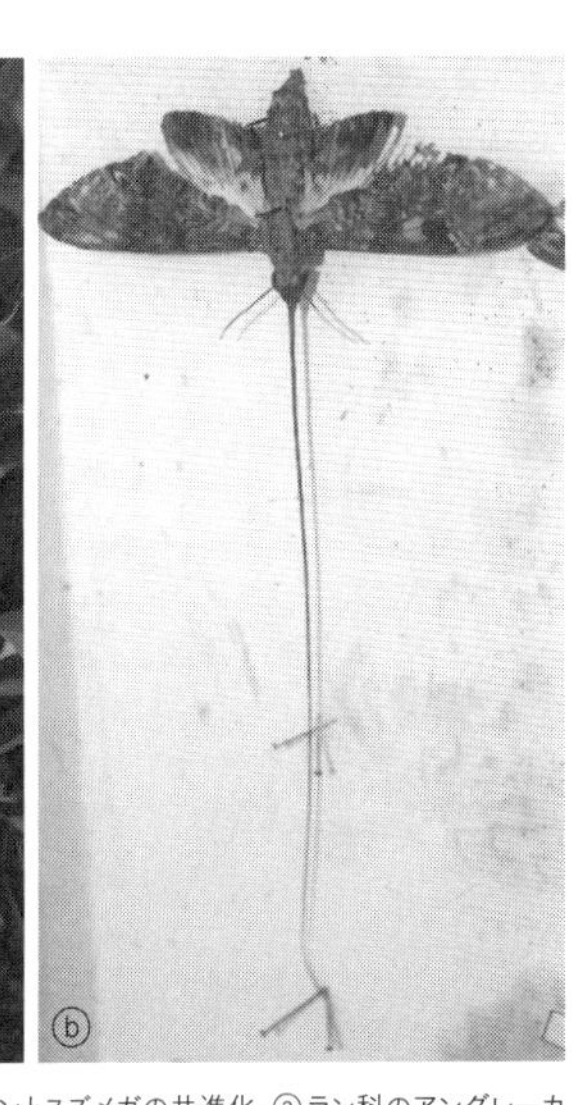

図4）マダガスカルにおけるランとスズメガの共進化。ⓐラン科のアングレーカム・セスキペダレの花は30cmもの長い距をもち、その奥に蜜をためる。ⓑその蜜を吸うためにはその長さの口吻が必要だが、そのような口吻をもつのがキサントパンスズメガである。

物の送粉者としてもっとも重要な役割を果たしていることは確かである。

このような植物と昆虫の関係は、中生代のジュラ紀から白亜紀にかけて始まり、現在まで続いている。

オスとメスの出会いの仕組み

顕花植物は昆虫などの動物を送粉者として使って、有性生殖がうまく働く仕組みを進化させた。自分では動くことができない植物は、動物を利用せざるを得ないのだ。

一方、動物のほうも、オスとメスがうまく出会う仕組みを進化させた。

夏になるとセミが鳴くが、鳴くのはオスだけである。オスは鳴くことによってメスに自分の居場所を知らせて、うまく出会えるようにしているのだ。

スズムシの鳴き声にも同様の機能がある。オスが鳴くことは、捕食者に居場所を知らせることになり危険であるが、それは自分の子孫を残すための代償である。

性フェロモンもオスとメスの出会いを促進するが、昆虫ではたいていメスがオスを引き寄せるのに使う。しかし、マダラチョウの仲間には、逆にオスがメスを引き寄せるのに使うものもいる。性フェロモンは種ごとに異なるので、同じ種類の異性との出会いを保証する。

ユスリカ（図5a）は蚊柱をつくる。これはたくさんのユスリカが飛びながら集まったものである。個々のユスリカは同じ方向に飛びながら、蚊柱は全体のかたちを保ちつつ移動する（図5b）。蚊柱を構成するのはすべてオスである。

このように、目立つオスの集団のなかに飛び込んでくるメスにオスがいっせいに飛びかかるが、交尾できるのは一匹だけである。蚊柱とは、メスがオスに出会いやすくするための仕組みなのである。

メスは蚊柱を視覚的に確認するというよりも、たくさんのオスがたてる羽音にひかれるようである。種によって周波数が微妙に異なる羽音が手掛かりになるのだ。また同種でもオスとメスで周波数が異なるので、異性だということがわかる。

図5aはユスリカのオスだが、触角には鳥の羽毛のように毛が密生している。これは蚊柱に飛び込んできたメスの羽音を聞き分けて、それに定位するための構造だといわれている。

また、ユスリカにも性フェロモンがあり[3]、オスの触角にはフェロモンを感知する役割もあるのかもしれない。蚊柱をつくることにより鳥などの捕食者に襲われやすくなるが（図5c）、有性生殖にはそのような損失を補ってあまりあるだけのメリットがあるのだ。

ユスリカにはこのようにオスが蚊柱をつくってメスを呼び込むだけでなく、地上で待

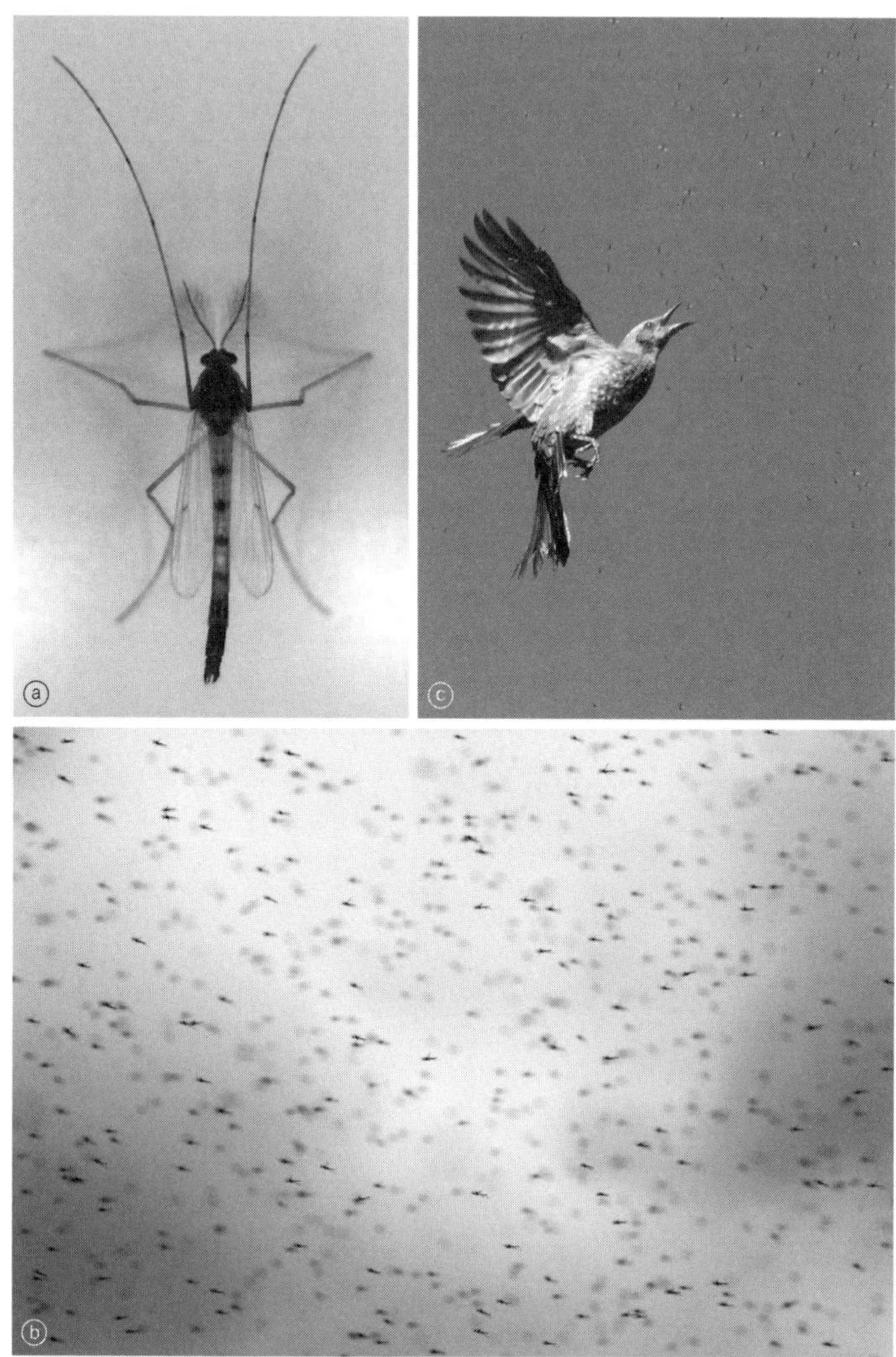

図5) ⓐセスジユスリカ♂(*Chironomus yoshimatsui*;双翅目ユスリカ科)。2015年10月19日、さいたま市にて。オスの触角にはこのように羽毛のような毛が密生している。
ⓑユスリカの蚊柱. 皆が同じ方向に飛ぶことによって、蚊柱全体のかたちがつくられる。2022年3月19日、高松市沖の池にて。
ⓒユスリカを捕食するヒヨドリ(*Hypsipetes amaurotis*)。2012年12月27日、さいたま市にて。天気がよい冬のある日、用水路沿いの高さ20mほどの木のこずえ近くで蚊柱ができた。

ちかまえる種もいる。幼虫が釣りの餌になるアカムシユスリカ（*Tokunagayusurika akamusi*）のオスは、蚊柱もつくるが、湖などの岸辺近くで羽化後まもないメスを見つけると地上で交尾する。実際にどちらが起りやすいかには個体密度が関係すると思われる。(4)

ユスリカは双翅目に属するが、この目はハエやアブなどの短角亜目（ハエ亜目）とカ、ガガンボ、チョウバエなどの糸角亜目（カ亜目）に分けられる。

短角亜目のなかでユスリカ科はヒトを刺すことはないが、カ科にはメスが哺乳類や鳥類（爬虫類、両生類、魚類の血を吸うカもいる）を刺して吸血する種類が多い。カの吸血のほとんどは、卵の発育のためである。

吸血性のカのうち、イエカやネッタイシマカも蚊柱をつくるが、ネッタイシマカに近縁なヒトスジシマカ（図6）のオスは蚊柱をつくらずに、メスが吸血にくる動物の近くで待ち伏せて交尾する。(5)

ネッタイシマカとヒトスジシマカは熱帯地方で同所的に生息するが、交雑が起らないのは羽音の周波数が異なるためと考えられる。(6)

蚊柱ほど大規模でなくても、オスが群飛して、それを

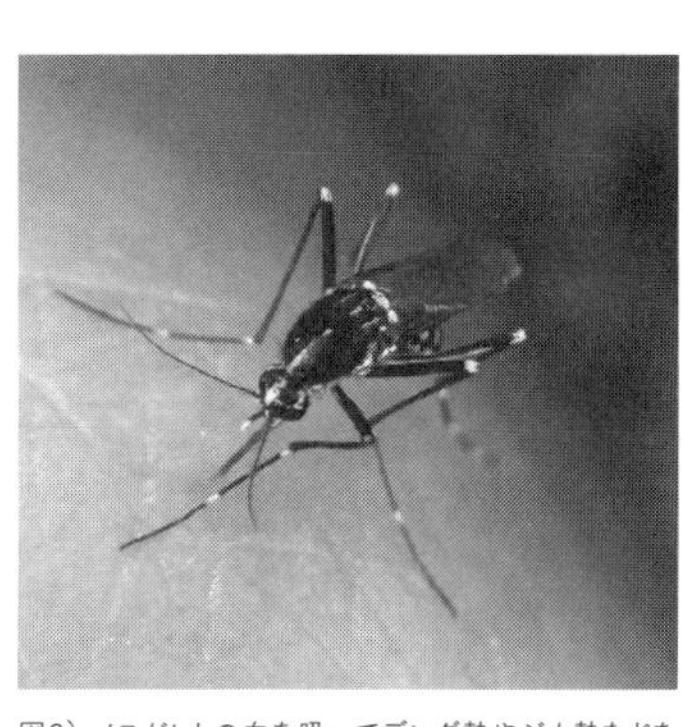

図6）メスがヒトの血を吸ってデング熱やジカ熱などを媒介するヒトスジシマカ（*Aedes albopictus*）。

図7）クロハネシロヒゲナガ♂（*Nemophora albiantennella*；鱗翅目ヒゲナガガ科）。2006年5月14日、さいたま市にて。メスの触角はこれよりも短い。

メスが視覚で確認して追尾する昆虫は多い。鱗翅目のヒゲナガガ科にもオスが群飛する種があるという。

図7のクロハネシロヒゲナガがそれに該当するかどうかは私にはわからないが、この個体はオスである。

この長い触角が何の役に立っているのか、確かなことはわからないが、草陰にひそんだメスが出す性フェロモンを探索するのに用いている可能性もある[7]。

タケの一斉開花

自宅近くの公園で、クロチクの一品種で中国原産といわれるウンモンチクが開花した（図8）。ここでは半世紀ほど前に植えられたもので、初めての開花だと思われる。

タケの開花は60年に一度とか、種によっては120年に一度（クロチクはこちらに該当する[8]）という。一斉に開花し、有性生殖で子孫（種子）を残したあとで枯れてしまう。

タケはイネ科であるが、一年生のものが多いこの科のなかで、たまにしか花を咲かせず、開花するまでの長いあいだ、クローンとして栄養繁殖で増える。

栄養繁殖は数を増やすにはよいが、遺伝的多様性を確保するためには有性生殖も必要になる。そのため、普段は栄養繁殖で増えるが、60~120年に一度だけ有性生殖を行なう。

有性生殖は増殖という面では効率が悪いので、たまにしか使わないということであろう。その際、「一斉開花（いっせいかいか）」が重要である。

遺伝的に同じクローンだけが一緒に開花するのであれば自家受粉と同じだが、多様な遺伝子をもったものが一斉

図8）ウンモンチク（*Phyllostachys nigra f. boryana*；イネ科）の開花。右にこのタケの茎を示したが、名前のような「雲紋」がある。2022年5月19日、高松市栗林公園にて。

開花すれば、多様な子孫を残すことができる。

ただし、ウンモンチクの開花がどの程度まで同期しているのかはよくわからない。私が最初に開花に気づいたのは２０２２年の5月15日だったが、四国新聞によると、5月9日には公園の職員が確認しているという。

一方、４月22日の中日新聞に、名古屋の東山動植物園のウンモンチクが開花したという報道がある。

この２つは同期していると思われるが、京都で2年前にウンモンチクが開花したという話もある。１２０年に一度という長い周期ということであれば、この程度の幅をもった同期ということなのであろう。

和歌山県に在住していた南方熊楠（１８６７〜１９４１年）が、１９０３年（明治36年）に開花したハチクを採集して、牧野富太郎（１８６２〜１９５７年）に送って鑑定を依頼したという話は有名だ。それが１２０年後の２０２３年にも開花したという。ハチクもウンモンチクと同種なので同じ周期で同期して開花しているようである。

タケの送粉は風媒によるといわれているが、広い範囲で一斉に開花するのであれば、遠くまで運ばれる風媒も効率的かもしれない。ウンモンチクの属するマダケ属の花粉は風媒に適した小さなものだという。

しかし一方で、同じマダケ属のハナダケ（*P. nidularia*）の開花時にたくさんのトウヨウミツバチが訪れるという報告があり、昆虫が関与している可能性もある。[9] 昆虫が花粉を運ばなくても、雄しべに触れることで花粉が飛びやすくなるということがあるのかもしれない[10]。

まれにしか開花しないタケでは、アングレーカムとキサントパンスズメガのような共進化は起こり得ないが、それでも昆虫の活動が植物の繁殖にさまざまなかたちでかかわっているようである。

２０１７年に、ウンモンチクと同種のハチクが一斉開花した。ところが、四国から関東までの５か所で

図9）ウンモンチクの花を訪れるヒゲナガハバチ（膜翅目）の仲間と思われるもの。2022年6月7日、高松市栗林公園にて。

図10）クロチクの開花とアザミウマ（総翅目）とみられる虫。2022年5月30日、高松市の民家の庭先にて。

せっかく１２０年ぶりに一斉開花したのに、種子をつくらなかったという[8]。

理由はよくわからないが、栽培種なので同じクローン内の自家受粉が原因なのか、あるいは原産地ではないので送粉を助ける適切な昆虫がいないからなのかもしれない（ハチクは日本原産という説もあるが）。

ウンモンチクは中国原産だが、一度ヒゲナガハバチの仲間と思われるものがこの花を訪れているのを見かけた（図９）。

一方、原産地中国のハナダケには、開花時にたくさんのトウヨウミツバチが訪れるという[9]。

また、日本のタケやササの花を食べるいくつかの種のハエの幼虫がいることが報告されている。[11] これらは開花時に花に産みつけられた卵から孵化したものである。そのなかにはオオササノミモグリバエ（*Dicraeus phyllostachyus*）がいるが、このハエの種小名はマダケ属（*Phyllostachys*）からきている。

栗林公園でウンモンチクが開花したのと同時期に、近くの民家の庭先にあるクロチクも開花して、アザミウマとみられる虫が花に集まっていた（図10）。

120年に一度しか咲かない花の送粉に特化した昆虫がいるとは思えないが、タケの一斉開花にはまだよくわからないことが多い。

3-③ 無慈悲なハチと慈悲深いハチ——利他行動の進化

狩りバチとの出会い

7月のある日、近くの公園の東屋で休んでいると、アシダカグモという大型クモが現れた。

カメラを構えたところ、一匹のハチが出てきて、いきなりそのクモに馬乗りになった瞬間、クモは動かなくなった（図1a）。ハチが針で刺したのだ。このハチはツマアカクモバチという。

その後、ハチはクモを運んだ（図1b）。途中に段差があっても、自分よりはるかに重いクモを引き上げた（図1c）。そのあいだクモは時々脚を動かすので、死んではいないことがわかる。

ハチは素早く林の中に入ってしまい、巣の位置は確認できなかったが、クモを適当な

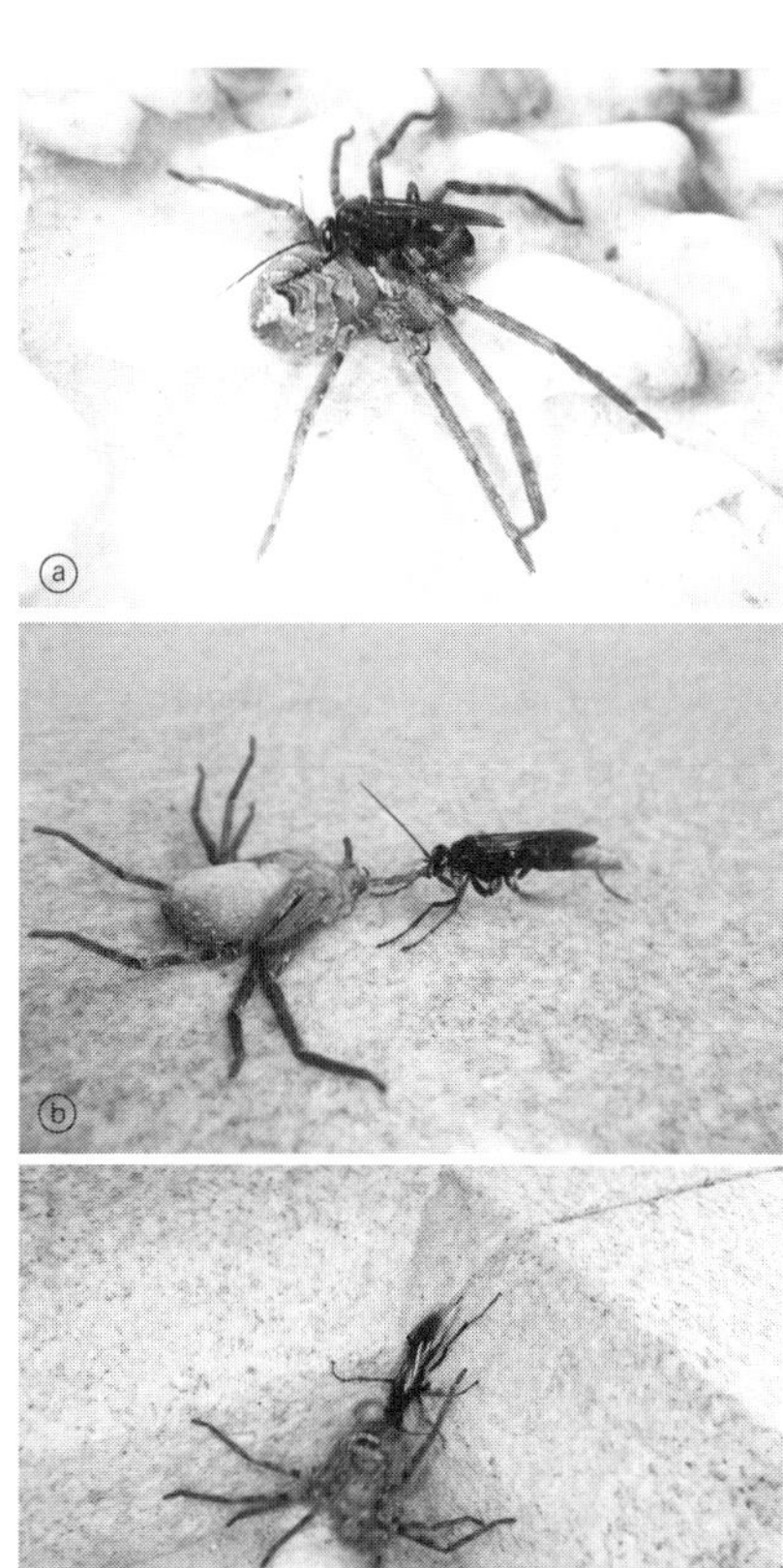

図1）大型クモのアシダカグモ（*Heteropoda venatoria*；クモ目アシダカグモ科）を狩るツマアカクモバチ（*Tachypompilus analis*；膜翅目クモバチ科）。
ⓐツマアカクモバチは一刺しでアシダカグモを麻痺させる。
ⓑ左右から噛み合わせる大顎で脚をはさみ、麻痺して動けなくなったクモを巣に運ぶ。
ⓒ途中に段差があっても、自分よりもはるかに重いクモを運び上げる。3点とも2021年7月20日、高松市栗林公園にて。

場所まで運んで、体内に卵を産みつけたと思われる。卵から孵（かえ）った幼虫はクモを体内から食べて育つが、クモは死んではいないので、幼虫の食料は新鮮な状態に保たれる。

このように獲物を巣に運び込むハチを「狩りバチ」という。これ以外に獲物を運ぶことなく、体内に卵を産みつけることによって、子供の食料にする「寄生バチ」もいる。

クモバチ以外にも、狩りバチはわれわれの身近にたくさんいる。

図2は、ミカドトックリバチである。ツマアカクモバチを観察した翌日に同じ東屋で見かけたものであり、泥でトックリのような巣をつくっていた。そこに麻酔したガの幼虫を入れてから卵を産みつけ、入り口を泥でふさぐはずである。

観察を続けようと翌日行ってみると、きれいになく

図2）ミカドトックリバチ（*Eumenes micado*；膜翅目ドロバチ科）。泥をかためてトックリのような巣をつくっている。ここにガの幼虫を運び込んで卵を産みつける。2021年7月21日、高松市栗林公園にて。

図3）エメラルドゴキブリバチ（*Ampulex compressa*；膜翅目ミツバチ上科セナガアナバチ科）。2013年12月11日、ロンドン動物園にて。

なっていた。

たくさんのひとが訪れるところなので、危険なハチの巣は掃除のひとによって除去されてしまったようである。ただし、2日間で2種類の狩りバチを観察した期間、COVID-19の影響で公園を訪れるひとが非常に少なくなっていたおかげで、じっくりと観察できた。

ツマアカクモバチは自分よりもはるかに重い獲物を巣まで運ぶが、東南アジアなど熱帯地域に生息するエメラルドゴキブリバチ（図3）は、獲物のゴキブリを誘導して自分の巣まで歩かせる。

最初の一刺しでゴキブリの前脚を麻痺させたあと、2回目は脳に直接毒液を注入してその行動を支配する。

運動機能低下に陥ったゴキブリは、自発的に歩いたり逃げたりできなくなるが、ハチに触角を引っ張られると誘導されるまま、歩いてハチの巣に向かう。

ハチの毒液には神経伝達物質のドーパミンといくつかのペプチドが含まれていて、哀れなゴキブリの行動を制御して、自分の巣まで歩かせるのだ[2]。

寄生バチは残酷か

おもな寄生バチのグループであるヒメバチ上科では、ハチのゲノムに内在化している

ポリドナウイルス（PolyDNAvirus）がハチの寄生生活を成り立たせている（拙著『ウイルスとは何か』に詳しい）。

寄生バチは、ツマアカクモバチなどの狩りバチのように獲物を巣まで運ぶのではなく、狙いを定めた獲物に直接卵を産みつけるだけである。そこで孵化した寄生バチの幼虫は寄主（宿主）の幼虫を食べて成長する。

その際、ツマアカクモバチの場合と同様、寄主は生きたままの状態で食べられる。

このように寄主の体内で育つ寄生バチの幼虫に対しては、寄主の免疫機構がそれを排除するように働くことが予想される。

ところが、寄生バチに内在化したポリドナウイルスは、寄生バチを排除しようとする寄主の免疫機構から逃れる役割も果たしている。

さらに、ポリドナウイルスは寄主のホルモン系を攪乱（じょうらん）して、蛹化するのを妨げる。

寄生バチの幼虫は成熟すると寄主の体表を破って出てきて蛹になるが、寄主が先に蛹になってしまうと、体表が硬くなって出てこられなくなるからである。

ポリドナウイルスは直接の宿主である寄生バチの幼虫が安定した新鮮な食料庫の中で

無事に成長できるように寄主をコントロールしているのだ。

寄生虫は寄主から栄養を横取りするが、寄主を殺してしまうことは少ない。ところが寄生バチは、最終的にはたいてい寄主を殺してしまう。しかも寄主を長く生かしたまま体内から食べてしまう。

ヒトの目からは、このような寄生バチはとても残酷にみえる。チャールズ・ダーウィンもこのことを知っていて、友人への手紙の中で「慈悲深い全知全能の神が、ヒメバチ科の寄生バチを創造なされたとは、私にはとても思えない」と書いている。

膜翅目昆虫の進化

狩りバチや寄生バチは、ハチの進化の中でどのように位置づけられるのだろうか。

ハチの仲間は膜翅目(まくしもく)(Hymenoptera)に分類されるが、この分類名「Hymenoptera」の「hymen」はラテン語で「処女膜」、「ptera」はギリシャ語で「翼」という意味であり、この仲間の昆虫が透き通った膜状の翅をもつことからきている。「膜翅目」という日本名もここからきている。最近「ハチ目」という呼び方が増えているが、ここでは特徴をうまく捉えた「膜翅目」を使うことにする。

膜翅目にはハチのほかにアリが含まれる。働きアリには翅がないが、雄アリと女王アリには透き通った膜状の翅がある（女王はあとで翅を失うが）。

膜翅目には15万3000種が記載されているが、これは生物界全体の中でももっとも種数が多いといわれる昆虫全体の種数の16パーセントにも達する。その膜翅目の4分の3を占めるのが、寄生バチと狩りバチだという。これらのハチはそれだけ繁栄しているのだ。口絵9に膜翅目の系統樹マンダラを示した。

この系統樹で最初に分かれたハバチ上科は、名前のようにおもに植物の葉を食べる。ハバチ上科は、多くのハチの特徴である胸部と腹部のあいだのくびれがなく寸胴で、「広腰亜目（ひろこしあもく）（Symphyta）」と呼ばれる。これは膜翅目の共通祖先の特徴だった。

その後、胸部と腹部のあいだのくびれが進化した。これが「細腰亜目（ほそこしあもく）（Apocrita）」であり、現在の膜翅目の大部分はこちらに属する。

くびれができて何が変わったのだろうか。

腹部を動かしやすくなり、昆虫などの狙った場所に産卵管を差し込むのに好都合になった。

これに伴って、それまではハバチのようにおもに植物食だったハチの食性に変化が起った。

また、昆虫の翅は胸部についているが、くびれのおかげで胸部が腹部から自由に変形できるようになり、飛翔能力も向上した[1]。

その後、細くくびれた腰をもち、昆虫の幼虫などに産卵管を差し込むことができるヒメバチ上科が生まれた。

細腰亜目の中で最初に分かれたのがヒメバチ上科であり、この分岐は三畳紀（2億5200万～2億1300万年前）に起った。

ヒメバチ上科にはヒメバチ科とコマユバチ科という大きな科が含まれ、あわせると膜翅目全体の種数の半数を超える。この仲間のほとんどが寄生バチであり、昆虫やクモなどの節足動物に寄生する。

さらにその後、スズメバチやミツバチなど、毒針をもったハチが現れた。

産卵管は卵を産むという機能を捨て、先ほど出てきたクモバチのように、毒針として獲物に麻酔をかけたり、護身用に使う武器になった。

その中からクモバチ上科、セナガアナバチ科、アナバチ科などの狩りバチが進化した。

また、アリも毒針をもったハチのグループの中から進化した。

時代がくだり1億4500万年前から始まる白亜紀に入ると、ミツバチやマルハナバチなど、餌として花粉や蜜を蓄えるハナバチ類が現れた。

このことは、前にお話しした植物と昆虫の共進化として取り上げた。また、ハナバチ類、アリ上科、スズメバチ上科などの中から「真社会性」が進化した。

社会性ハチ・アリの利他行動の進化

真社会性とは、集団をつくって生活し、女王と働きバチ（働きアリ）などの階級分化があり、後者のように繁殖に関与しない階級を含むものをいう。

働きバチや働きアリは自分の子供をつくらず、妹や弟を育てることに献身する。

なぜそのような利他的な行動が進化したのであろうか。

このことは長いあいだ進化生物学の謎であったが、1964年にイギリスのウィリアム・ドナルド・ハミルトン（図4）がはじめてはっきりとした手掛かりを与えた[4]。

彼はハチやアリなど膜翅目昆虫の独特の遺伝様式に注目した。

図4）ウィリアム・ドナルド・ハミルトン（1936～2000年、右）とジョン・メイナード=スミス（1920～2004年）。1990年9月、アメリカ・ニューヨーク州コールドスプリングハーバー研究所で開かれた、進化に関するシンポジュウム会場にて。

ⓐ 両性二倍体の遺伝様式

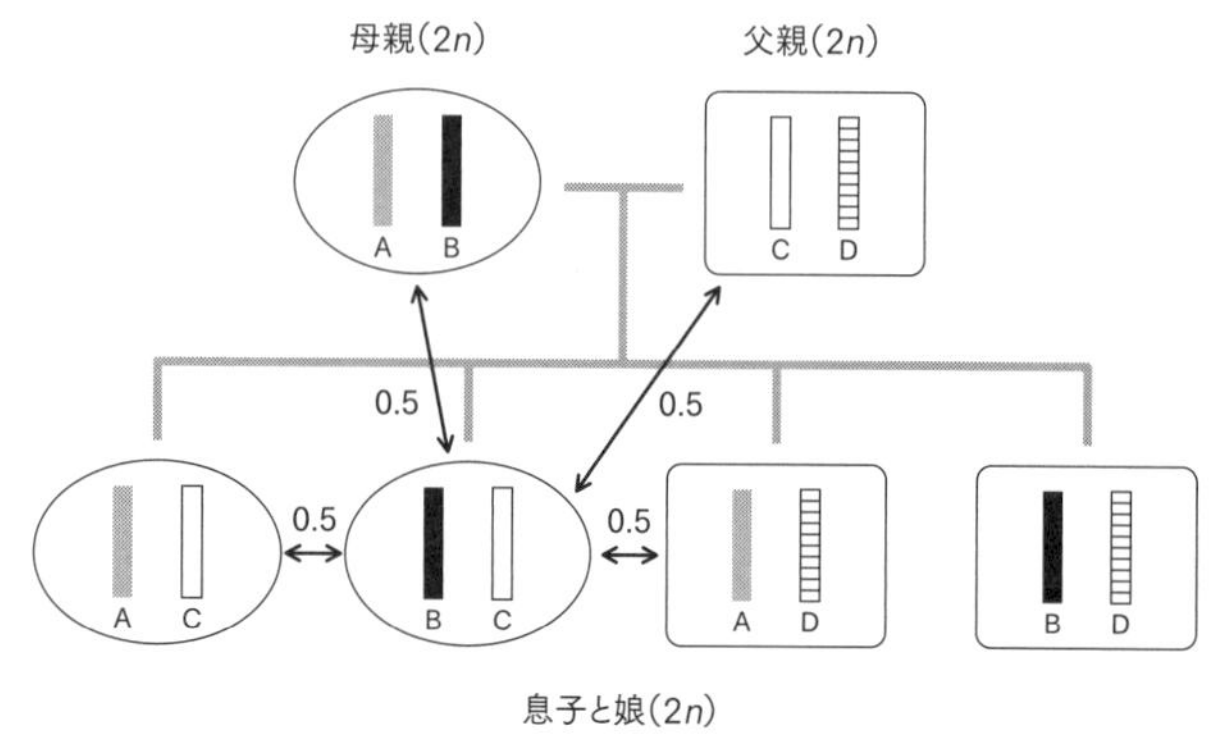

ⓑ 半倍数性の遺伝様式(ハチ・アリ)

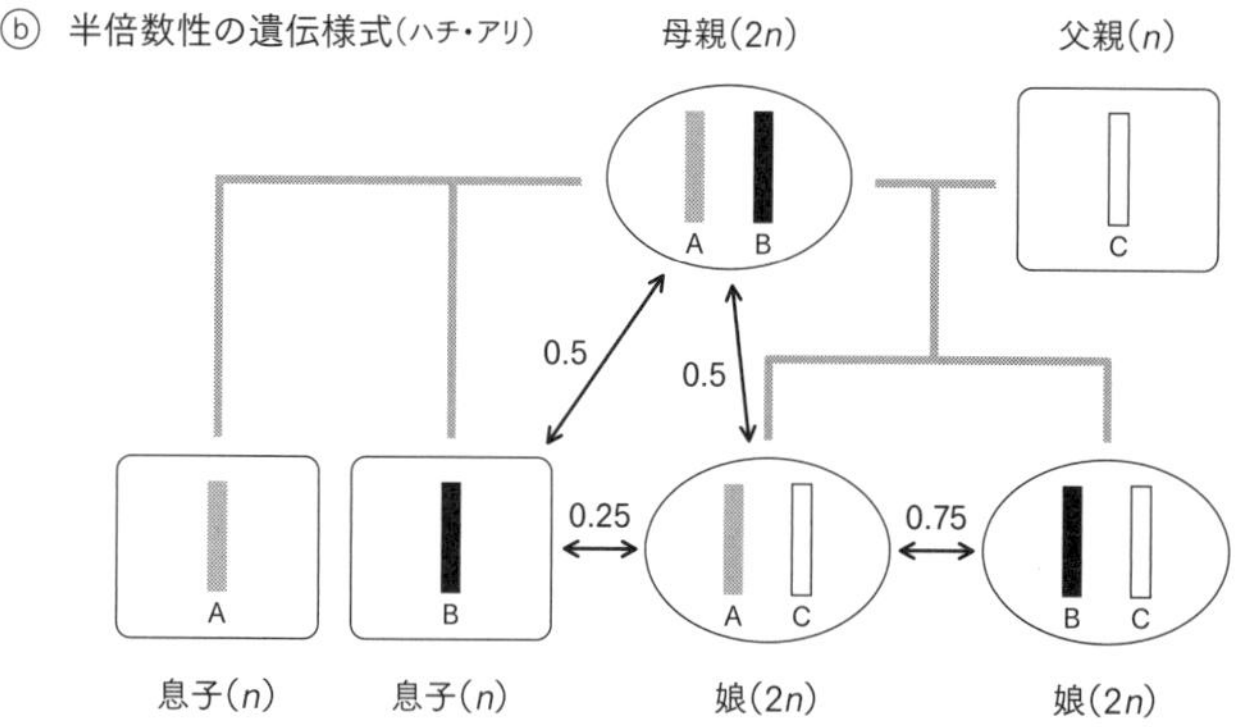

図5) ⓐ 両性二倍体(オス・メスとも二倍体)の遺伝様式。両親、兄弟、姉妹との血縁度(共通祖先に由来する同じ遺伝子をもつ確率;両端矢印で示した)はすべて0.5。
ⓑ 半倍数性の遺伝様式。ハチやアリのメスの染色体は二倍体だが、オスはその半分の一倍体(半数体ともいう)。メスが自分の子供を産んだ場合、オスでもメスでも子供との血縁度は0.5になる。一方、姉妹との血縁度は0.75、オスの兄弟との血縁度は0.25になる。つまり、メスにとっては、自分の子供を産むよりも、姉妹を育てることに貢献するほうが、自分の遺伝子をたくさん残せることになる。

たいていの動物はオス、メスとも図5aのように、父親と母親から受け継いだ染色体を2セットもっている。これを「両性二倍体」という。

ところが膜翅目では、メスは二倍体だが、未受精卵から生まれるオスは母親由来の染色体しかもたない一倍体（半数体）になっている（図5b）。これを半倍数性といい、メスにとっては自分の子供との血縁度は0・5だが、姉妹との血縁度は0・75、兄弟との血縁度は0・25になる。

したがって、メスは、自分の子供を産むよりも、妹たちの世話をするほうが、自分の遺伝子をたくさん残せることになる。

働きバチや働きアリはすべてメスであり、血縁度0・75の自分の妹たちの世話をする。血縁度0・25の弟の世話もすることになるが、自分と同じ遺伝子を残すという点からは、なるべく弟よりも妹を育てることが望ましい。

実際、ハチやアリでは、オスはメスに比べるとわずかしか育たない。

もちろん働きバチが意識して行動するわけではなく、このような行動をとることが結果的に自分の遺伝子を残すことになるためにそう進化したのである。

利他的行動を支配する遺伝子は、そのような行動によって次世代に伝わる可能性が高まるということで、これを「血縁選択説」という。

ハミルトンの1964年の論文は52ページにもおよぶ、わかりやすいとはいえないもので、最初にそれを査読した2人には理解できなかった。そこで3人目の審査者として指名されたジョン・メイナード＝スミス（図4）は、その真価をすぐに理解して掲載を許可した。

ただし、20世紀の偉大なこの2人の進化学者のあいだで起った人間ドラマは、文献(5)に詳しい。

私は論文発表から20年後の1984年に、イギリス・サセックス大学のメイナード＝スミスの研究室に1か月間ほど滞在したことがある。

ある晩、彼はパブで、なぜこんなに簡単なことを自分は思いつかなかったのか、と悔やんでいた。

彼の先生であるJ・B・Sホールデンは、かつてロンドンのパブで、「2人の兄弟（血縁度0・5）のためなら、私は自分の命を投げ出す用意がある」と叫んだことがあったという。

メイナード＝スミス自身もこの問題に取り組んでいた。わかってみると簡単なことだが、最後の一歩を踏み出すのがなかなか難しいのだ。

ハチやアリなど膜翅目は独特の遺伝様式をもつために、利他的行動が進化しやすいということがあるが、両性二倍体の等翅目のシロアリでも同じような社会性が進化している。

その後、シロアリについても血縁選択説が成り立つという研究が日本で行なわれた。[6]

3-④ チョウとガ ― 植物との共進化

鱗翅目進化の歴史

チョウには美しいものが多く、新潟県の田舎で育った私も、中学生くらいまではチョウを追いかける昆虫少年だった。

4月のまだ雪の残っている時期にだけ現れて春の妖精と呼ばれるギフチョウや、5月にゆったりと空を舞うウスバシロチョウなどが特に好きなチョウだった。

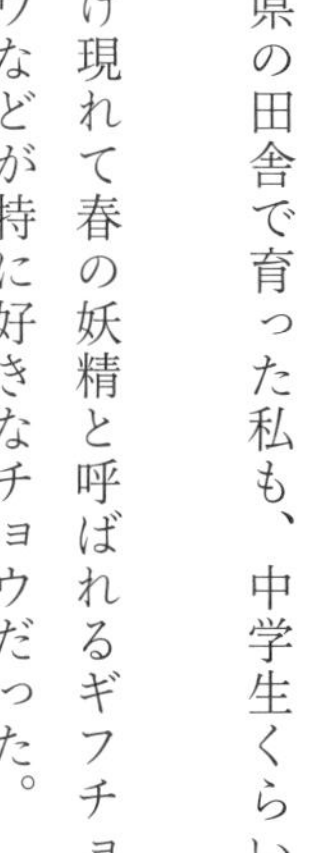

チョウはガとあわせて「鱗翅目（りんしもく）」を構成するが、チョウはガのなかの一つの系統から進化したものである。

「鱗翅目」は、チョウやガの成虫の翅の表面が鱗粉（りんぷん）で覆われていることからきた名前である。3―①・図5（171ページ）に鱗翅目を含む昆虫綱全体と、それに近縁な節足動物の系統樹マンダラを示した。そこでは触れなかったが、鱗翅目の姉妹群（いちばん近縁なグループ）は、トビケラなどの「毛翅目」である（図1）。

鱗翅目はトビケラと共通の祖先から進化したのである。アメリカ・フロリダ大学の河原章人らのグループは、ゲノムレベルの大規模な系統解析により、鱗翅目全体の系統進化の様子と、系統が分化した時期を明らかにした[1]。口絵10に彼らの成果を系統樹マンダラのかたちで示す。

鱗翅目昆虫は、幼虫のあいだは噛んで植物を食べるが、成虫になるとたいていはストローのような吸い口で樹液や花の蜜を吸うようになる。

系統樹で、最初にほかから枝分かれしたコバネガ上科は、成虫でも噛んで食べる。コバネガの成虫は、花粉やコケの胞子を噛んで食べるのである。

しかし、それ以外の系統、つまり鱗翅目の大部

図1）鱗翅目の姉妹群である毛翅目（トビケラ）。
ⓐアオヒゲナガトビケラ（*Mystacides azureus*）。さいたま市にて。
ⓑヒゲナガカワトビケラ（*Stenopsyche* sp.）。埼玉県長瀞町にて。

分では、成虫は吸い口になる。花の蜜を吸うことによってそれを自らの食料にするとともに、植物の受粉を助けているのだ。このように鱗翅目の進化は、美しい花を咲かせる顕花植物の進化と密接に関係してきた。これは共進化の一例である。

顕花植物が本格的に進化したのは、1億4500万～6600万年前の白亜紀であり、口絵10から、吸い口をもった鱗翅目の大部分の系統がこのあいだに生まれたことがわかる。

鱗翅目は一般に「チョウ」と「ガ」と呼ばれるものから構成されるが、口絵10のなかではアゲハチョウ上科だけがチョウであり、ほかはすべてガである。

つまり、チョウはガのなかの一つの系統から進化したのである。

一般にチョウのほうが派手なイメージがあるが、それは夜行性のものが多いガに比べて、チョウの多くは昼行性だからである。

しかし、ガのなかにもシャクガ上科のツバメガやマダラガ上科のサツマニシキなど、派手な色彩のものも多い。

河原らのグループは、さらにチョウの系統学についても解析を進めている。口絵11に彼らの成果であるアゲハチョウ上科の系統樹マンダラを示す[2]。

アゲハチョウ上科は実質上ほとんどチョウ全体と同義である。

従来、チョウはセセリチョウ上科とそのほかのチョウ全体のアゲハチョウ上科に大別されていた。セセリチョウが最初にほかのチョウから分かれたと考えられていたからである。

ところが分子系統学から、セセリチョウ科よりもアゲハチョウ科が先に分かれたことが明らかになり、セセリチョウもアゲハチョウ上科に含められるようになったのである。

口絵11から、チョウのなかの科の分化も、顕花植物の進化が進んだ白亜紀のあいだに起ったことがわかる。

日本にはいないシジミタテハ科は、その大半が南アメリカの熱帯地方に分布する。シジミチョウ科のなかの亜科として分類されることもあり、たしかにシジミチョウに近縁なグループである。この科には、オオスカシシジミタテハのように、アゲハチョウに似た尾状突起をもつものが多い。

似たような突起は、ガのなかでも口絵10にあるマダガスカルのニシキオオツバメガなどのシャクガ上科ツバメガ科オオツバメガ亜科（Uraniinae）や、日本にも分布するアゲハモドキなどカギバガ上科アゲハモドキ科（Epicopeiidae）でも見られる。

これらは色彩的にもアゲハチョウに似ているが、尾状突起については、これから詳しくその役割を紹介するように、カイコガ上科のヤママユガ科でもよく見られる。

捕食者に対抗する手段

ガの多くは夜行性であり、昼行性の種が多いチョウに比べて、色彩なども目立たない地味なものが多い。夜行性の生活では、色覚にうったえる模様は役に立たないからである。しかし夜行性のガでも、図2のアケビコノハのように、派手な目玉模様をもつものもいる。アケビコノハの後翅の目玉模様は、普段は枯れ葉に似た前翅に隠されていて見えないが、昼行性の鳥などに襲われそうになるとこれを露出させ、相手を動転させて捕食を免れる効果があると考えられる。

似たような模様はガだけでなく、昼行性のチョウにもしばしば見られる。図3のクジャクチョウには、前翅と後翅の両方に目玉模様があるが、普段は翅がたた

図2）アケビコノハ（*Eudocima tyrannus*；ヤガ科エグリバ亜科）。2002年10月3日、青森県白神山地にて。

図3）クジャクチョウ（*Inachis io*；タテハチョウ科タテハチョウ亜科）。2001年8月6日、富士山にて。

まれていて、地味な裏面しか見えないようになっているが、捕食者が近づくと目玉模様が突然出現する仕掛けになっている[3]。

日本にも分布するオオミズアオ(*Actias aliena*)というヤママユガ科のガがいる。図4aに示したマダガスカルオナガヤママユ(*Argema mittrei*)はこれと近縁のガである。これらのガの後翅にはいずれも非常に長い尾状突起がある。この尾状突起にはどんな意味があるのだろうか。

マダガスカルオナガヤママユの翅の目玉模様は、昼行性の鳥などに対する防御に役立っていると考えられるが、視覚に頼らない夜行性の食虫性コウモリに対しては役に立たないであろう。後翅の長い尾状突起にはコウモリの捕食を免れる効果があるという研究がある[4]。

日本のオオミズアオに近縁なアメリカオオミズアオ(*Actias luna*)の後翅にも長い尾状突起があるが、これは

図4) ⓐ マダガスカルオナガヤママユ(*Argema mittrei*;カイコガ上科ヤママユガ科)。2006年2月19日、マダガスカル・ペリネにて。
ⓑ マダガスカルオナガヤママユ(*Argema mittrei*)。倉敷市立自然史博物館にて。左がオスで、右のメスよりも長い尾状突起をもっている。開張(広げた2つの前翅の幅)は200mmだが、オスの尾状突起の長さは150mmを超える。同じような性的二型はオオミズアオでも見られる。

飛ぶための役には立っていないという。

コウモリは夜間、超音波を出してその反射を聞き取り、レーダーのように獲物の位置を特定する。コウモリの出す超音波の反射率が、頭や胴体よりも尾状突起で高いのである。

コウモリの注意を突起に向けさせ、襲われても損害が、生きていく上で差し支えない尾状突起に限られるようにしているように考えられる。

文献（4）では、コウモリに襲われたアメリカオオミズアオが一つの尾状突起だけをちぎられて生き延びる動画を見ることができる。

アゲハチョウ科にも後翅に長い尾状突起をもつ種が多いが、それを失った個体もよく見かける。アゲハチョウ科は昼行性なので、その尾状突起はコウモリ対策のためではないが、捕食者の鳥の注意を尾状突起に向けさせて、そこだけをちぎらせて生き延びている可能性もある。

マダガスカルオナガヤママユの長い尾状突起にはコウモリの捕食を避ける機能があることは確かであろうが、図4bに示すように、この仲間のガの尾状突起はメスよりもオスのほうが長い傾向がある。

このことは、長い尾状突起にはコウモリの捕食を避けるという自然選択だけでなく、メスが配偶相手を選ぶ際の性選択にも関与している可能性も示唆する。

南アメリカに分布するモルフォチョウは、そのまばゆい金属色で有名である。モルフォチョウの金属色は、2章（2―③、140ページ）でお話ししたタマムシと同じように、色素によるものではなく、微細な構造によって光が干渉するために見える構造色である。アルフレッド・ラッセル・ウォーレスが1848年にアマゾンに出掛けたとき、最初は友人のヘンリー・ベイツ（1825～1892年）が一緒だった。あとで2人は別々に行動するようになるが、ベイツはアマゾンでモルフォチョウに出会ったときの様子を次のように描いている。

> レテノールモルフォは、普通、森の中の広い、日当たりのよい道路を好み、とてつもない高いところを飛んでいるため、ほとんど捕らえることのできない逸品である。…時おりその翅を羽ばたかせながら帆翔しているときは、青色の翅表が日光に輝くから、400メートルの遠方からでも、これを認めることができる。
>
> ヘンリー・ベイツ（1910[5]）

図5がベイツの見たレテノールモルフォである。ここで「捕らえることのできない逸品である」とあるのは、ベイツ（ウォーレスもまた）が、めずらしい標本を集めてコレク

ターや博物館に売って生計を立てていたために出た言葉である。

図6a、6bはこれと同種だが、亜種レベルで区別されるカキカモルフォの表と裏を示す。裏は表と違って茶色である。

翅の動きにあわせて派手な青色と鈍い茶色が交代で見えることになり、捕食者の鳥がこれを追うのは難しいと思われる[3]。また、翅を閉じて止まった状態では、捕食者には裏

図5）レテノールモルフォ（*Morpho rhetenor rhetenor*）。国立科学博物館・大アマゾン展にて。

図6）カキカモルフォ（*Morpho rhetenor cacica*）。国立科学博物館・大アマゾン展にて。ⓐ表、ⓑ裏。

しか見えないので、見つかりにくいであろう。

モルフォチョウに関してもう一つの問題は、まばゆい金属色のオスに比べるとメスは地味だということがある。そのようなことは、メスによって派手な色彩のオスが選ばれたという性選択の可能性も示唆する。

4 進化する進化生物学

4-① 退化と中立進化──分子レベルで見える世界

退化とは何か

進化の過程で、特定の器官が縮小したりなくなったりすることを「退化」という。また、適応度には差がないような形質に置き換わることを「中立進化」という。

「進化」という日本語は、英語の「Evolution」の訳として、明治時代初期につくられた。Evolutionには「展開」という意味があり、それを「進化」と訳したわけであるが、そこには「進歩」という考えが入っているように思われる。

確かに西洋の進化論者のなかには、高みを目指す進化という考えがあった。古代ギリシャのアリストテレスの「自然の階段」という捉え方である。

アリストテレスは進化を考えたわけではないが、近代の進化学者は「下等な」生物から「高等な」生物へと階段を上るように進化すると考えたのである。

ところが、チャールズ・ダーウィンの考えた「進化」は、それとは真っ向から対立するものであった。

ダーウィンの考えでは、ヒトはチンパンジーと共通の祖先から進化したが、チンパンパンジーからヒトが進化したのではない。

彼の考えでは、共通祖先からヒトが進化したように、チンパンジーも進化したのである。ただ、2つの系統で進化の方向が違っていただけなのだ。

ダーウィン自身は1859年に出版した『種の起原』では、Evolutionという言葉を使わず、これを「変化をともなう由来（Descent with modification）」と表現している。彼は1872年に出版した『種の起原』第6版ではじめてEvolutionを使っているが、それでも本全体で10回しか使っておらず、Descent with modificationという表現が相変わらず多い。しかし、この言葉は「進化」の代わりに使うには長過ぎるので、一般にはEvolutionがよく使われるようになったのである。

ダーウィンは『種の起原[1]』のなかで、大西洋のマディラ島の甲虫の翅が退化して飛べなくなったことを取り上げている。

この島に生息する550種の甲虫のうち220種は、翅に欠陥があって飛ぶことができない。特にこの島固有の29属のうちの23属は、すべての種が飛べない。

ダーウィンは、風の強いこの島では、よほど強力な飛翔力をもたない限り海に吹き飛ばされてしまうので、むしろ翅を退化させたほうが有利だったのではないか、という。

このように、退化にも積極的な意味があり、「進化」と「退化」は対立する概念では

図1）ⓐホソヒラタアブ（*Episyrphus balteatus*；双翅目・ハエ亜目・ハナアブ科）の平均棍（矢印）。
ⓑガガンボの一種（双翅目・カ亜目・ガガンボ科）の平均棍（矢印）。

なく、退化も進化の一つの形態と捉えるべきである。

生き物が使うことのできる資源には限りがあるので、一つの機能を強化するためには、別の機能を犠牲にしなければならない。

例えば、チーターは陸上の肉食獣のなかで最速のランナーであるが、その分、頭部や顎（あご）の力が弱く、せっかくの獲物をライオンやハイエナなどに横取りされることがある。

どのような機能が強化され、逆にどのような機能が退化するかは、その生き物が置かれた生態的な状況によって決まる。

退化ではない「機能転換」

ある器官が小さくなって、退化とまぎらわしいものもある。

ハエやカなどの双翅目（そうしもく）昆虫では、後翅（こうし）が小さくなって「平均棍（へいきんこん）」と呼ばれるものになっている（図1a、1b）。

「双翅目」は、翅が2枚しかないことからきているので、後翅の退化と呼ばれることがある。

しかし実際には、退化ではなく、後翅の機能が転換したものなのである。

平均棍は飛翔中のからだの揺れを感知して、バランスをとる役目を果たしている。そのため、ヒラタアブのオスは、交尾しながらメスを抱えたままで飛ぶことができる（図2）。

もともと昆虫の前翅と後翅は、からだの前後軸に沿った繰り返し構造であり、比較的祖先型にかたちが似ているトンボなどでは、同じような構造の翅が前後に並んでいる。

ところが、甲虫などの鞘翅目（しょうしもく）では、飛翔にはもっぱら膜状の後翅が使われ（図3）、硬い鞘状の前翅（ぜんし）は飛んでいないときには柔らかい後翅を保護するとともに、飛ぶときにはからだを流線型にする役割もある。

オサムシにおける後翅の退化

双翅目昆虫で後翅が小さくなっているのは退化ではなく、機能転換であるとお話しした。しかし、オサムシ亜科の多くでは実際に後翅が退化している。

オサムシ亜科はすべての甲虫が属する鞘翅目に分類

図2）ナミホシヒラタアブ（*Eupeodes bucculatus*）のペアの飛翔。

図3）ハナムグリ（*Cetonia* sp.；鞘翅目・コガネムシ科）の飛翔。甲虫の飛翔にはもっぱら膜状の後翅が使われ、硬い鞘状の前翅は閉じたままで、飛ぶためには使われない。

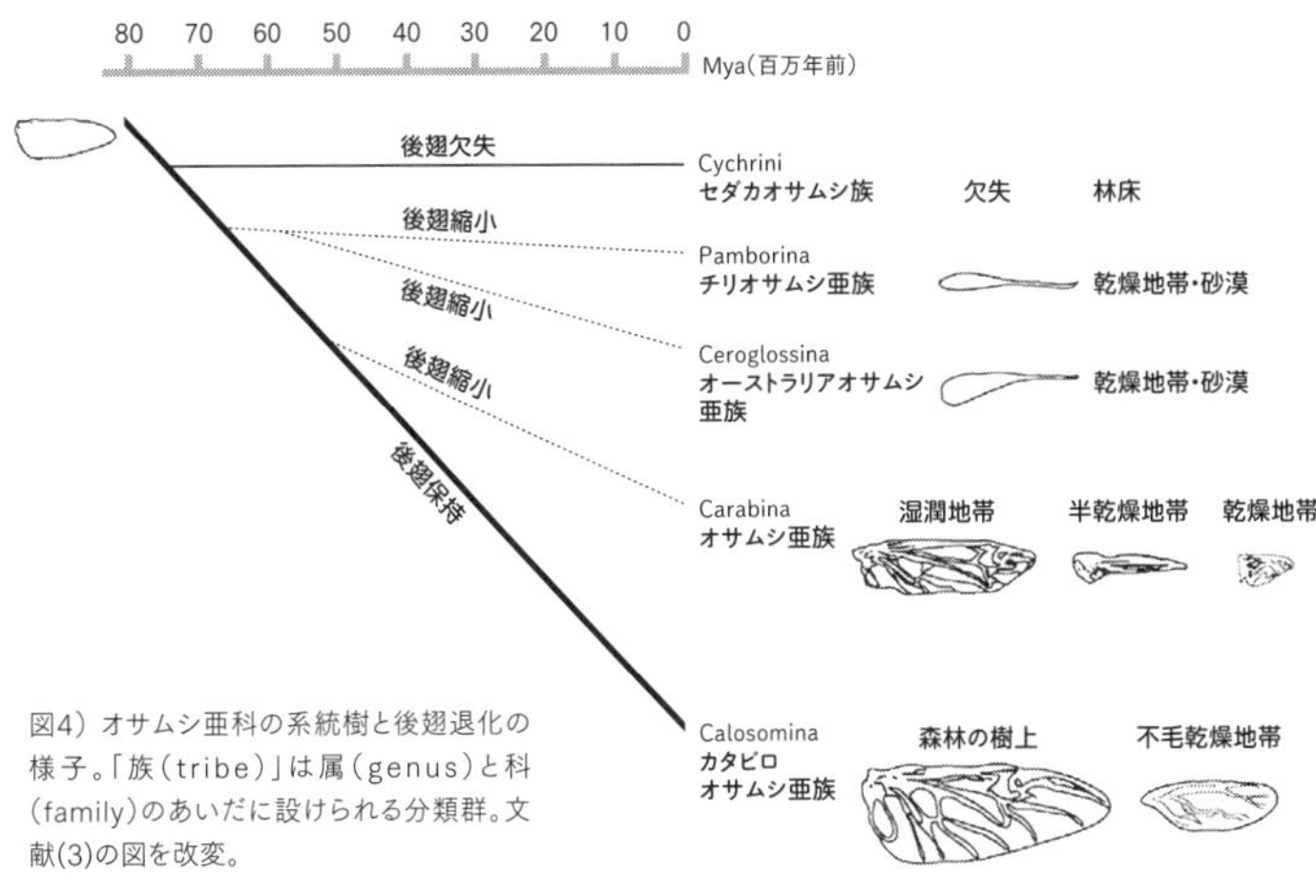

図4）オサムシ亜科の系統樹と後翅退化の様子。「族（tribe）」は属（genus）と科（family）のあいだに設けられる分類群。文献(3)の図を改変。

されるが、鞘翅目では図3で示したように、前翅は硬い鞘になっていて、飛ぶためには使われない。したがって、後翅が退化するということは、飛翔能力を失うことを意味する。

オサムシの系統進化を長年研究してきた大澤省三（元・JT生命誌研究館）[2]のグループは、オサムシ亜科の分子系統樹から、この分類群における後翅退化のシナリオを次のように描いている[3]。図4にオサムシ亜科の分子系統樹を示した。

図4の系統樹のなかで、最初に枝分かれしたセダカオサムシ族では、すべての種が後翅を失っていて飛べない。

一方、カタビロオサムシ亜族（あぞく）では、およそ半分の種で後翅が保持されていて、飛翔能力がある。

後翅が保持されているのは、森林の樹上に生息するものであって、樹上の毛虫などを捕食するが、乾燥地帯に生息するものはたいてい後翅が小さく飛べなくなっている。

オサムシ亜科の共通祖先から出発してセダカオサムシ族と分かれたあとのカタビロオサムシ亜族に至る系統（太線で示した）から、チリオサムシ亜族＋オーストラリアオサムシ亜族、オサムシ亜族が順次枝分かれしている。

チリオサムシ亜族とオーストラリアオサムシ亜族は、それぞれ南アメリカとオーストラリアの乾燥地帯に生息し、後翅が縮小している。

また、オサムシ亜族では、湿潤地帯に生息するものの後翅は比較的大きく、乾燥地帯のものでは退化が進んでいる。

以上のことから、オサムシ亜科における後翅の退化は、系統的に決まったグループだけで起こっているのではなく、生態的な条件に従って繰り返し起こってきたことがわかる。

オサムシ亜科はゴミムシ亜科から枝分かれしたが、この2つの亜科の共通祖先は完全な後翅をもっていた。ところが、そこからカタビロオサムシ亜族に至る系統から順次分岐していった系統で、生息する環境にあわせて後翅を退化させたものが繰り返し現れたのである。

図5に、オサムシ亜族の3種の甲虫について、湿地と乾燥地帯で後翅の大きさが顕著に異なることを示した。

つまり、同種内でも生息環境によって後翅の大きさが違うのである。なぜ乾燥地帯に生息するものでは後翅の退化が進むのであろうか。

それは、乾燥地帯では樹木が少ないので、空を飛ぶメリットが少なく、地上で小動物を捕食するようになったために、後翅の退化が進んだと考えられる。

飛翔するためには、後翅とそれを動かす飛翔筋が必要だが、それを維持するためにはコストがかかる。必要のないコストを省くという退化も、一種の適応進化といえる。

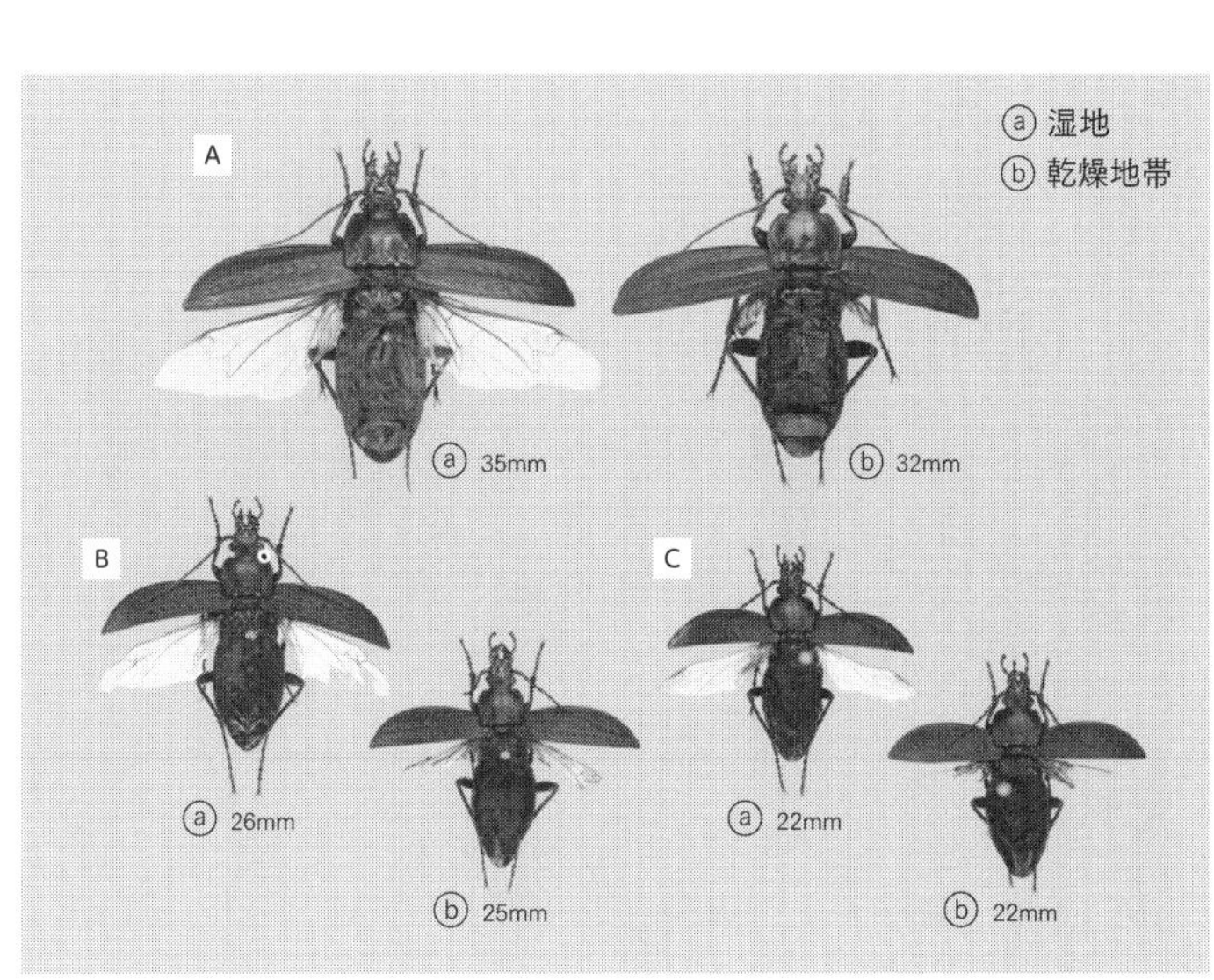

図5) 湿地ⓐと乾燥地帯ⓑにおけるオサムシ亜族甲虫の後翅の退化。文献(3)より。Aマークオサムシ(*Limnocarabus maacki*)、Bコブスジアカガネオサムシ(*Carabus granulatus*)、Cアカガネオサムシ(*Carabus arvensis*)。

ただし、オサムシ亜族内では、湿潤地帯のものは後翅が一見完全のように見えても、すでに飛べなくなっているという。したがって、単に湿度が後翅の縮小速度を左右しているだけなのかもしれない。

分子レベルで見る「中立進化」

19世紀後半になって、工業化したヨーロッパの都市で環境汚染が進むと、それまで明るい色だったガで黒い色の個体が増えた。これは、そのような環境では黒い色のガのほうが捕食者から目立たないために「適応度」が高くなったからである。

これに対して、自然選択の対象となる「適応度」という尺度では違いがない形質に置き換わる進化もあり、これを「中立進化」という。

中立進化については、木村資生（1924〜1994年）が1968年に提唱したように、分子レベルの進化で特に顕著に見られる[4]。

分子レベルでは、適応度に差のない中立的な変異がたまたま集団に広まることによって起る進化が多いというのである。

分子レベルでも適応的な進化は見られるが、木村の分子進化の中立説は、分子レベルの進化を捉える基本的な枠組みとして次第に定着した。

実はダーウィンも中立的な進化があることには気がついていた。

彼は、機能を失った痕跡器官は、種の由来を明らかにする手掛かりとして有効だと述べている。分子系統学で用いられるＤＮＡにも、中立的な進化が多いということで似たような性質があるのだ。

表１は遺伝コード表である。

ＤＮＡの塩基配列の情報が、ｍＲＮＡに写し取られ、その情報に従ってリボソーム上でたんぱく質が合成される際の規則である。

ｍＲＮＡの「３連塩基」（コドンという）が一つのアミノ酸（あるいはアミノ酸配列の最後を意味する「終止コドン」）を指定する。

例えば、表のなかの「1st」と「2nd」と「3rd」のいずれもが「Ｕ」の場合、ｍＲＮＡの「ＵＵＵ」というコドンは、アミノ酸の一種「Phe（フェニルアラニン）」を指定する。

このコード表は１９６０年代に確立されたが、

1st \ 2nd	U	C	A	G	3rd
U	Phe	Ser	Tyr	Cys	U
					C
	Leu		終止	終止	A
				Trp	G
C	Leu	Pro	His	Arg	U
					C
			Gln		A
					G
A	Ile	Thr	Asn	Ser	U
					C
			Lys	Arg	A
	Met				G
G	Val	Ala	Asp	Gly	U
					C
			Glu		A
					G

表1）遺伝コード表（遺伝暗号表ともいう）。

ヒトから細菌に至るまであらゆる生物でほとんど共通であることがわかってきたため、「普遍コード表」といわれる。

ここで「ほとんど」と書いたのは、詳しく見るといくつかの生物では、普遍コード表と少しだけ違ったコード表が使われていることもわかってきたからである。違っているといっても、普遍コード表が少し改変されただけであることは明らかなので、コード表の変異は、むしろあらゆる生物が一つの共通祖先から進化したという根拠にもなっている[5]。

真正細菌の一種にマイコプラズマ（Mycoplasma）がある。マイコプラズマのゲノムは55万〜140万塩基対程度しかなく、大腸菌の420万〜470万塩基対に比べると小さい。マイコプラズマでは、普遍コード表の終止コドン「UGA」が「Trp（トリプトファン）」を指定するコドンに変わっている。

遺伝コード表のこの変化は、中立的な進化であるという議論がある[6]。

マイコプラズマのゲノムでは、G、C→A、T方向への突然変異率が逆方向への突然変異率よりも高くなっていて、同じアミノ酸を指定するのであれば、G、CよりもA、Uを多く含むコドンが使われる傾向がある。

普遍コード表の終止コドンとしては、UAA、UAG、UGAの3種類があるが、突然変異率の偏りの結果、ゲノム上ではTGA→TAAという変異が重なって、UGAが終止コドンとしては使われなくなったことが考えられる。

そのような状況で、UGGを認識してトリプトファン（Trp）を取り込むTrp－tRNA遺伝子が重複し、そのうちの一方の遺伝子がUGAコドンを認識するように進化した結果、UGAがトリプトファンを指定するコドンになったと考えられる。[7]

このようなコード表の変化の途中経過は、すべて中立的な変異ととらえることができる。

分子進化の中立説が提唱された当時、中立的な変異は生物学的な進化とは関係ないので、木村が見つけたことは、たとえ正しいとしても生物学的には意味がない、という議論があった。

しかし、退化が進化の一形態であるのと同様に、中立進化も進化の一つの形態であり、このような進化様式の存在は、生物学的にも大きな意味をもつ。

遺伝コード表の変化は、それによって新しい地平を切り開くような革新的な進化に結びつくものではないかもしれないが、中立的な変異があることによって、進化の可能性が広がることは確かであろう。図6はそのことを象徴的に表している。

自然選択説では、生物の進化は適応度の山を登ることにたとえられる。

ある生物が現在、図6の矢印の位置にいるとする。

適応度を高めるような進化しかないとすると、すぐ近くのAという山を登るしかなく、採るべき道の可能性が限られる。

ところが、中立的な進化を認めると、比較的平らなところを通ってBという、もっと高い山に登ることができる。

このように多様な中立変異があると、さまざまな方向へ進化できる可能性が高まるのだ。

もしかすると、多くの革新的な進化は中立進化を介して起るのではなかろうか。

図6）適応度を高めるだけの進化と、中立変異を含む進化との対比。2005年6月22日、アラスカ・デナリ山にて。ある生物が現在矢印の位置にいるとする。適応度を高めるような進化しかないとすると、すぐ近くのAという山に登るしかない。ところが、中立的な進化を認めると、Bというもっと高い山に登ることができる。

4-②

性選択はメスの好みで決まるのか ― 抵抗と受容の歴史

フタイロカミキリモドキの後脚の太い腿

図1は高知県足摺岬で見かけた甲虫である。

金属光沢の美しい黄緑色で見たことがないものだったので、写真に撮って帰宅後、種名を昆虫図鑑で調べたが、なかなか該当するものが見つからない。

なにしろ甲虫の種類は膨大なので、特に甲虫のマニアではない私のもっている一般向けの図鑑では、限られたものしか載っていない。最近はインターネットが充実してきたので、それで探してみたがだめだった。

そこで、甲虫に詳しい大澤省三さんに問い合わせたところ、すぐに答えが得られた。カミキリモドキ科のフタイロカミキリモドキのオスだという。私はカミキリムシだと思い込んで、おもにカミキリムシ科を探したので見つからなかったのだ。

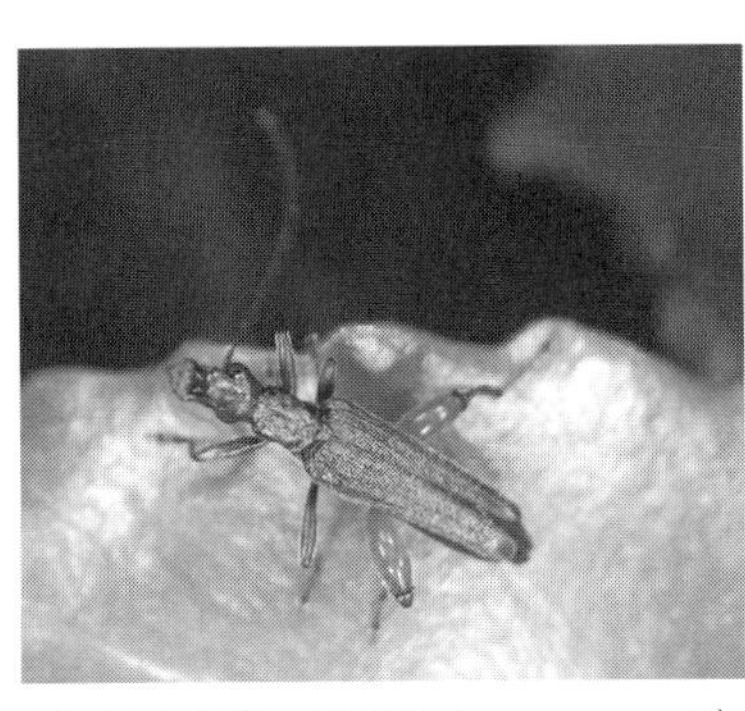

図1）フタイロカミキリモドキ♂（*Oedemeronia sexualis*）。2021年5月23日、高知県足摺岬にて。

このように、カミキリムシによく似たカミキリモドキであるが、調べてみるといろいろ面白いことがわかってきた。

図1を見てわかるこの虫の顕著な特徴は、後脚の腿節が太く黄色だということだ。これはオスだけの特徴で、メスの後脚の腿節はほかの脚の色と同じであって、オスのように太くなることはない。

ところが、メスの腹部はオスの後脚の腿節のような黄色なのである。オスの後脚の腿節が太いのは、交尾の際に2つの後腿節でメスのからだを挟みこむためらしい[1・2]。

メスの腹部とオスの後腿節が同じ黄色であることに何か意味があるのか、興味深い問題だが、よくわからない。いずれにしても、フタイロカミキリモドキのオスの後腿節が太くなっているのは、自分自身が生き残るためというよりは、繁殖の効率を上げるための進化だったと考えられる。

カミキリモドキ属（*Oedemera*）にはたくさんの種が含まれるが、後腿節が肥大しているのは一部である。

南西諸島に分布するキムネカミキリモドキ（*O. testaceithrax*）

図2）キムネカミキリモドキ♂（*Oeremedonia testaseithorax okinawana*）。2003年3月16日、沖縄県西表島にて。

のオスも同じように肥大するが、黄色ではなく青藍色になる（図2）。カミキリモドキ科以外でも、モモブトシデムシ（*Necrodes nigricornis*）やオオモモブトシデムシ（*N. littoralis*）などシデムシ科の一部でも、オスの後腿節肥大が見られるという（大澤私信）。

オオツノジカの巨大な角

ヨーロッパを中心にアジアにも分布していて、今からおよそ7700年前に絶滅したと考えられるオオツノジカ（図3）は、最大のものでは肩高2・3メートル、体重700キログラムに達し、巨大な角の重さは2本で50キログラムを超えたという。

図3）オオツノジカ（*Megaloceros giganteus*；鯨偶蹄目シカ科）。2013年12月14日、ロンドン自然史博物館にて。

そのようなものがなぜ進化したのであろうか。

シカの角は毎年生え変わるので、そのような角をつくるために必要なコストは大変なものである。この角を支えるためには、首から肩にかけて強力な筋肉が必要になる。また重い角は動き回るのにも邪魔であろう。

トナカイ以外のシカ科動物のメスは角をもたない。

したがって、シカのオスの角は、生存のためには必ずしも必要なさそうである。個体の生存にかかわるものでなくても、繁殖効率を高める形質があれば、それが子孫に伝わることによって進化する。

オオツノジカのオスの巨大な角は、その個体が生きていく上ではむしろ負担になるが、メスをめぐるオス同士の争いに際して有利であるために進化したものと考えられる。

チャールズ・ダーウィンは、生存に有利な形質を進化させる「自然選択」とは別に、繁殖相手を獲得する際に有利な形質を進化させる「性選択」を考えた。

オオツノジカのオスの巨大な角は、性選択の結果として進化したものと考えられる。

図4にシカ科の系統樹マンダラを示した。オオツノジカは角のかたちがヘラジカのものに似ており、この2種はシカの中では最大級であるが、オオツノジカは進化的にはヘラジカとは近くなく、ダマジカに近縁である。ダマジカのからだはそれほど大きくないが、角のかたちはオオツノジカのものに似ている。

オオツノジカのオスの巨大な角はオス同士の争いに際して有利であるだけではなく、

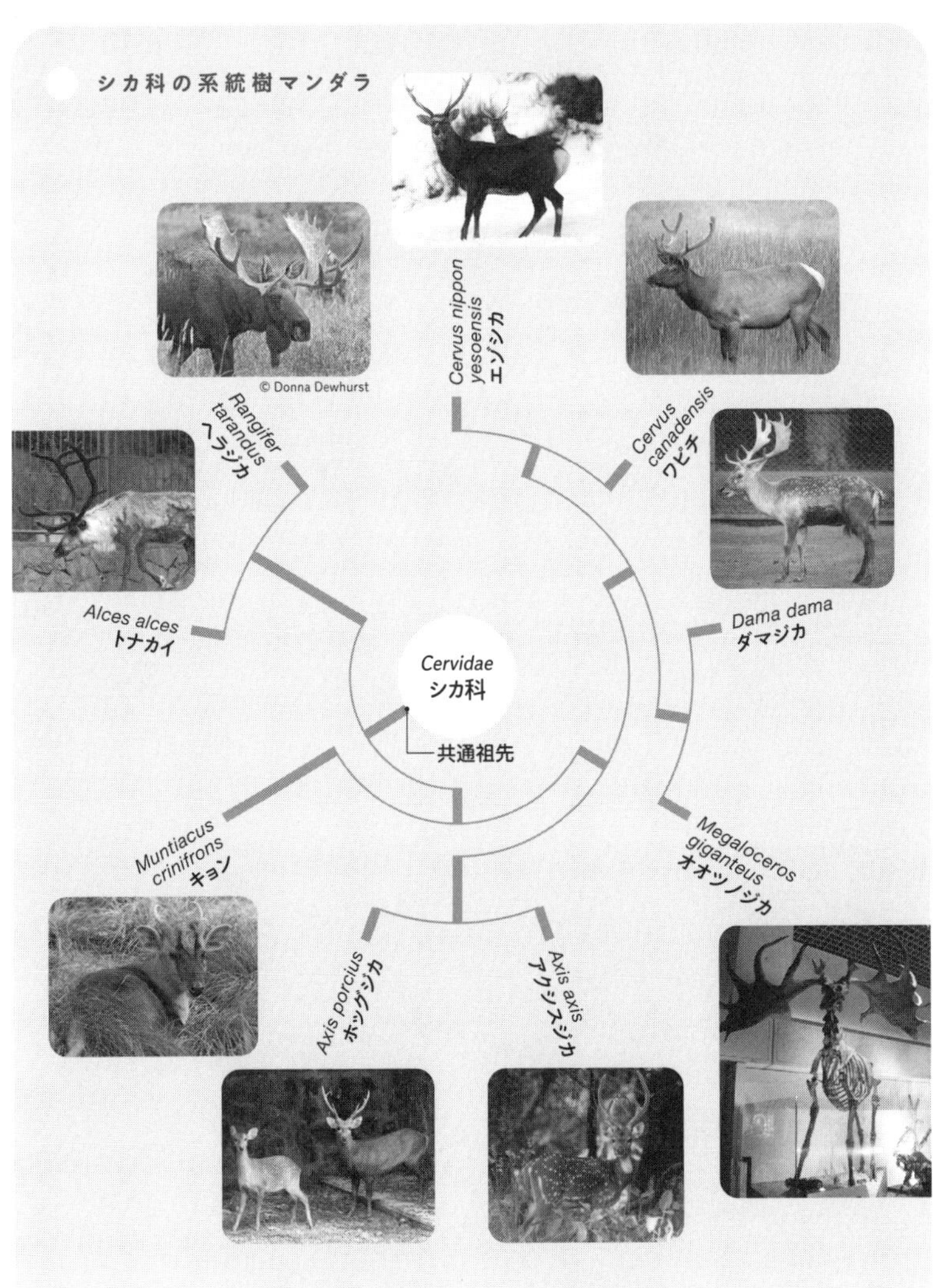

図4) シカ科の系統樹マンダラ。分岐の順番は文献(3)による。

オスがメスに対してアピールするために進化した可能性もある。

クジャクの羽根

ダーウィンが性選択を考えるにあたってもっとも注目したのがクジャクの羽根であった（図5）。

クジャクのオスは、生きていくためにはむしろ邪魔になるような大きな羽根をもっている。キジ科ではクジャク以外にも、オスが派手な羽根をもつものが多い。

セイランのオスの羽根にもたくさんの目玉模様がある（図6a）。セイランの学名*Argusianus argus*は、全身に無数の目をもつギリシャ神話の巨人アルゴスに因（ちな）んでつけられたものである。

ダーウィンが自身の性選択理論を本格的に展開した『ヒトの進化と性選択』の第2版（1874年版）[4]には、セイランのオスがメスにアピールするために、

図5）インドクジャク（*Pavo cristatus*）のオス。2013年4月11日、京都市動物園にて。

図6) ⓐ セイラン(*Argusianus argus*)のオス。それぞれの風切り羽根には、直径が1インチ(25.4mm)ほどの目玉模様が20～23個並んでいるが、普段はあまり目立たない。2015年5月22日、東京・上野動物園にて。
ⓑ メスにアピールするセイランのオス。尾羽根を垂直に立てて、目玉模様が並んだ風切り羽根を広げる(4)。

羽根を広げている様子を描いたT・W・ウッドによる挿絵が載っている（図6b）。

セイランのオスの目玉模様は普段はあまり目立たないが、図6bのように広げた状態では、まさにギリシャ神話のアルゴスのような迫力がある。

キジ科以外にもスズメ目のフウチョウのように、見事な羽根をもつ鳥は多い（図7）。

ダーウィンは、配偶相手のメスにアピールするためにこのような羽根が進化したと考えたのだ。彼にとってオスのクジャクやセイランの羽根は、自分が提唱した自然選択説に反しているように思われた。

このような羽根は捕食者に襲われた際に逃げるにも邪魔であり、コストがかかるので、生存にとっては不都合であろう。

彼は、オスの派手な羽根はメスの選（え）り好みによって進化したと考えたのである。生存にとってたとえ不利であっても、たくさんの子供を残すことに役立てば、そのよ

図7）オオフウチョウ（*Paradisaea apoda*）のオス。2009年7月8日、インドネシア・ジャカルタ近郊のタマン・サファリにて。

うな形質は進化するであろう。

オオツノジカのオスの巨大な角がメスをめぐるオス間の闘いに有利であるために進化したように、クジャクやセイランのオスの羽根は、配偶者であるメスの好みに応えるように進化したというのだ。

ダーウィンは、クジャクのメスにオスの羽根の美しさを評価する審美眼があることを暗に仮定していたのだ。

これに対して、自然選択説をダーウィンと独立に発見したアルフレッド・ラッセル・ウォーレスは猛烈に反対した。

彼は、ヒトだけが審美眼をもち、クジャクのメスがオスの羽根の美しさを選別するなどできるはずがない、と考えたのである。

健康で活力のあるオスでなければ、派手な装飾の羽根を維持することはできない。派手な羽根はオスの活力の指標となるから、メスがそれに惹かれるのは当然であろう。それはメスの審美的な好みによるものではないと。

ウォーレスは、自然選択でダーウィンのいう性選択も説明できると考えたのである。

審美眼による性選択が成り立つためには、その種の大部分のメスが幾世代にもわたって同じような好みをもち続けなければならないが、ウォーレスはそんなことはあり得ないと考えたのであった。
ウォーレスのこの指摘は、ダーウィンの性選択理論にとって深刻であった。

フィッシャーによる新たな展開

ダーウィンの「自然選択説」には多くの反対があったものの、次第に受け入れられるようになった。

ところが、最後までなかなか受け入れられなかったのが「性選択説」であった。メスの選り好みが進化の原動力になったという考えには、多くの抵抗があったのだ。

ところが1915年になって、集団遺伝学者で統計学者でもあったロナルド・エイルマー・フィッシャーが、ダーウィンの考えが理論的に成り立つことを示した(5)。

先ほどお話ししたようにウォーレスは、集団内の大部分のメスでオスに対する好みが共通していないと性選択は働かないと考えたが、実はそのような前提は必要ない。

フィッシャーによると、クジャクの長い飾り羽根は二段階で進化したという。

第一段階では、ウォーレスがいうように、オスの健康度の証として、少しでも立派な長い飾り羽根がメスに好まれるようになる。

そのようなメスの選り好みは、健康な子供を残す傾向を生むので、自然選択の結果として進化する。このようなメスの好みがいったん進化すると、自然選択では制御できない第二段階に入るのだ。

長い飾り羽根のオスとそれを好むメスのあいだに生まれた子供の中には、オスに長い飾り羽根を与える遺伝子と、メスに長い飾り羽根の配偶者を選択する遺伝子の両方が存在する傾向がある。

オスとメスのこれら2つの形質は独立ではなく、相関をもつようになるのである。いったんそのような相関が生じると、正のフィードバックが生まれる。長いオスの飾り羽根を好むメスが増えると、長い飾り羽根のオスが増えるとともに、それを好むメスもさらに増えるのだ。

こうなると、そのような選り好みをしないメスの産むオスの子供は、次第に繁殖相手として選ばれないようになる。

最初は健康度を測る指標だったオスの長い飾り羽根は、自然選択の対象である適応度とは関係なく、どんどん進化するのだ。

このようにして、適応的でなくても、オスが配偶者を獲得する上で有利な形質が進化するのである。[6]

鳥が飛べるようになったのは性選択のため？

鳥の祖先が恐竜だったことは、現在では広く認められている。

恐竜は鳥盤類と竜盤類という二大グループから成るが、鳥は竜盤類の中の獣脚類から進化した。獣脚類の中でよく知られているのはアロサウルスやティラノサウルスであるが、鳥は獣脚類の中の、ディノニクスを含むドロマエオサウルス類の祖先から進化したと考えられている。

羽毛は従来、鳥類だけがもつ特徴と考えられていたが、近年は羽毛をもった恐竜が次々に見つかっている。それらは必ずしも鳥類の祖先の系統とは限らず、広範囲の恐竜が「羽毛恐竜」だったようである。

それらの中で、ジュラ紀の始祖鳥（図8）は羽毛をもつだけでなく、たしかに空を飛ぶことができる正真正銘の鳥の祖先だと考えられている。[7]

羽毛はもともと保温のための断熱材として進化したのではないかと考えられるが、ふ

図8）始祖鳥（*Archaeopteryx*）ミュンヘン標本の複製。

図9）アオバズク（*Ninox japonica*）の風切羽（左）とミサゴ（*Pandion haliaetus*）が飛翔する様子。空を飛ぶ鳥の風切羽は、羽軸に対して非対称で、羽軸が前縁に寄っている。つまりアオバズクの風切羽の写真の左側が飛ぶ方向になる。ところが、ダチョウなどの飛べない鳥では対称になっている。

わふわの羽毛では空を飛ぶことはできない。飛ぶためには板状の羽根が必要なのである。

図9のように板状の風切羽が翼を構成し、これを羽ばたかせることによって空を飛ぶことができる。そのようなものが保温のために進化したとは考えられない。

1億6000万年前のジュラ紀後期に、アンキオルニスという羽毛恐竜がいた（図10）。2010年に中国・北京自然史博物館の李全国（Quanguo Li）とアメリカ・イェール大学のリチャード・プラムらのグループは、羽毛恐竜アンキオルニスの羽毛の痕跡に残されたメラノソームの構造を調べることにより、生きていた当時のアンキオルニスの全身の色を推定した。

現生鳥類の羽根のメラノソームのかたちと

密度がその鳥の羽根の色に対応するので、このことを使って羽毛恐竜の色がわかるのである。

その結果得られたアンキオルニスの色と模様の復元図は、アメリカ自然史博物館のサイトなどで見ることができる。

アンキオルニスの頭頂部は赤褐色の冠状の羽毛で覆われ、顔には赤褐色の斑点があった。このような模様は、アンキオルニスのオスに見られた特徴で、セイランのオスの目玉模様と同じような役割を果たした可能性があるのだ。

アンキオルニスは前足に相当する部分から伸びた2つの翼だけでなく、後ろ足からも翼が出ていた。さらに、風切羽の羽軸が羽のほぼ中央を通っていた。始祖鳥を含めて空を飛ぶ鳥の風切羽は、羽軸が前縁に偏った非対称の構造になっている（図9）。

一方、ダチョウなど飛べない鳥の風切羽は対称構

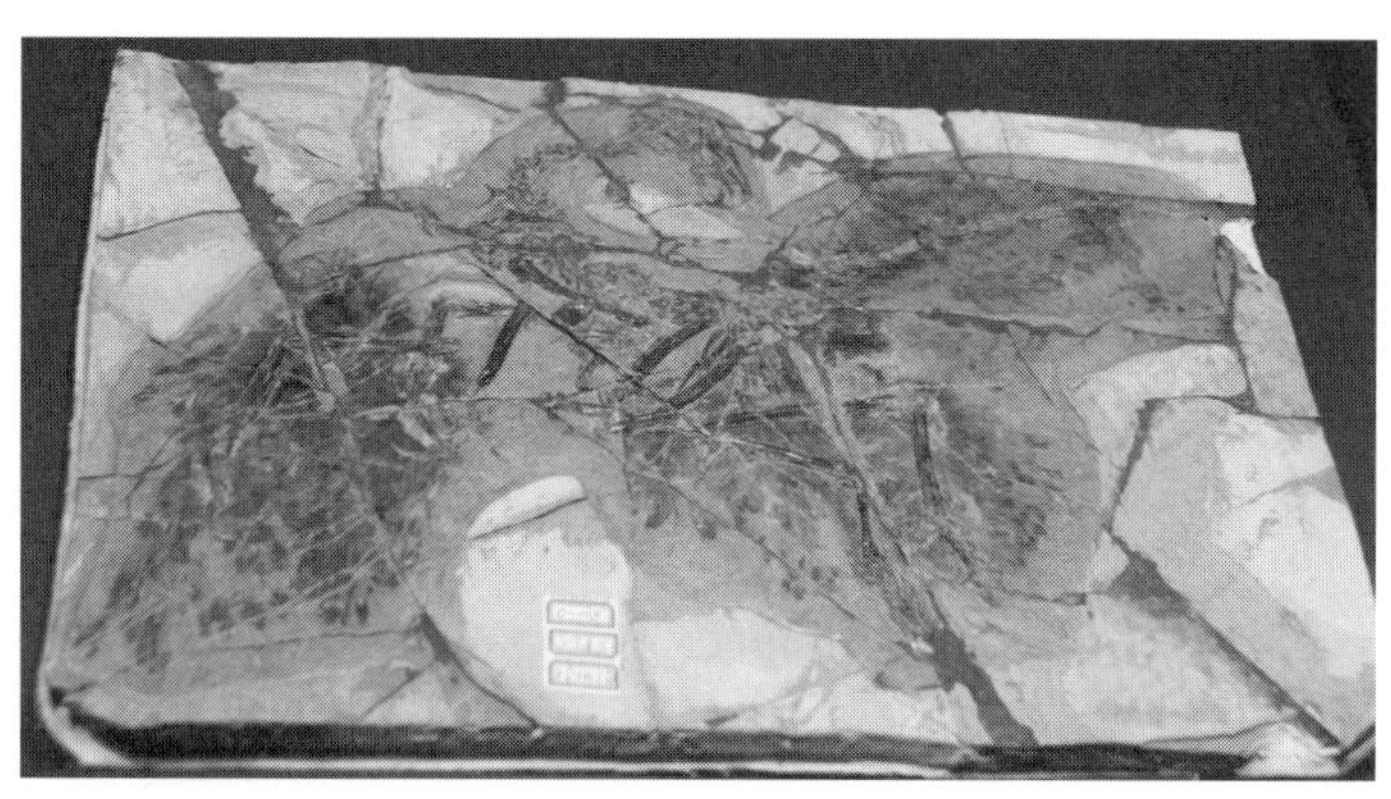

図10）ジュラ紀後期の羽毛恐竜アンキオルニス（*Anchiornis huxleyi*）の全身骨格の化石（中国山東省天宇自然博物館所蔵）。この石板の大きさは縦31cm、横47cm。羽毛の跡がよく見えるが、前足に相当するところから伸びた翼以外に、後ろ足にも翼がついていることがわかる。

造である。

したがって、アンキオルニスは空を飛ぶことはできなかったと考えられる。ダチョウはもともと空を飛ぶ鳥だったものが飛ばなくなって、風切羽が対称構造に戻ったものである。

羽毛恐竜で色彩に富んだ模様が進化したということは、もともとオスがメスにアピールするために進化した可能性を示唆する。

最初は断熱材として進化した羽毛が、板状の羽根になって、そこにさまざまな模様を描けるようになり、オスが配偶者にアピールするための手段として使われるようになったのかもしれない。

そうだとすると、鳥の翼はもともと飛ぶために進化したのではなく、オスがメスにアピールするために進化したものが、あとでたまたま飛ぶために使われるようになったのかもしれないのだ。(8・9・10)

板状のキャンパスを進化させたことによってはじめて、そこにいろいろな模様を描くことができるようになったことが、結果的に鳥類が空を飛ぶことにつながったということである。

進化は遠い将来を見据えた目標に向かって進んでいるものではなく、その場をしのぐためのやりくりの連続である。

従って、最初は保温のためだった羽毛が、オスがメスにアピールするための板状の羽根に進化し、それが結果的に空を飛ぶために使われるようになった、というふうに、ある形質が最初に進化した当初には想像できなかったような使い方が後に明らかになることが多いのである。

性選択ではないが、図11でクロコサギが水中の獲物を捕らえやすくするために翼を使って影をつくっていることなども、生物がありあわせのものを工夫して使っている例である。

鳥の囀り

春先に聴く「ホーホケキョ」というウグイスのオスの囀り（さえずり）は、たいていの日本人にとって馴染みのものである（図12）。

図11）クロコサギ（*Egretta ardesiaca*）。2008年10月19日、マダガスカル・アンタナナリブにて。いちばん向こうの個体は、翼を傘のように広げ、その中に頭を入れて魚などを捕食している。翼を広げることにより、物陰に隠れる習性のある獲物を集めていると考えられる。また、影をつくることで水面での光の反射を減らし、水中の獲物を見やすくしているのかもしれない。

図12）囀っているウグイス（*Horornis diphone*）のオス。2014年5月27日、北海道長万部にて。

図13）囀っているキビタキ（*Ficedula narcissina*）のオス。2014年5月29日、北海道長万部にて。キビタキの囀りには多くのバリエーションがあり、ほかの種類の囀りをまねることもあるという。

バードウォッチングの愛好家にとっては、鳥の外見の美しさだけでなく、囀りの美しさも魅力である。

囀りは、スズメ目の半分以上の種が属する鳴禽類のオスが、おもに繁殖期に発するものである。キビタキのオスのように、美しい色と美しい囀りを兼ね備えた鳴禽類も多い（図13）。

それでは、美しい囀りはなぜ進化したのであろうか。

それは、繁殖期のなわばりを守るためだと考えられる。囀りによって、ここは自分のなわばりだから入ってくるな、とほかのオスに対して主張しているのだ。

ウグイスの「ホーホケキョ」を聴いたことのあるひとは多いが、その姿を見たことのあるひとはそれほど多くないかもしれない。

ウグイスは茂みの中に隠れていることが多い。図12の写真は、囀りを聴いた私が口笛で「ホーホケキョ」とやったら、なわばりを侵害されたと勘違いしたオスが見えるところに現れて囀り始めたところを撮ったものである。

囀りは英語でtwitterというが、鳥がツイートするのは単なるつぶやきではなく、積極的な自己主張がある（ネット上のツイートもそうであるが）。

また、鳴禽類のオスの囀りは、なわばりの主張だけではないようである。オスの囀りは、ほかのオスに対する自分のなわばりの主張とともに、メスに対するアピールでもあるのだ。繁殖効率を上げる性選択によって進化したものである。

たいていの囀りは鳥が学習によって獲得するものであり、幼鳥は環境の中から自分の歌にふさわしいものを選んで記憶し、自分の下手な囀りとお手本との差を修正しながら学習が進む。この過程でさまざまな囀りが現れるが、変奏されることで囀りの意味が変わるわけではない[11]。

鳥類の種数が多いのは性選択のため？

6600万年前に非鳥恐竜が絶滅したあとの新生代は「哺乳類の時代」、それ以前の中生代は「恐竜の時代」と呼ばれることがある。

ところが、現存する哺乳類の種数は６０００程度なのに対して、恐竜の子孫である鳥類の種数は1万を超える。非鳥恐竜が絶滅した際には、哺乳類と鳥類の多くの系統も一緒に絶滅した。

どちらのグループも、大絶滅を生き延びたわずかの系統から再出発して現在の多様性が進化したのである。

それでは、なぜ鳥類の種数は哺乳類よりも多いのだろうか。

種分化は2つの集団が地理的に隔離されて起ることが多いが、空を飛ぶことができる鳥類は、哺乳類に比べて隔離されにくいと思われる。それなのに、鳥類のほうの種数が多い。それには、鳥類のほうが哺乳類にくらべて三次元的な多様なニッチ（生態的地位）を有効に活用できることもあるかもしれないが、性選択がかかわっている可能性もある。

哺乳類に比べると鳥類のほうで、特にオスが、より色彩に富んだ模様をもっている。これまで議論してきたように、これがメスの好みによる性選択の結果として進化した結果だと考えれば、鳥の種数が多い理由が理解できるかもしれない。

図14にカモ亜科の系統樹マンダラを示した。

この仲間のたいていの種で、オスのほうがメスよりも派手な色彩をもつが、それは性選択によると考えられる。

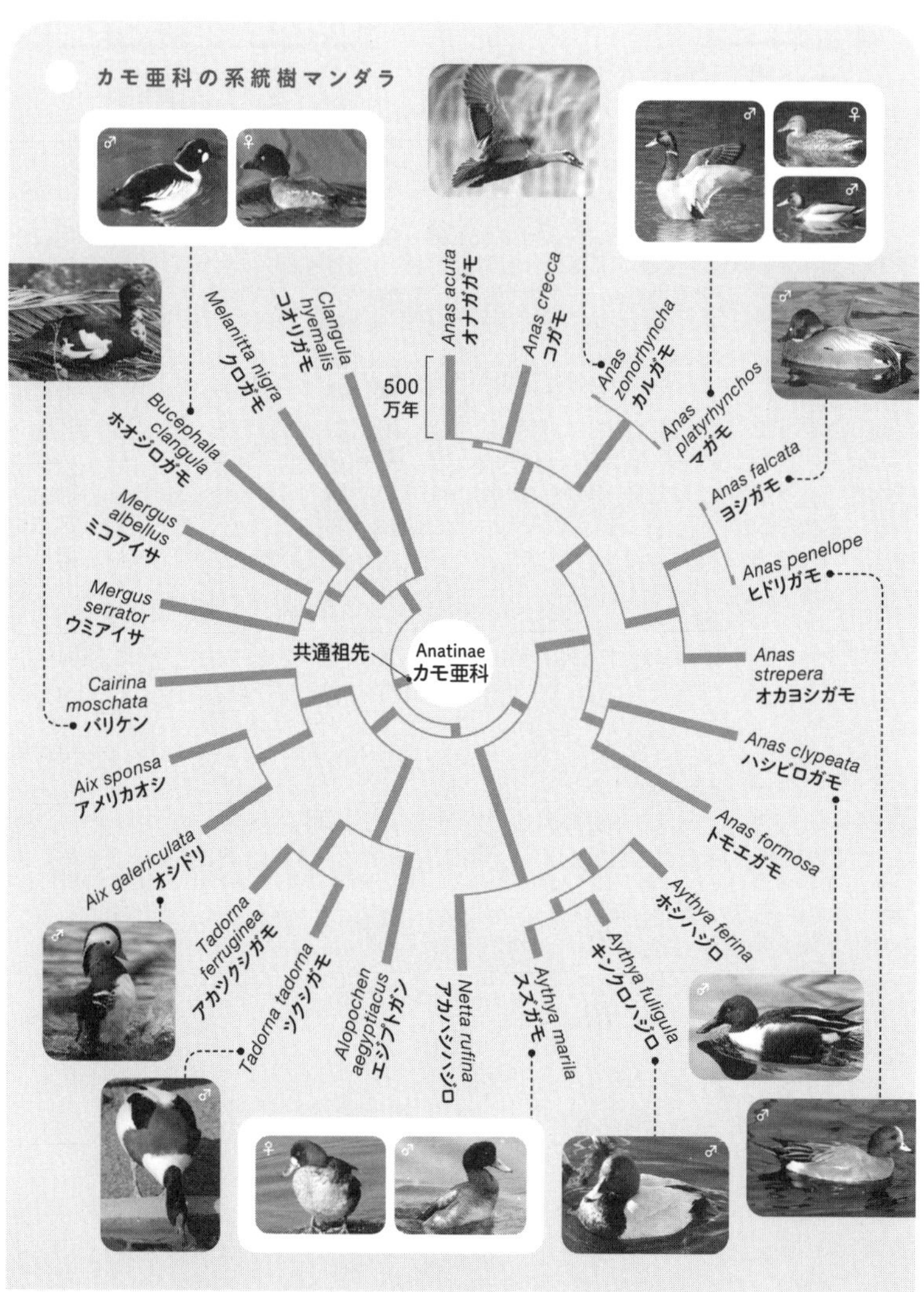

図14）ミトコンドリアのゲノムデータで描かれたカモ亜科の系統樹マンダラ。分岐の順番と年代は文献（12）による。スケールは500万年。カルガモはカモ亜科のなかではめずらしく、オスとメスはここで出ている写真からは判定できないほどよく似ている。カルガモとマガモ、ヨシガモとヒドリガモのあいだでは、ミトコンドリア・ゲノムはほとんど違いが見られず（お互いに分かれたあとの枝の長さがほとんどゼロ）、非常に近縁な関係にあることがわかる。

ただし例外的に、カルガモではオスとメスは非常によく似ていて地味な色彩である。それでもこの図にあるように、羽根を広げると上側に黒で縁取られた美しいブルーが見える（オス・メスともに）。

カモ亜科の系統樹のなかで、カルガモとマガモ、ヨシガモとヒドリガモは、それぞれ姉妹群（いちばん近縁）の関係にあり、ミトコンドリア・ゲノムにはほとんど違いが見られないほどお互いに近縁なのである。

ただし、1章（1—④、66ページ）のクマの話で紹介したように、種分化してからしばらくのあいだは種間交雑の可能な期間がしばらく続くため、交雑によってミトコンドリア・ゲノムが別の種のものと置き換わってしまうことがあるのだ。

このことを「遺伝子転移」といい、核ゲノムの一部も遺伝子転移を起すことがあるが、核ゲノム全体では、最初の種分化の年代を反映した違いが見られる。

核ゲノムで見ると、カルガモとマガモ、ヨシガモとヒドリガモのあいだの違いはもう少し大きくなるが、それでも非常に近縁な関係にあることは確かである。

特にカルガモとマガモは、そのあいだの雑種にも繁殖能力があることが知られており（図15）、ほとんど同種と見なしてもよいほど近縁である。

このように、近縁な鳥のオス同士でこんなにも羽の色彩や模様が違うのは、それがメ

図15）手前はカルガモ（*Anas zonorhyncha*）のメスだが、むこうはカルガモとマガモ（*Anas platyrhynchos*）のあいだに生まれた雑種のオスだと思われる。2022年3月7日、高松市内の御坊川にて。この雑種は俗に「マルガモ」と呼ばれる。この2個体はよく似ていて、どちらも一見カルガモのようだが、むこうのマルガモの胸はマガモのオスのように褐色を帯びている。通常、異種間では雑種ができても、雑種には繁殖能力がないとされているが、カルガモとマガモのあいだに生まれる雑種には繁殖能力があるようである（13）。それほどこの2種は近縁なのだ。このペアは2月9日以来数日間しばしば同じ場所で見られたのち、しばらく目撃されなかったが、4月25日によく似たペアが近くの栗林公園で見られたので、今後繁殖にまで進む可能性がある。

スの好みによる性選択の結果だからと思われる。

メスの好みはブームのようなもので、移ろいやすいものである。

哺乳類に比べると地理的な隔離が進みにくい鳥類の種数が多いのには、性選択による隔離が進みやすいことがあるのかもしれない。

4-③ 音楽の起源を探る ― 進化学的アプローチ

性選択による進化なのか

音楽的な音階やリズムを楽しむとまではいかなくても、それを感知することは、おそらくすべての動物に共通なのだろうが、それは彼らの神経システムの生理的な特徴が共通であるからに違いない。……昆虫、両生類、鳥類の中で、雄が繁殖期のあいだに絶えず音楽的な音やリズミカルな音を出しているすべての動物では、雌はそれを理解することができ、それによって興奮させられたり魅了されたりすると考えねばならない。

チャールズ・ダーウィン（1871「人間の進化と性淘汰」第19章）[1]

音楽は現生人類のあらゆる文化に見られるが、その起源は不明である。冒頭に紹介した文章に続いて、ダーウィンは次のように書いている。

音楽を楽しむことも、音楽をつくり出す能力も、ともに人間の通常の生活に関して直接の役に立ってはいないので、これは人間に備わっている能力のなかでももっとも不思議なものの一つに数えられるべきだろうこのように不思議なものではあるが、音楽は配偶者を獲得するのに役立ってきたのではないか、と彼は考えた。

生きていく上で必要なくても、配偶者の気を引くことによって繁殖効率が高まれば、音楽の才能も選択されていくであろう。

すでにお話ししたように、生きていく役には立たなくても、配偶者獲得の役に立つ形質が選択されることを「性選択」という。

彼は、メスにアピールするオスのクジャクの見事な羽根と同じように、音楽の才能も性選択によって進化したのではないか、と考えたのだ。

ダーウィンは、鳥類では音楽と呼んでも差し支えないものを認めているが、ヒトに近縁な哺乳類にも同様なものがあるとは書いていない。

インドリの歌

キツネザルは、マダガスカル島に固有の霊長類だが、およそ100種が記載されている。

マダガスカルの森で出会ったらもっとも印象的だと思われるキツネザル類のなかで、アイアイと並んで挙げられるのがインドリであろう。

図1）インドリ（*Indri indri*）。ⓐ2003年11月16日、マダガスカル・アンジュゾルベにて。ⓑ2003年11月20日、マダガスカル・ペリネにて。この2つの写真は場所が違うので、からだの模様が異なる。

私がマダガスカルを訪れた8回の機会で、残念ながら野生のアイアイに出会ったことはなかったが、インドリには数回出会った（図1）。

インドリは動物園では見ることのできない動物である。

かつて巨大な檻で飼うことが試みられたが、長く生きることはできなかった(2)。自由に生きる広大な土地が必要なのだ。

彼らは多様なものを食べるが、われわれはそのリストを完全には知らないために、狭い土地では必要な食物が手に入らないということもあるのだろう。

したがって、マダガスカルの森林が開発により細かく分断されつつある現在の状況は、インドリの将来に暗い影を落としている。

インドリは森中に響き渡る大きな声で鳴き、合唱する。この行動を研究したグループが面白い論文を発表している[3]。

インドリは家族単位のグループをつくる。家族のメンバーがよくそろったデュエットや合唱をするときには、オスとメスが交互に歌うことが多い。

彼らの「歌」には、家族のつながりを維持したり、なわばりを主張したりする役割があると考えられる。

ヒトの音楽にはさまざまな側面があるが、この論文ではリズムに着目している。リズムとは、音の長さのパターンである。

ヒトのあらゆる文化で、音楽に合わせて足を踏み鳴らしたり頭を振ったりするリズミカルな踊りがある。

代表的なリズムには、音の長さが等間隔（1：1）のもののほかに、連続した2つの音の長さが1：2になるものなどもある。インドリの歌にはこの両方のリズムが使われるという。

鳥類では、スズメ目鳴禽類のヤブサヨナキドリ（図2a）でもこの2つのリズムが使われる。愛玩鳥として家禽化されたキンカチョウ（図2b）の歌はリズミカルだが、1：1

図2) ⓐヤブサヨナキドリ(*Luscinia luscinia*;スズメ目ヒタキ科)。©Vechek
ⓑキンカチョウ(*Poephila guttata*;スズメ目カエデチョウ科)。

だけしか使われないという[4]。

インドリでは両方のリズムが使われるが、両方のリズムが明らかになったのはヒト以外の哺乳類では初めてである。

ヒトの直立二足歩行と音楽の進化

インドリは霊長目の中では、ヒトからもっとも遠い系統関係にある原猿類である。同じ霊長類のなかでも、ヒトに近縁な類人猿のチンパンジーやゴリラなどでは歌と呼べるようなものは知られていないが、類人猿のなかでヒトからは遠いテナガザルは歌う[5]。

インドリの鳴く声が音楽だとすると、ヒトの音楽とは独立に進化したと考えられる。ヒトの音楽は、直立二足歩行の進化と関係

しているという説がある。(6)

パーキンソン病は大脳基底核疾患の一つで、その症状に、運動制御の時間的側面が阻害され、歩行がうまくできなくなるということがある。

このような患者に、一定の拍子を聞かせながら歩かせる訓練法がある。リズミカルな聴覚刺激を使った歩行訓練は、歩行の改善に結びつくという。

ところがそのような訓練をやめると、せっかくの改善が消えていく。

現生人類の内耳の構造はほかの類人猿とは大きく異なる。

内耳に骨迷路（こつめいろ）という三半規管からなる構造があるが、ヒトの骨迷路は二足歩行や走行、ジャンプなどをするときに平衡感覚を保つのに欠かせない。ヒトでは類人猿と比べて三半規管の大きさや比率が大きく異なる。

チンパンジーとの共通祖先から分かれたあとのヒトの系統とされるアウストラロピテクスは、すでに二足歩行していたが、類人猿的な内耳構造をもつ。アウストラロピテクスは二足歩行を行なっていたものの、まだ木登りへの適応も残っており、走ったり跳ねたりするような動作はできなかったと思われるのだ。

アウストラロピテクスよりも現生人類に近く、およそ180万年前にアフリカのサバンナに現れたのがホモ・エルガステル（*Homo ergaster*）で、われわれと同じような骨迷路が認められる。ホモ・エルガステルから派生してユーラシアに進出したものがホモ・エレクトスである。

ホモ・エルガステルの移動様式の特徴は、単に安定した直立二足歩行を確立しただけではなく、持久走にあった[7・8]。

現生人類は、短距離走では多くの四足動物にかなわないが、長距離走に関しては霊長類のなかで飛び抜けた能力をもつ。100メートル走の世界新記録は時速37キロメートルに相当するが、この速度で1分間走り続けられるヒトはいない。ライオンはおよそ4分間この倍の速度で走れるという。

しかし、42・195キロメートルを走るマラソンの世界新記録は2時間1分39秒であり、これは時速20・8キロメートルに相当する。この速度で2時間走り続けられる動物は少ない。

ホモ・エルガステルがどの程度の持久走能力をもっていたかはわからないが、化石として残っている骨格から、彼らはホモ・サピエンスと同じような持久走能力を獲得していたと考えられる。

持久走の能力は、ホモ・エルガステルがアフリカのサバンナで狩りをするのに重要だった。ライオンなどの狩りは夜間に行なわれることが多いが、エルガステルの狩りは昼間に行なわれたと考えられる。サバンナの炎天下では体温が上がってしまうため、狙われた動物は長く走り続けることができない。

エルガステルは獲物の足跡をたどって追跡したが、たくさんの汗腺があったために、体温を上げることなく走り続けることができたのだ。

サバンナの大型草食獣はエルガステルよりもはるかに速く走ることができたが、炎天下での持久走ではエルガステルにかなわなかった。エルガステルの執拗な追跡で体温が上がり過ぎて、最後には仕留められてしまったのである。

ヒトの音楽がいつ始まったかはわからないが、アフリカのサバンナで生活しているあいだに生まれたと考えられる。

地上で生活する動物で大きな声を出すものは、ライオンなど肉食獣以外にはいない。スズメ目の中でスズメ亜目を鳴禽類というが、これらの鳥も地上ではめったに鳴かない。地上には捕食者が多く、なるべく目立たないようにするのが得策なのだ。ところがヒトは、あえて目立つような行動を進化させたという説がある。(9)

音楽には一つの声部（パート）しかない「モノフォニー」と、複数の声部をもつ「ポリフォニー」とがある（この用語は音楽の分野での通常の使われ方とは違うが、ここではこのように定義しておく）。

多くのひとは、同じ声部を一人あるいは数人で歌うモノフォニーがまずあって、そこから異なる声部を数人で歌うポリフォニーが進化したと考えていた。ところが、ジョージアの音楽学者ジョーゼフ・ジョルダーニア[9]によると、ヒトの最初の音楽はポリフォニーだったという。

そのように考える理由として、長いあいだヒト進化の舞台であったサハラ砂漠以南のアフリカの音楽がほとんどポリフォニーであることと、そのほか世界各地の比較的隔離された地域でポリフォニーが多く残っている（バスク、コーカサス、アイヌなど）ことが挙げられる。

現生人類の遺伝的多様性のほとんどはサハラ砂漠以南のアフリカで見られ、そこの音楽がもっぱらポリフォニーなのである。

また、ポリフォニーの伝統が失われてモノフォニーになった文化の歴史はしばしば見られるが、逆にモノフォニーの伝統の中からポリフォニーが生まれた例は、一つの例外を除くと知られていない。

その例外とは、ヨーロッパの教会音楽である。中世初期にローマ・カトリック教会で成立したグレゴリオ聖歌は単旋律で、楽器の伴奏もなく、ユニゾン（斉唱）で歌われていた。われわれの定義ではモノフォニーということである。

9世紀になって、グレゴリオ聖歌に新しい別の声部をつけ加え、それと重ねて歌う「オルガヌム」と呼ばれるポリフォニーが生まれた。[10]

このように、ヨーロッパではモノフォニーからポリフォニーが生まれたということで、モノフォニーが祖先型と考えられたのだが、世界での分布を見ると、そうではなさそうなのである。

インドリよりもヒトに近縁な類人猿のテナガザルの「歌」を研究しているトーマス・ガイスマンによると、テナガザルの「歌」にも一定のリズム（1：1）があり、それによって家族が調子を合わせて一緒に歌って自分の集団を誇示することにより、ほかの集団からの攻撃を防いでいるという。[11]

ジョーゼフ・ジョルダーニアはこのことから、われわれの祖先がアフリカのサバンナで仕留めた獲物を守るために集団で大声を出したことが音楽の起源ではないか、と考えている。[9]

サバンナではたくさんの肉食獣が獲物を求めて歩き回っており、最速のランナーであるチーターはせっかく獲物を倒しても、すぐにライオンやハイエナに横取りされてしまうことがある。

われわれの祖先は、大声で歌うことによって、獲物を横取りしようとやってくる肉食獣を追い払ったのだという。

もしかしたら、自分で狩りをするようになる以前から、ライオンが獲物を倒すと、集団でリズムをとりながら大声で叫び、地面を踏みならし、太鼓を叩き、手拍子を打ちながら体を威嚇的に動かし、石を投げたりしてライオンを追い払うことによって獲物を横取りしていたのかもしれない。

そのようなときに、ヒトの二足歩行は、自分を大きく見せて敵対者を威圧するのに役立っていたと考えられる。

ゴリラなどはオスとメスとで体の大きさが非常に違うが、声域にはそれほどの違いがない。それに比べるとヒトの男性と女性とでは、声域がずいぶん違っているが、男性の低い声は競争相手を怖がらせ、肉食獣を追い払うのに役立った可能性がある。

また、ポリフォニーで不協和音を歌うことで相手を怖がらせたのかもしれない。

ジョルダーニアのこのような仮説が正しければ、音楽の起源はダーウィンが考えたような性選択によるものではなく、自然選択によるものだったことになるが、文献(9)で岡ノ谷一夫氏が解説しているように、この両者は両立し得る仮説かもしれない。

動物がからだの模様や色彩で捕食者や競争者を避けるのには2つのやり方がある。

一つは図3aのように、まわりに溶け込んで目立たなくすることである(隠蔽色)。

そしてもう一つは図3bのように、逆に目立たせることによって、自分を捕食するのは危険だから止めるように促す警告色である。ジョルダーニアの説は、音楽には警告色に近い役割があったということである。

彼の議論の展開は、みんなで歌うことによる集団への帰属意識の誕生、さらには宗教の起源へと続くが、ここでは音楽の起源の問題にとどめておく。

ジョルダーニアは、東京芸術大学教授だった故小泉文夫(1927~1983年)を記念した小泉文夫音楽賞を2009年に受賞している。

小泉は世界の民族音楽を研究し、1965年から50歳代で亡くなるまで20年近くにわたってNHK-FM「世界の民族音楽(最初は民俗音楽)」という番組を担当して、自身の研究成果を紹介

図3) ⓐ 隠蔽色のフリンジヘラオヤモリ(*Uroplatus fimbriatus*;マダガスカル・ペリネにて)。このように色彩や模様を背景に溶け込ませることによって捕食者に対して目立たなくするのが、隠蔽色である。
ⓑ 警告色のマダガスカルキンイロガエル(*Mantella aurantiaca*;マダガスカル・ペリネにて)。このカエルは毒をもっているので、このような目立つ色彩をもつことで、捕食者に対して警告していると考えられる。さらに、毒をもたないのに有毒なものに似せることによって、捕食者に対して警告するものもいる。

した。

彼は音楽の起源についてもさまざまな考察をしていたが、[12,13]存命だったらジョルダーニアの仮説についてどのような反応をしたであろうか。

ヒトの音楽の直接証拠は化石として残らないが、3万5000年以上前のホモ・サピエンスが楽器をつくっていたという証拠がある。ドイツ南東部のホーレ・フエルス洞窟で見つかった、ハゲワシの骨に穴をあけたフルートである。[14]

4-④ 海を越えた動物の移住――海流と生き物の分布

図1）足摺岬より臨む黒潮。2021年5月23日。

海流

図1は、高知県足摺岬から見える海流である。海岸近くの青い海の色が、沖に出ると黒ずんでいる。これがフィリピン付近から北に向けて流れてくる海流・黒潮である（図2）。

黒潮の経路はさまざまな要因によって変化する

が、図1のように足摺岬のすぐ近くを通ることもあるのだ。黒潮のエネルギーは、偏西風や貿易風に地球の自転による効果が加わって生み出される。黒潮の中の速いところは秒速2メートルほどで、競泳短距離の一流選手の泳ぐ速さに匹敵するという[1]。

明治30年（1897年）、当時大学生だった柳田国男が夏休みに愛知県の伊良湖崎に1か月ほど滞在していた際に、南方の島々に分布するヤシの実が海岸に流れ着いていたのを3回目撃したという[2]。

帰京後そのことを友人の島崎藤村に話したところ、藤村が想像を膨らませて書き上げた詩に、大中寅二が曲をつけたのが、「名も知らぬ遠き島より流れ寄る椰子の実一つ」と詠う愛唱歌「椰子の実」である。

ヤシはこのように海流に乗ってさまざまな場所に流れ着くことによっ

図2）図1の写真を撮影した当時の黒潮の経路。海上保安庁ホームページ https://www1.kaiho.mlit.go.jp/KANKYO/KAIYO/qboc/2021cal/cu0/qboc2021096cu0.htmlの図を加工して作成。

て、分布を広げる。さまざまな動植物が南方から黒潮に乗って日本まで運ばれてきたのだ。このような海流は世界中で見られる（図3）。

1993年3月にオーストラリア西海岸の砂浜で、近くの学校の生徒が巨大な卵を発見して大騒ぎになった[3]。その卵は長径30センチメートルもあった。

それは、その砂浜から6000キロメートルも西にあるマダガスカル島に生息していて12世紀頃までには絶滅したと考えられ、象鳥とも呼ばれる巨鳥エピオルニスの卵だった。マダガスカルから海流に乗って流れ着いたものであろう。

マダガスカルからモザンビーク海流、南インド洋海流、さらに西オーストラリア海流と乗り継いでいけば、マダガスカルからオーストラリアまで流れ着くことは可能なのだ（図3）。

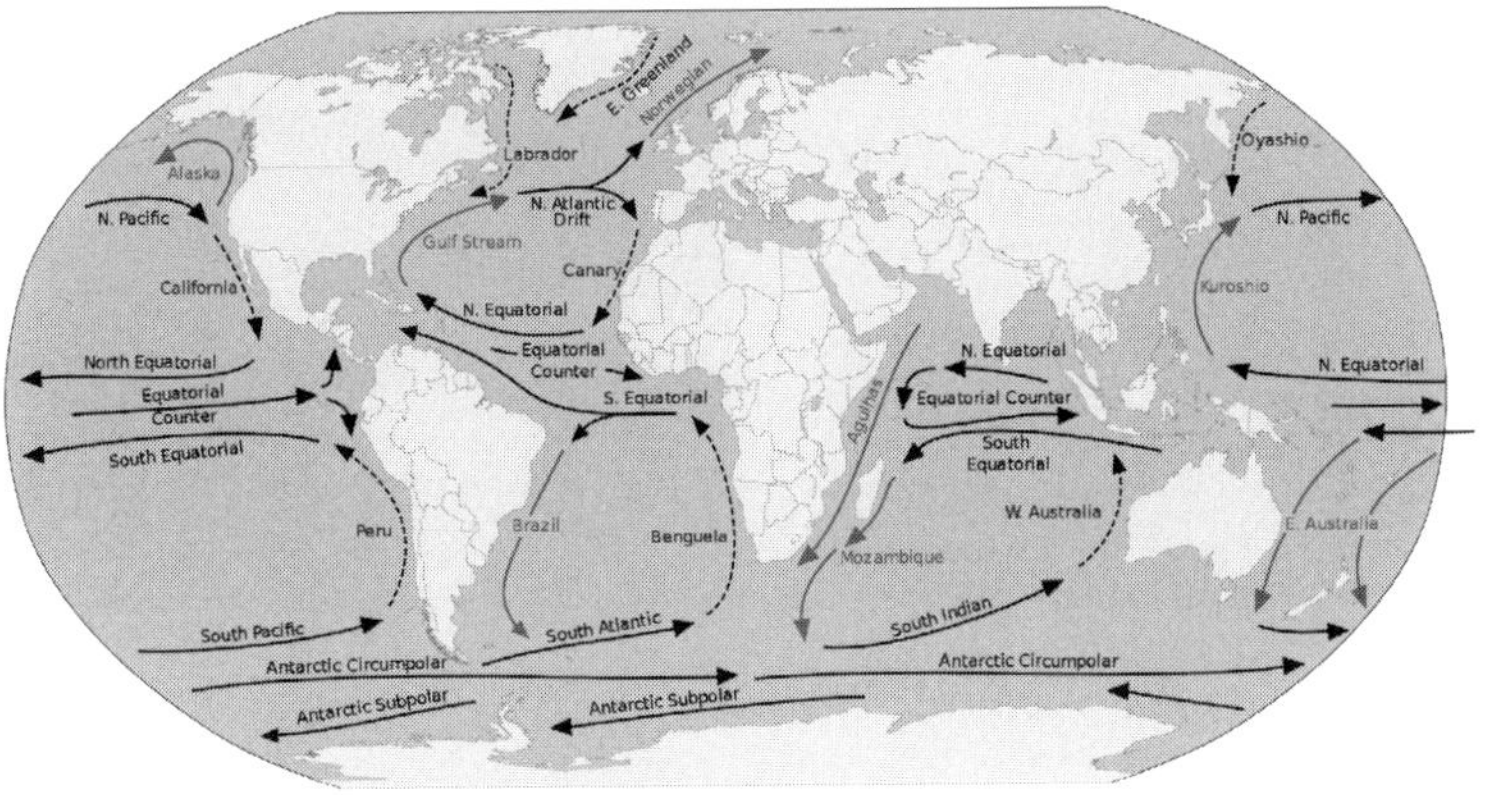

図3）世界の海流。灰色の矢印は暖流、点線の矢印は寒流。
https://ja.wikipedia.org/wiki/%E6%B5%B7%E6%B5%81より。

エピオルニスの中で最大の種エピオルニス・マキシマスは、頭頂高3メートル以上、体重450キログラム（図4）、その卵は鳥類で最大であり（図5）、大型非鳥恐竜でもこんなに大きな卵を産んだものはいなかった。

今でもマダガスカル南部の海岸には図6aのようにたくさんのエピオルニスの卵殻が散らばっているところがある。そこには2種類の巨鳥が共存していたが（図6b）、今でも卵殻だけではなく、完全な卵がそのまま見つかることもある。そのようなものが、海流に乗ってオーストラリアにまでたどり着くことがあるのだ。

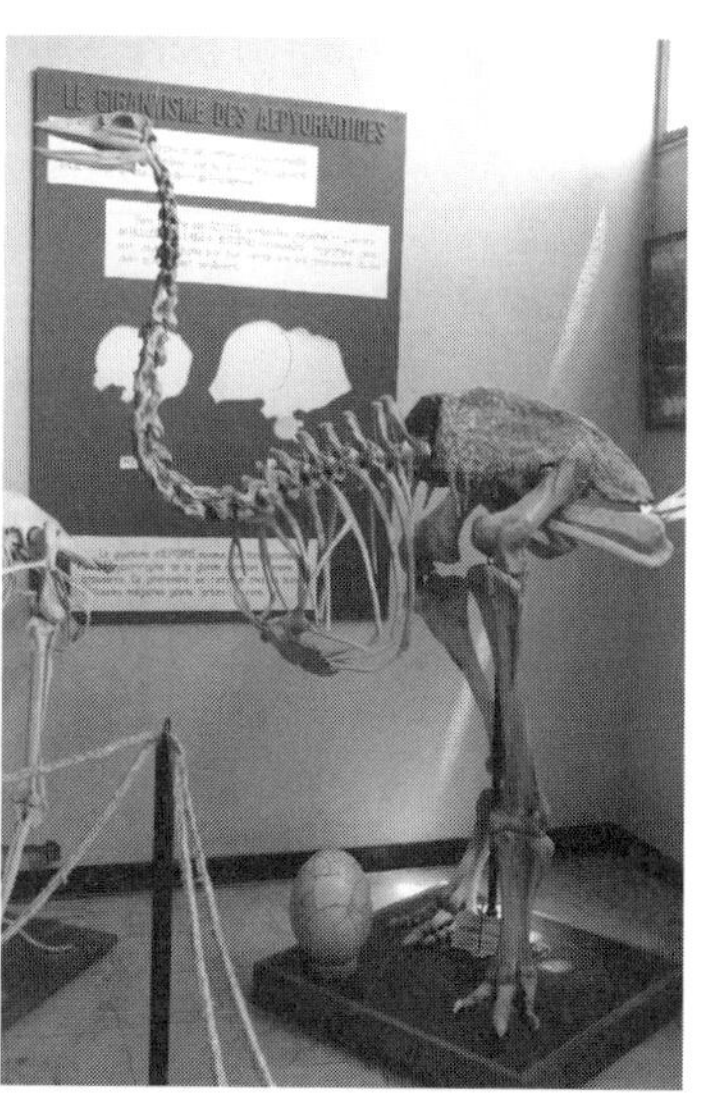

図4）エピオルニス・マキシマス（*Aepyornis maximus*）の骨格と卵。2003年11月28日、マダガスカル・アンタナナリブのチンバザザ動植物公園内にあるマダガスカル科学アカデミー博物館にて。

図5）エピオルニスの卵の大きさをほかの鳥の卵と比較したもの。ロンドン自然史博物館にて。
① エピオルニス・マキシマス、② モア、③ ダチョウ、
④ コブハクチョウ、⑤ ウミガラス、⑥ ニワトリ

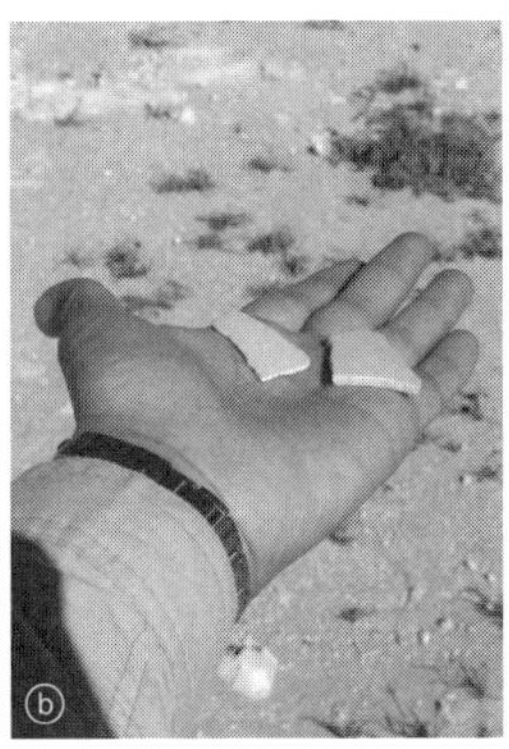

図6）ⓐ エピオルニスの卵殻とマダガスカルミツメトカゲ（*Chalarodon madagascariensis*）。2006年2月13日、マダガスカル南端フォーカップの海岸にて。ここには今でも象鳥の卵殻がたくさん散らばっている場所がある。
ⓑ フォーカップで見つかる2種類のエピオルニスの卵殻（2006年2月13日）。たいていの卵殻は3～4㎜と厚いが、中には1㎜程度の薄い殻もある。厚い卵殻はエピオルニス科最大種のエピオルニス・マキシマスのもので、薄いほうは同じエピオルニス科だが、より小型のムレロルニス属のものと思われる。ここではエピオルニス科の少なくとも2種が共存していたのだ。

バオバブの分布

バオバブ属（*Adansonia*）というアオイ科の植物がある。バオバブはマダガスカル、アフリカ、オーストラリアにしか分布しない。

バオバブには巨木として有名なものが多い（図7、図8）。バオバブではは っきりとした年輪ができにくく、年齢を知るには放射性炭素による測定が必要である。図7のディディエバオバブの年齢が測定されたわけではないが、このような最大級のバオバブの年齢はおよそ1600歳と推定されている[4]。

バオバブは、サン・テグジュペリの『星の王子さま』では、見つけたら急いで取り除かないと星一面にはびこってし

図7）マダガスカル最大のバオバブであるディディエバオバブ（*Adansonia grandidieri*）。2005年11月16日、マダガスカル西部のムルンベ近くにて。

図8）アフリカバオバブ（*Adansonia digitata*）。2006年8月25日、南アフリカ・サンランドにて。ⓐ 外観、ⓑ 幹の内部にはこのような空洞がある。このバオバブの年齢が測定されたわけではないが、このような最大級のバオバブの年齢はおよそ1600歳と推定されている（4）。オーストラリアのバオバブには、このような空洞が刑務所として使われていたものがあるという。

まう厄介な植物として出てくるが、実際の地球上のバオバブは絶滅が危惧される存在である。[5]

その原因として、ヒトによる環境破壊とともに、かつてバオバブの種子散布を助けていたと考えられる巨大なキツネザルの絶滅が考えられる。[6]マダガスカルにヒトがやってくるまで、そこで生きていた巨大キツネザルがバオバブの実を食べて、種子散布を助けていたというのだ。

バオバブの種子は、キツネザルの体内を一度通過しないと、発芽しにくかった可能性がある。バオバブの実は堅い果皮で覆われていて、大型の動物でないと食べられないのだ（図9）。

バオバブは、マダガスカルには6種（分類の仕方で変わるが）、アフリカとオーストラリアにそれぞれ1種ずつ分布する（アフリカには2種あるという説もある）。

これら南半球の大陸は、かつてゴンド

図9）ディディエバオバブ（*Adansonia grandidieri*）の果実。2005年11月17日、マダガスカル西部のムルンダヴァにて。同地では11月頃になると、このような果実が道端で売られている。堅い果皮を割ると、たくさんの種子が白いパルプ質の衣に包まれて入っており、それを口にふくむとパルプ質が溶けて甘酸っぱい。遠い昔、海に出たバオバブの果実が海流に乗ってマダガスカルあるいはアフリカからオーストラリアに流れ着いて、オーストラリアのバオバブの祖先になったのかもしれない。

ワナという超大陸の一部であり、マダガスカルがその中心に位置していた。そのことと、バオバブの多様性がマダガスカルで最大であることから、この植物はゴンドワナ超大陸の時代にそこで進化したものが、超大陸の分裂に伴っていくつかの大陸や島に分かれたことにより、いろいろな系統に分化したものと考えられてきた。

しかし、超大陸の分裂は1億年よりもはるか以前に起ったことであり、それに対してバオバブ属の分化は、2300万年前から始まる中新世に入ってからであることが明らかになってきた[6]。

図10に、分子系統学から明らかになったバオバブの系統樹を示す。

バオバブ属は、いわゆる双子葉植物の中で、単子葉植物と分かれる前の系統を除いたものから構成される真正双子葉植物（Eudicots）の中の一つのグループである。

この図で示した分岐の時間スケールはまだ確かなものではないが、バオバブ属は、およそ1億年あまり前の白亜紀から始まったと考えられる真正双子葉植物の中から進化したたくさんの目の一つであるアオイ目に属し、その中の一つの科であるアオイ科、さらにアオイ科のたくさんの属の中の一つに過ぎない。

そのようなバオバブ属のもつ進化の時間スケールが、大陸移動がかかわるほど古いものになるはずはないのである。

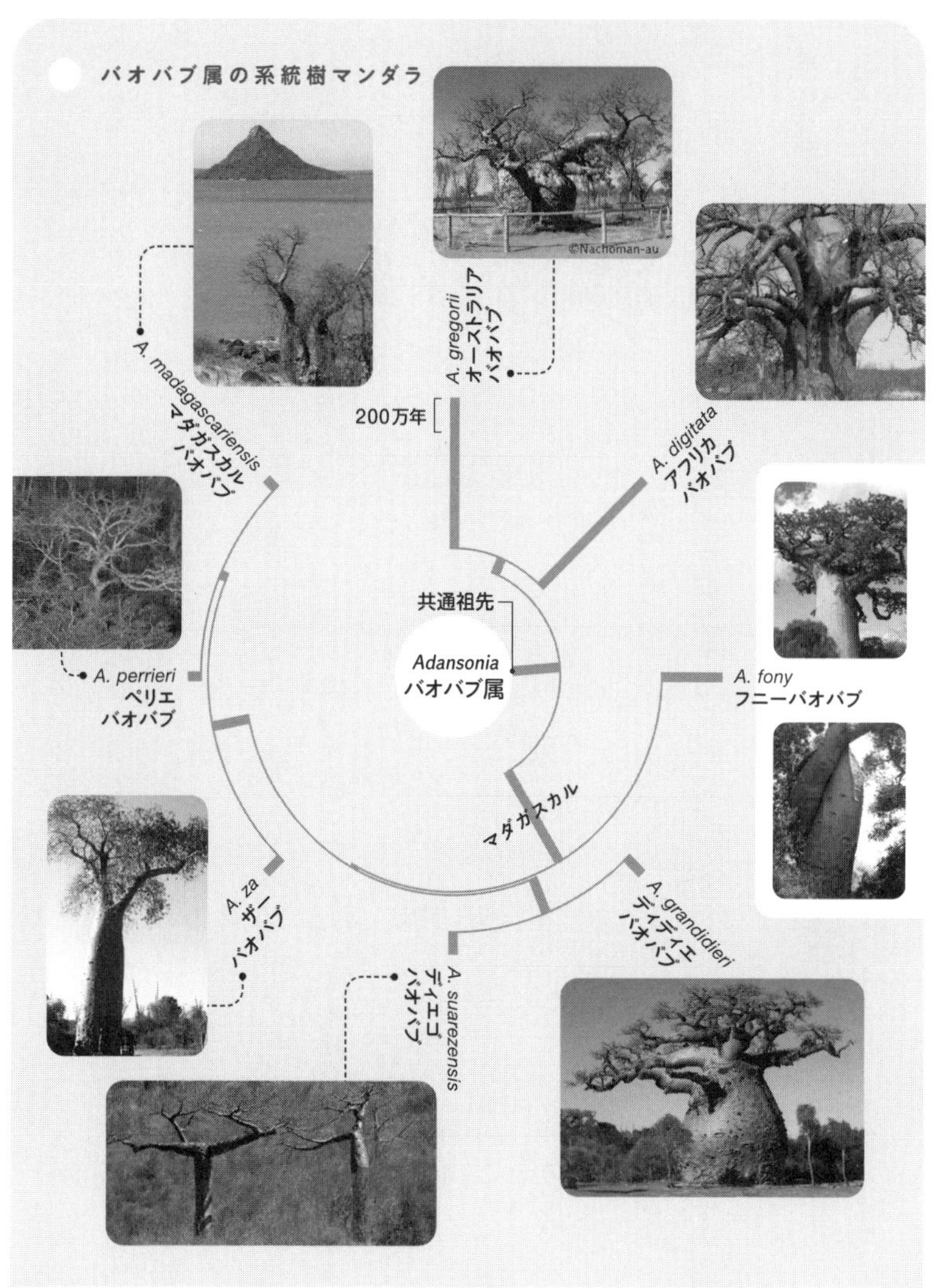

図10）バオバブの系統樹マンダラ。分岐の順番とおよその年代は、文献（7・8）による。スケールは200万年。

ほかの地域に比べてマダガスカルでバオバブの種類が多いことは確かであるが、図10によると、マダガスカルのバオバブは系統的に一つのグループをつくっていて、多様化が起ったのは、マダガスカルとアフリカやオーストラリアの系統が分かれた後のことなのである。

この3つの系統の祖先種がどこで進化したのかは不明である。マダガスカルで進化したものが、アフリカやオーストラリアに渡ったのかもしれない。その場合でも、マダガスカルの現生種6種の系統はその後に生まれたことになる。

もともとアフリカで進化したバオバブが、マダガスカルやオーストラリアに渡った可能性も否定できない。いずれにしても、バオバブが進化した時代には、すでにこの3つの地域は海で隔てられていたので、果実が海流に乗って漂着することによって分布が広がったと考えられる。

このように海流は、生き物が分布を広げるうえで重要な役割を果たす。しかし、植物と違って泳げない動物の場合は、漂着が成功するためには、さらに大きな障壁があるのだ。

浮島に乗った漂着

先ほど、マダガスカルの巨鳥エピオルニスの完全な卵がオーストラリアの海岸まで流れ着いたという話をした。エピオルニスの卵の殻は厚さが3〜4ミリメートルもあるので、壊れないで漂着することは可能かもしれないが、それでも生きた卵が長期間の漂流に耐えられるとは考えにくい。

動物の漂着の方法としていちばん可能性が高いのは、生きた成体が海を渡ることであるが、漂流中の食料の問題を考えると、泳ぐことのできない動物の漂着が成功するためには、植物の果実よりも一段と高い障壁がある。

図11）ⓐ 尾瀬湿原の池塘で見られる浮島。ⓑ 浮島はこのように枯れた草が絡まりあってできている。

流木などに乗って漂流することも可能だが、漂流中の食料問題がネックになるのだ。そこで海を渡るための乗り物として注目されるのが浮島である[9]。冬眠をする動物であれば、食料なしで長期間の漂流に耐えることも可能かもしれないが、それでも流木よりは浮島のほうが乗り物としては適しているだろう。

浮島は図11aのように、日本でも尾瀬湿原の池塘（ちとう）など各地で見られる。これは固定した島ではなく、枯れた草が絡まりあってできているもので、名前からわかるように水に浮いている（図11b）。したがって、洪水などで内陸の湖でできた浮島が海に流れ出てくることもある。

中には幅数十メートル、長さ数百メートルもあって、それに乗った動物の食料となる果実を実らせるような樹が生えているものもある。日本にはそんなに大きな浮島が海に流出できるような川はないが、大陸ならば実際にあるのだ。(10)

たまたまそのような浮島に乗ってしまった動物が海を漂流することになるわけだが、たいていは新天地にたどり着く前に、食料が尽きるなどして死んでしまったであろう。ところが、自然はこのような試行錯誤を延々と繰り返してきたのである。

例えば10年に一度の大雨で、動物を乗せた大きな浮島が海に流出したとする。このようなことが100万年にわたって繰り返されたとすると、10万回の漂流があったことになる。このようなたくさんの試行の中の1回でも新天地への漂着に成功したならば、その後の進化の歴史は大きく変わることになる。

このようなことは、動物進化の歴史上何回も起ったようである。その中でももっともびっくりするような移住が、およそ3500万年前に起ったと考えられる、アフリカから南アメリカへの新世界ザルの祖先の移住であった。

新世界ザルの起源

新世界の真猿類は広鼻猿類とも呼ばれている。これに対して旧世界、つまりアフリカとユーラシアの真猿類が狭鼻猿類である。ヒトもこの仲間である。図12は、現生の広鼻猿類の系統樹マンダラである。

新世界のサルはこのように系統的に一つのグループにまとまるが、そのことは彼らが一つの共通祖先から進化したことを意味する。ところが、その共通祖先はいったいどこから来たのであろうか。

すべての生物は進化的につながっているから、広鼻猿類の祖先をたどれば狭鼻猿類ともつながっているはずである。その共通祖先は地球上のどこにいたのか、という問題である。

南アメリカでは霊長類の古い化石は見つからないので、どこかほかの大陸からやってきたはずである。

最初は広鼻猿類の祖先は北アメリカからやってきたのではないかと考えられた。北ア

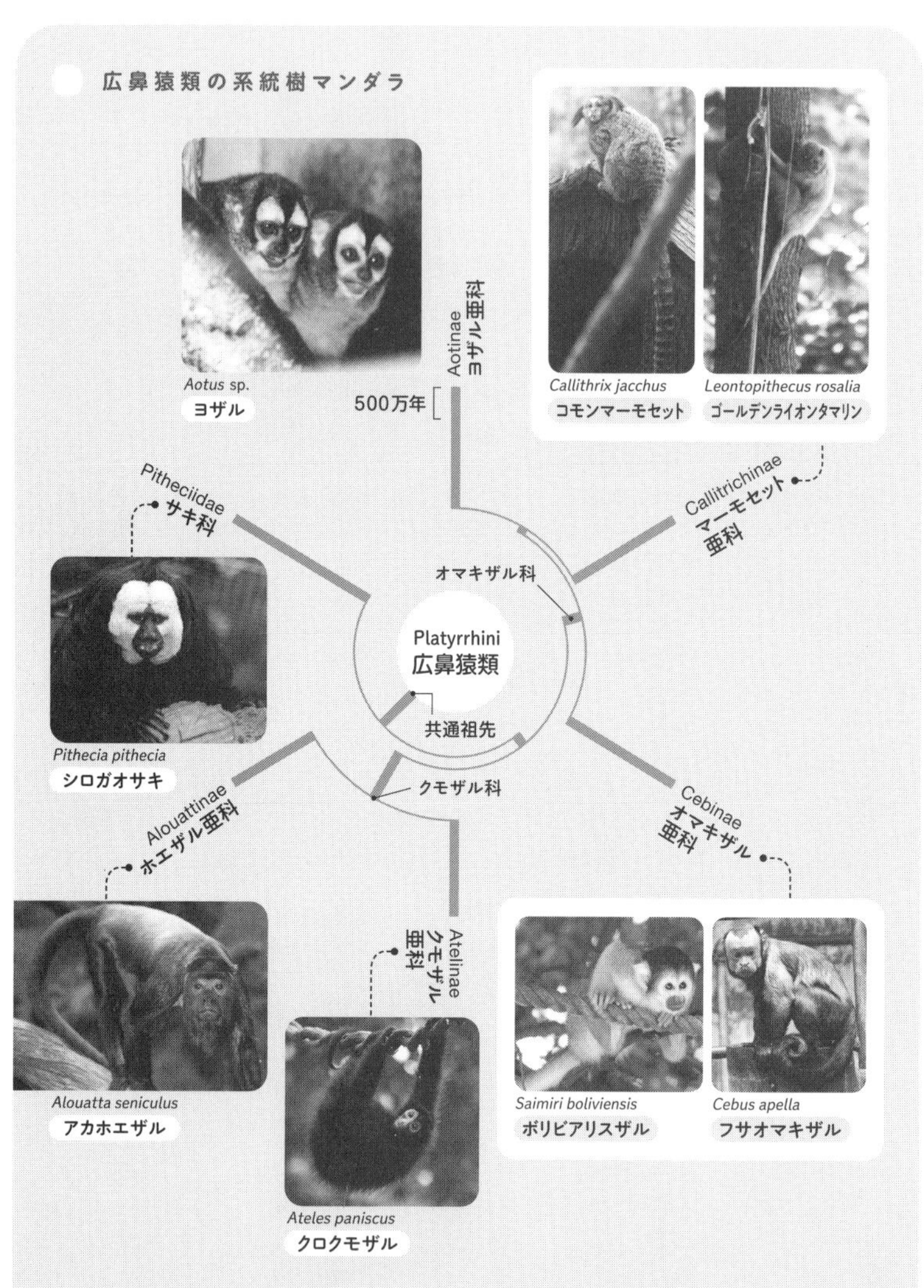

図12）南アメリカの新世界ザル（広鼻猿類）の系統樹マンダラ。分岐の順番と年代は文献(11)による。スケールは500万年。図の中心に示した「共通祖先」は、アフリカから海を越えて新世界にやってきたものであり、これからすべての広鼻猿類が進化した。図の中で、ゴールデンライオンタマリンの写真は、1989年7月1日、アメリカ・ワシントンDCのスミソニアン国立動物園で撮影したもの。この種は一時野生個体が200頭にまで減少し、絶滅が危ぶまれたが、この動物園では繁殖させて野生に戻す取り組みを続けている。サルは園内をこのように自由に行動できるようになっていた(12)。

メリカと南アメリカとは、およそ300万年前にパナマ地峡で陸続きになるまでは、離れた大陸であった。

南アメリカにいちばん近い大陸は、北アメリカと南極であるが、広鼻猿類が進化した頃には南極はすでに氷の大陸になっており、南極大陸経由は考えられない。

一方、北アメリカは離れているとはいっても、そこから漂着などでたどり着いた可能性はあるだろう。チャールズ・ダーウィンがビーグル号で南アメリカのパタゴニアを調査した際に、その化石を発見したマクラオケニアという絶滅哺乳類がいた。

ダーウィンはこの動物を、ラクダのような長い首をもった巨獣であると表現しており、同じく南アメリカに生息するグアナコやラマに近縁ではないかと考えたが、[13]この動物が系統的にどのようなところに位置するかは不明であった。

この動物は滑距目(かっきょ)(Litopterna)に分類されているが、およそ700万~2万年前に南アメリカに生息していた。最近、絶滅動物のDNAを調べる古代DNA解析により、この動物がウマ、サイ、バクなど奇蹄目に近縁であることが示された。[14]

メスが胎盤をもった哺乳類である真獣類の中で、食肉目(イヌ、クマ、ネコ)、鱗甲目(センザンコウ)、奇蹄目(ウマ、サイ、バク)は系統的にまとまったグループをつくる。この中には、イヌ、ネコ、ウマなど、ヒトが昔から家畜化して友達として接してきた動物が多く含まれることから、「友獣類（Zooamata）」という[16]。

Zooamataはギリシャ語の「動物（zoo）」とラテン語の「友達（amata）」からきている。

図13がマクラオケニアを含めた友獣類の系統樹マンダラであるが、マクラオケニアは奇蹄目に属することがわかる。友獣類や鯨偶蹄目はもともと北半球の大陸で進化したものであり、南アメリカには生息していなかった。

グアナコやラマなど南アメリカの鯨偶蹄目ラクダ科の動物は、およそ300万年前に北アメリカと陸続きになったあとで、北からやってきたものであることがわかっている。しかし、マクラオケニアは陸続きになる前のおよそ700万年前から南アメリカにいたのである。それが奇蹄目に近縁だということは、マクラオケニアの祖先は、北アメリカからパナマ海峡を渡ってやってきたと考えざるを得ない。これは、浮島などに乗った漂着だったであろう。

ところが同じように、広鼻猿類の祖先が北アメリカからやってきたと考えることはできないのだ。なぜならば、北アメリカからは広鼻猿類の祖先になりそうな霊長類の化石がまったく見つからないのである。

一方、南アメリカからはるかに離れたアフリカのエジプトで、広鼻猿類の祖先になり得ると思われる霊長類の化石が見つかったのだ。そのようなことから、広鼻猿類の祖先

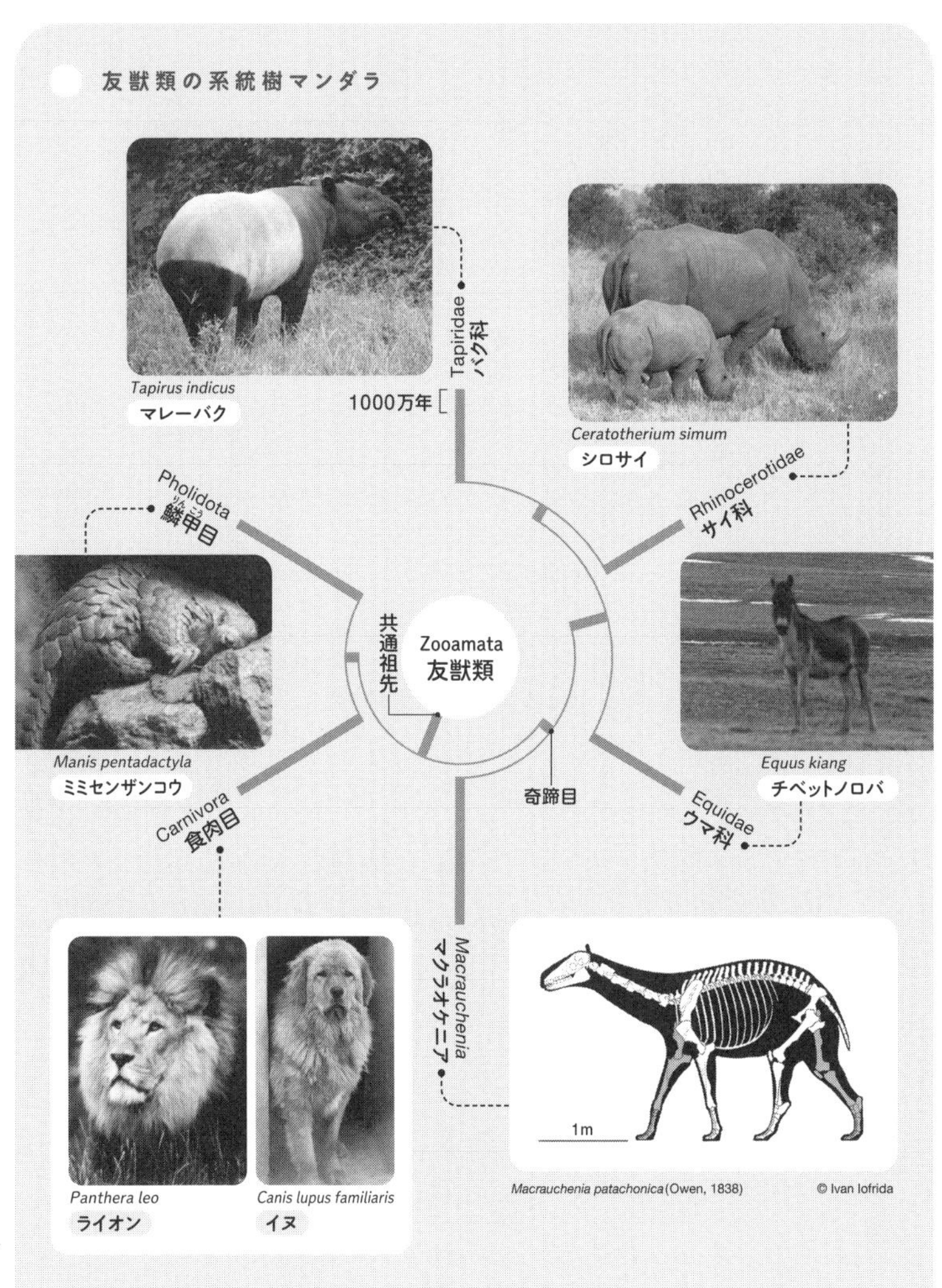

図13）南アメリカの絶滅哺乳類マクラオケニアを含めた友獣類の系統樹マンダラ。分岐の順番と年代は文献（14・15）による。スケールは1000万年。以前は鼻孔の位置からマクラオケニアはバクのように長い鼻をもっていたと考えられたが、現在は否定されている。

はアフリカから大西洋を渡って南アメリカにやってきたものに違いないと考えられるようになったのである。

これはとんでもなくありそうもないことに思われるかもしれないが、そのようなことが起る蓋然性を高める要素が2つある。

一つは、アフリカと南アメリカを隔てる距離が、およそ3500万年前は現在よりも短かったということである。ゴンドワナ超大陸分裂の一環として、およそ1億500万年前にアフリカと南アメリカが分かれて、大西洋が生まれた。

その後、大西洋がだんだんと広がって、現在のようになるわけだが、広鼻猿類の祖先がおよそ3500万年前にアフリカから南アメリカに渡ってきたのだとすると、その頃の2つの大陸の距離は現在の半分程度だったと考えられる（図14）。

次に重要なのは海流の方向である。4―④・図3（261ページ）に現在の世界の主要な海流を示した。

赤道付近では、アフリカから南アメリカに向けた海流があることがわかる。もちろん、海流は周りの陸地の配置やさまざまな要因によって変化するが、およそ3500万年前にも似たような流れが存在した可能性がある。

それに関連して、もう一つ重要なことがある。それは、同じ南アメリカのげっ歯目・

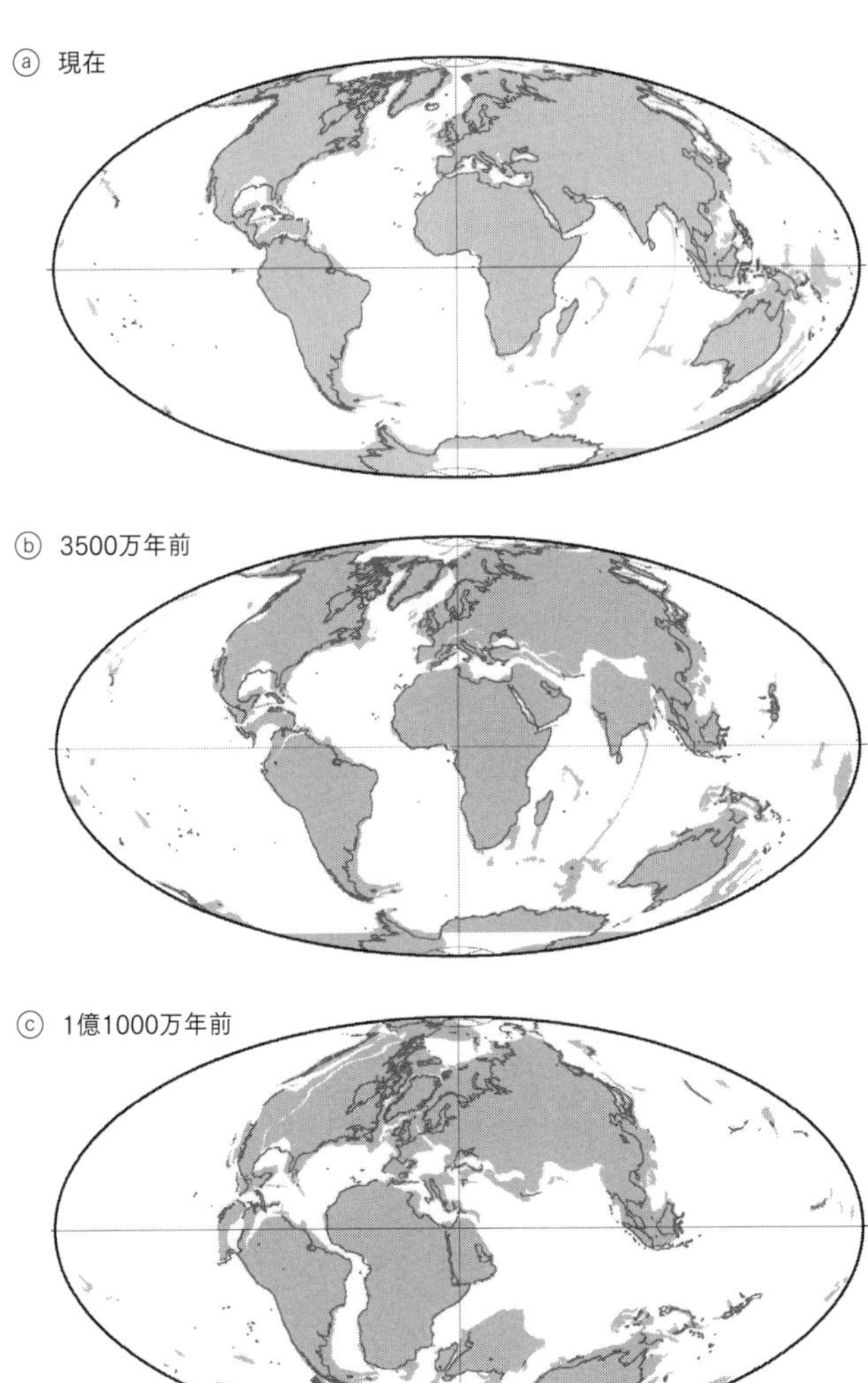

図14）古地図。プレートのかたちと現在の海岸線（実線）を示す。

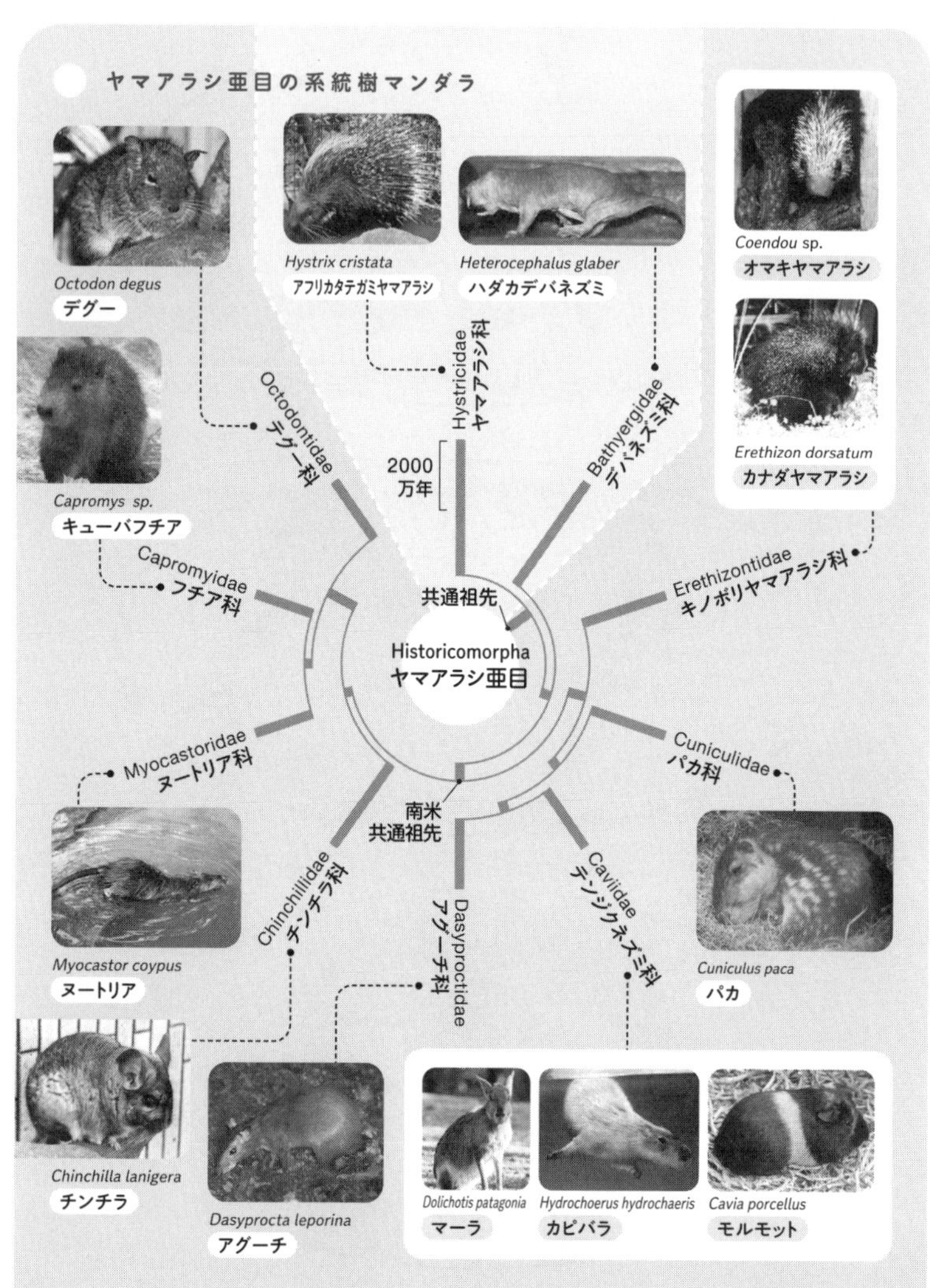

図15）ヤマアラシ亜目の系統樹マンダラ。分岐の順番と年代は文献(17)による。スケールは2000万年。背景が濃い色の部分は、新世界ヤマアラシとも呼ばれるテンジクネズミ上科。このグループは南アメリカで生まれたが、およそ300万年前に北アメリカと陸続きになったあと、北に進出したカナダヤマアラシのようなものもいる。

ヤマアラシ亜目・テンジクネズミ上科の動物である。

図15に示すように、これらの動物は系統的にまとまったグループであり、これらにいちばん近い動物は、アフリカのハダカデバネズミの仲間である。しかもアフリカの親戚と分かれたのが、新世界ザルと旧世界ザルの分岐と同じくおよそ3500万年前と推定されるのだ。

もしかしたら、テンジクネズミ上科の祖先は、新世界ザルの祖先と同じ浮島に乗って、アフリカから南アメリカにやってきたのかもしれない。

あらゆる新世界ザルとテンジクネズミ上科がそれぞれ一つの共通祖先から進化したことを考えると、その祖先の漂着がたまたま成功したことが、その後の南アメリカにおける進化の歴史を大きく変えてしまったことがわかる。

ところで、マクラオケニアなど南アメリカの多くの絶滅哺乳類の化石を発見したダーウィンは、『ビーグル号航海記』の中で次のように述べている。

> 近年、ルントとクラウゼン両氏がブラジルの洞窟からヨーロッパに運びこんだ大コレクションである。…この絶滅種数は、現生の種数よりもずっと多い。化石種のアリクイ、アルマジロ、バク、ペッカリー、グアナコ、オポッサム、数多くの南アメリカ産齧歯類とサル類、

そのほかである。同一の大陸で見られる絶滅種と現生種にかかわるこの驚くべきつながりは、将来、地球の生物の出現と消滅の問題に対し、ほかのどのような事実資料よりも多くの光を投げかけてくれるものと、わたくしは確信している。

チャールズ・ダーウィン（1845）[13]

ダーウィンは1859年に『種の起原』を出版して彼の進化理論を公表するよりもはるか以前から、種のあいだの進化的なつながりをはっきりと意識していたのである。新世界ザルの祖先がアフリカからやってきたことを直接証明する証拠はないが、現在のところそれ以外に考えようがないのだ。

あり得ないことを取り除いていって残った可能性は、たとえそれが信じ難いことに見えても受け入れざるを得ない。

マクラオケニアの祖先が北アメリカから海を渡ってやってきたように、新世界ザルの祖先はもっと遠いアフリカから同じく海を渡ってやってきたのである。

4-5

生き物たちの進化を捉える――多面的なものの見方のススメ

ハクセキレイとセグロセキレイ

ハクセキレイ（図1）は、日本ではもともと北海道だけに分布していたのだが、20世紀半ば頃から本州に進出し、現在は日本中に分布を広げている。

図1）ハクセキレイ（*Motacilla alba lugens*）。2021年11月4日13時6分、高松市のため池にて。

図2）図1のハクセキレイを追い払ったあと、その場所で餌をとるセグロセキレイ（*Motacilla grandis*）。2021年11月4日13時11分、高松市にて。

本州や四国、九州にはもとからセグロセキレイ（図2）という別種がいた。セグロセキレイは英語では「Japanese wagtail」と呼ばれる日本の固有種で、一方のハクセキレイは大陸に分布するものの亜種である。

この2種はどちらも水場にいることが多いが、出会

図3）セグロセキレイ（左）に追われて逃げるハクセキレイ（右）。2021年11月28日、高松市のため池にて。

うとほとんどの場合、新参者のハクセキレイのほうが追い払われる（図３）。

図１と図２は、図３とは別の日に撮った写真であるが、図１のハクセキレイをセグロセキレイが追い払って（その瞬間はうまく写真が撮れなかった）、その後、図２のように魚を捕っていた。

このような場面に遭遇するたびに私は、われわれホモ・サピエンスの祖先が長らく進化の舞台であったアフリカからユーラシアに進出した際に、その地の先住民だったネアンデルタール人に出会った場面を想像する。

ネアンデルタール人は氷河期の過酷な気候に耐えながら大型哺乳類の狩りをしていた。

彼らはホモ・サピエンスよりも背は低かったが、がっしりした体格だったので、両種が出会ったらホモ・サピエンスのほうが追い払われていたと思われる。

栃木県宇都宮市で１９８０年代に行なわれた調査[1]では、セグロセキレイのオスがハクセキレイ（オス・メス問わず）に水場で出会った７０８例の１００パーセント、ハクセキレイが追い払われたという。

セグロセキレイのメスがハクセキレイのメスと出会った57例でも１００パーセント、ハクセキレイが追い払われた。

ただ、セグロセキレイのメスがハクセキレイのオスと出会った１０５例では、そのうち99例でハクセキレイのオスが追い払われたが、６例ではかろうじてハクセキレイのオスがセグロセキレイのメスを追い払ったという。しかしこの６例は特定の個体間で行なわれたものだけであった。

セグロセキレイとハクセキレイとはからだの大きさはほとんど変わらないので、なぜかはわからないが、セグロセキレイのほうが圧倒的に強いのである。

ただし、ハクセキレイは水場でいちばん弱い立場にあるわけではなく、自分よりも少しからだが小さなキセキレイは追い払う（図４）。

図4）ハクセキレイ（右）に追われるキセキレイ（*Motacilla cinerea*,左）。2022年2月14日、高松市内の用水路にて。

水場で直接出会った場合にはハクセキレイはセグロセキレイよりも弱く、追い払われる立場であるが、近年は分布を広げて個体数も増やしている。

一方、セグロセキレイのほうは、都市化で水場が減少したことによって数が減っているようである。あまり水場にこだわらない生き方のおかげで、ハクセキレイは数を増やしているようなのである。

「負けるが勝ち」ということわざがあるが、ハクセキレイは生き方を限定しない柔軟さのおかげで、無用な争いを避けることができているように思われる。

ハクセキレイはセグロセキレイに水場を追われても、ほかの場所で餌を採り、セグロセキレイがいない頃合いを見計らって戻ってきて、ある程度そこで餌を採ったあとでまた追い払われるということを繰り返す。

追われてもほかで生きるすべを身につけていて、あまり実質的な被害を受けているようには見えない。ハクセキレイは、柔軟なしたたかさをもっているように思われる。

ハクセキレイのオスはセグロセキレイのメスよりもからだは大きいが、例外的な数例を除いて、たいていは追い払われる。その場合、本格的な争いになることはなく、相手が攻撃のそぶりを見せるだけで逃げ出す。このようなことは、2種のあいだの力の差というよりは、性格の違いからきているのかもしれない。

タカ目のトビがカラスに追われて逃げる姿を見たことのあるひとは多いであろう。

カラスに比べてはるかに大きなトビが、一対一であってもなぜ反撃しないで逃げまどうのだろうと思うかもしれない。

鳥類の生態に関してはまったくの素人である私の想像であるが、敢えて立ち向かってけがを負うリスクを回避しているのだと思われる。野生の鳥は少しでも傷を負ってしまったら、致命的である。

ハクセキレイがセグロセキレイに追い払われるのは、ほとんどの場合、水場においてである。ハクセキレイは水場にこだわらない柔軟な生き方をしているので、敢えてセグロセキレイに立ち向かって水場のなわばりを守るメリットがないのかもしれない。そのために、水場が減った都会の環境でハクセキレイは繁栄しているように思われる。

図5) セグロセキレイ(左)を追い払うハクセキレイ(右)。2022年1月1日、高松市内の休耕田にて。

ところで、水場以外では逆に、セグロセキレイがハクセキレイに追い払われることもある（図5）。

ネアンデルタール人がなぜ絶滅したのかは謎であるが、セグロセキレイとハクセキレイの例からもわかるように、強いほうが必ずしも生き残って繁栄するとは限らない。弱いなりに柔軟な生き方を採るほうが繁栄することもあるのだ[2]。

ネアンデルタール人とホモ・サピエンス

ネアンデルタール人はおよそ30万年前にユーラシアに進出したが、その分布の中心はヨーロッパと西アジアに限られた。

同じ祖先から分かれてアフリカで進化した現生人類ホモ・サピエンスは、6万年前に遅れてユーラシアにやってきた。

最近ネアンデルタール人が中央アジア以東にまで分布していたことが明らかになったが[3]、ホモ・サピエンスの拡散速度には遠く及ばない。ユーラシアにやってきたホモ・サピエンスは瞬く間にユーラシア全域に広まり、オーストラリア、北アメリカ、南アメリカにまで分布を広げた。

1章（1―②・図1、47ページ）で紹介した、アフリカからユーラシアへの入り口にあたる「肥沃な三日月地帯」で、われわれの祖先はネアンデルタール人と最初に出会ったと思われる。

この2者がどのように違っていたかということは、非常に興味深い問題である。心理学者の内田伸子は、社会性発達の仕方が違っていたと考えている。[4] それは「対人・対物システム（気質）」の違いだという。

ネアンデルタール人は、モノに興味があるタイプであり、ホモ・サピエンスは人間関係に敏感な気質をもっているという。

ネアンデルタール人にも言語はあったと考えられるが、ホモ・サピエンスは言葉を通じて文化を伝承する仕組みをつくり上げた。その言葉は高度な象徴機能をもつものであり、それによって文明社会がつくられた。

しかし、違った文明を排斥する傾向が同時に生まれ、特に農耕社会がつくられて以降は、戦争が絶えることはなかった。

ホモ・サピエンスは環境にあわせて多様なものを食べていたが、ネアンデルタール人が食べるものは大型草食獣の肉が主体で、気候変動があってもあまり変わらなかったという。[5]

温暖なイベリア半島にいたネアンデルタール人は、ドングリ、ベリー、オリーブ、さらに海の食物なども利用できたはずなのに、肉が主体の食事にこだわっていたという。

ヒトの目がほかの霊長類と異なる特徴として、瞳孔と虹彩を囲む白い強膜（いわゆる白目）が挙げられる[6]（図6）。

チンパンジーなどほかの霊長類の強膜は暗色なので、ほかの個体に視線方向を悟られにくい。ヒトには白い強膜に囲まれて瞳があるので、視線の方向が遠くからもわかる。このような特徴は、目で合図を送るのに役立つ。チンパンジーでも白い強膜の変異個体が現れることがあるが、集団に広まることはない。

一方、イヌ科動物のなかで、オオカミのように群れで狩りをする種は、たいていヒトと同じように、瞳孔とそのまわりとのコントラストが強くなっているという[7]（図7）。

図6）ⓐヒトとⓑチンパンジーの目の比較。ヒトでは色のついた瞳孔と虹彩を囲む強膜が白いが（いわゆる白目）、ほかの霊長類では色がついている。白目だと虹彩や瞳孔とのあいだのコントラストが強く、視線の方向がよくわかる。

図7）ハイイロオオカミ（*Canis lupus*）。

多面的なものの見方

生き物たちの進化を捉えるには多面的な見方が必要である。進化の研究は「進化論」ではなく「進化学」でなくてはならない、という考えがある。

確かに証拠こそ科学の基礎であり、これにもとづかない思弁的な議論は無益だが、証拠の羅列だけでは進化を理解したことにはならない。証拠を統合する「議論」や「解釈」が重要である。

『昆虫記』で有名なジャン・アンリ・ファーブル（1823～1915年）は、次のような言葉を遺している[9]。

> 事実の堆積は科学ではない。それは無味乾燥な目録だ。魂の炉で、それを温め、それに生命を与えなければならない。それに観念を加え、理性の光を加えなければならぬ。そしてそれを解釈しなければならないのである。

ファーブルは、同時代のチャールズ・ダーウィンの進化論には批判的だったといわれているが、ダーウィンの『種の起原』[10]も、膨大な証拠にもとづいた議論が主体の書である。

ダーウィンは、一見関係がないと思われるさまざまな事実のあいだに関連性を見出し、壮大な「進化論」を展開しているのだ。

個々の事実の積み重ねだけではなく、それら（部分）を全体のなかで位置づける努力をしている。

「木を見て森を見ず」という言葉があるが、部分である「木」だけしか見ないのは困るが、全体である「森」だけを見て細部にこだわらないのも困るのだ。「神は細部に宿る」という言葉が示すように、細部に本質的なものが隠されていることがある。一つのものをいろいろな面から見るという多面的なものの見方が大事だということであろう。

本書の一貫したテーマである生物の進化を理解するためには、まさに多面的な見方が必須であろう。

4-⑥ 思い出に残る生き物たち ― 出会いと別れ

最後のヨウスコウカワイルカ

本書の最後に、私自身の思い出に残る生き物たちを紹介することにする。ヨウスコウカワイルカのチチは、絶滅してしまった種のなかで、知られている限りでは最後の個体ということで、とりわけ思い出に残るものであった。

私が最初に中国を訪ねたのは、1999年の3月であった。

目的は、武漢にある中国科学院の水生生物研究所に飼育されていたヨウスコウカワイルカの血液サンプルを入手するためであった。

図1）ヨウスコウカワイルカ（*Lipotes vexillifer*）の知られている最後の個体、チチ。1999年3月29日、武漢にある中国科学院水生生物研究所にて。

図2）図1と同じ、ヨウスコウカワイルカの知られている最後の個体、チチ。2000年10月25日、中国科学院水生生物研究所にて。

当時、東京工業大学におられた岡田典弘さんらのグループがクジラの起源と進化に関する研究を進めており、その共同研究者として同行した。

水生生物研究所に飼育されていたのは、チチという名前のオスだった。チチはまだ幼かった１９８０年に揚子江で船に衝突して大けがをしたところを保護されて、武漢の研究所で飼育されていたのである。

研究所では月に１回、水槽の水を抜いて掃除をするが、図１はその時の写真である。その際、尾鰭付近から血液を採取した。翌年にも研究所を訪れる機会があり、チチに会ったが（図２）、それが最後だった。

２００４年にチチは亡くなり、その後も野生のヨウスコウカワイルカを見たという元漁師の証言はあるものの、確実な目撃例は報告されていない。

２００６年に揚子江流域の大規模な調査が行なわれたが、ヨウスコウカワイルカを見つけることはできなかったことから、翌年に絶滅宣言が出された。[3・4]

このようなヨウスコウカワイルカであったが、１９９９年時点でのわれわれの研究の関心は、カワイルカの進化であった。

カワイルカには、ヨウスコウカワイルカ以外に南アメリカのアマゾンカワイルカ（アマゾンカワイルカ科には、これと近縁で河口を含む沿岸にも生息するラプラタカワイルカもいる）と、ガンジスカワイルカ（インドカワイルカ科）の3つの系統がある（図3）。

図3の写真からもわかるように、これらはいずれも非常に長い口吻をもつ。また目は非常に小さい。長い口吻は魚を捕らえるのに便利な構造であり、目が小さいのは、これらのカワイルカが生息する川の水はいずれも濁っていて、視覚はあまり役に立たないか

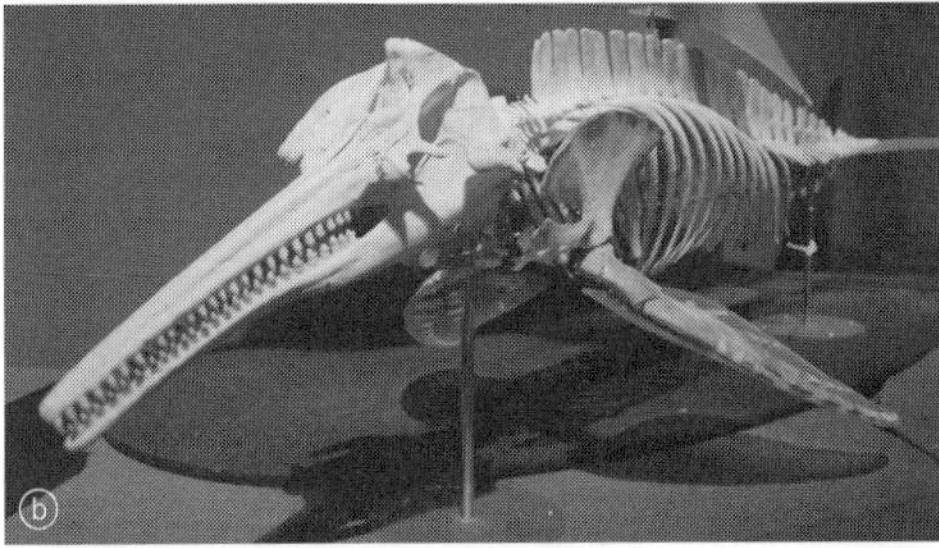

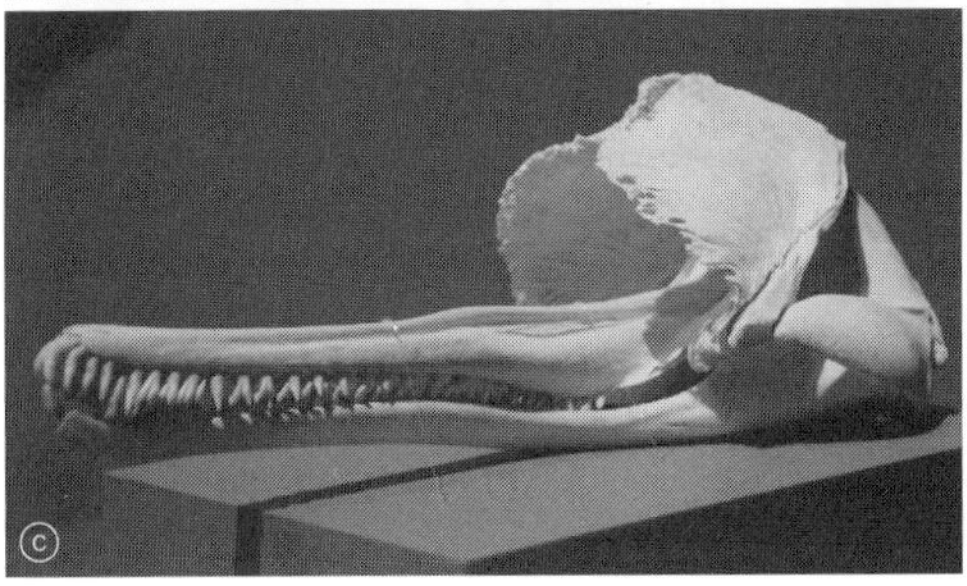

図3）カワイルカの3種。ⓐヨウスコウカワイルカは知られている最後の個体、チチ。1999年3月29日、武漢の中国科学院水生生物研究所にて。定期的に水槽を掃除するためにこのような状態になる。その機会にDNA解析のための血液サンプルを採取させていただいた。歯クジラ類の特徴である頭の上に鼻の穴が1つだけある。ⓑアマゾンカワイルカ。ⓒガンジスカワイルカ。

らだと思われる。

これらのカワイルカが進化的にどのような関係にあるかに興味があり、ＤＮＡの解析をしたわけであるが、結論は口絵12に示したように、ヨウスコウカワイルカとアマゾンカワイルカは姉妹群の関係にあるが、インドカワイルカは独立に淡水に適応したことが明らかになった。

ヨウスコウカワイルカとアマゾンカワイルカが近縁であることから、共通祖先がすでにカワイルカとして淡水に適応していた可能性が考えられるが、そうだとすると、南アメリカと中国のあいだをどのように移動したのかという問題が生じる。ラプラタカワイルカは沿岸にも生息するので、沿岸に沿って移動できた可能性がある（移動の方向は不明だが）。

ヨウスコウカワイルカとアマゾンカワイルカが分かれたのは今から２４００万年前と推定されるが、その頃のアマゾン川は現在のように大西洋に流れ込んでいたのではなく、太平洋とつながっていた。

その後に起こったアンデスの造山運動により、行き場を失った水が大西洋に流れるようになり、現在のアマゾン川が形成されたわけである[5]。

このように、カワイルカの進化の初期には、太平洋沿岸に沿って南アメリカの古アマゾンと中国の揚子江を結ぶルートが可能だった。実際に、北アメリカのカリフォルニア沿岸で1000万年前のカワイルカの化石が見つかっており、岩手県の平泉町ではおよそ400万年前のラプラタカワイルカに似た化石が見つかっている[6]。

チベット高原で出会ったチルー

チルー（*Pantholops hodgsonii*）は別名「チベットアンテロープ」とも呼ばれる。アンテロープは、ウシ科の中でウシ族やヤギ亜科に分類されないものの総称として使われることが多いが、チルーはヤギ亜科に属する。外見的にアフリカのアンテロープに似ていることからつけられたのである。

20世紀初頭にチベットを訪れたイギリスの探検家セシル・ローリング（1870～1917年）は、チルーの群れに遭遇した場面を綴っている[7]。

母と子の大きな群れで、草を食べながらゆっくりと移動していたが、広大なチベット高原の見える範囲に途切れることなくその群れは続いていた。そのとき一度に見えたチルーの個体数は1万5000～2万頭を下らないだろうという。

チベットでの森林限界は標高およそ4000メートルあたりだが、チルーが生息するのはおもに森林限界を超えた、木が一本も生えないところである。

図4）チルーのオス（左下）。オスは長くまっすぐに伸びた特異な角をもつ。2013年9月14日、中国青海省ココシリにて。

このような過酷に見えるチベットの環境が、これだけのたくさんの動物を養えるのである。

2章（2－④、151ページ）で、森林ではリグニンを多く含む樹木の分解が遅いために物質循環の速度が低く、一方、サバンナの植物の主体である草にはリグニンはあまり含まれないために、サバンナの生態系は膨大な数の哺乳類を養うことができるという話をした。チベットの草原もこの意味では、アフリカのサバンナに似ているのである。

セシル・ローリングの綴った場面を頭に描いていた私は、いつかこの動物に出会いたいものだと思っていた。

ようやく2006年にその機会がやってきた。この年に中国青海省のココシリ自然保護区を訪れた際のことである。

季節は6月だというのにその日は雪が降っていて、少し積もっていた。われわれのい

図5）チルーのオスの幼獣。2006年6月19日、中国青海省ココシリ自然保護区の野生動物保護センターにて。海抜およそ4600m。このような姿勢は、オオカミなどの天敵に見つかりにくくするのに有効と考えられる。

た少し上のほうで、チルーのメスの群れが移動している場面に遭遇したのである（2－②・図7、138ページ）。

一年の大半の期間、チルーのオスとメスは別々に暮らす。図4は、オスのチルーが単独でいた場面である。図5は、チルーのオスの幼獣であるが、この個体に関しては悲しい逸話がある。[8]

実はこの写真の幼獣は、母親が密猟者によって殺されたために、野生動物保護センターに保護されていたのである。過酷な環境に棲むチルーの上質な毛皮は高値で取引されるため、密猟が絶えないのである。

この施設で成長したあと、野生に放されたが、ヒトに育てられたためチルー集団内のルールが身についていなかったものと思われる。オス同士の闘いのルールがわからず、別のオスの角に刺されて死んだという。

保護された動物を野生に復帰させるのは、簡単ではないのだ。

セシル・ローリングの紀行記には、次のような記述もある。

「チルーは暖かな日差しを嫌い、晴れた日には近くに水があれば、凍るような水の中で何時間もからだを冷やす。」

チルーが過ごすチベット高原の冬の寒さは過酷だが、彼らはそれに耐えられるし、ローリングの目には、彼らは過酷な環境を好んでいるように見えたのだ。

チベットの首都ラサに小さな動物園があるが、そこにはチルーは飼われていない。本当かどうかわからないが、チルーにとってラサは標高が低すぎるのだという。ちなみにラサの標高はおよそ3700メートルである。ほぼ富士山の頂上に相当し、高山病に弱い私は行くたびに最初の1日は休養が必要であるが、チルーはこれよりも標高のはるかに高いところに生息しているのだ。

現在のチルーにとっての最大の天敵は、高価な毛皮目当てのヒトによる密猟であるが、それ以外の天敵はオオカミくらいだと思われる。オオカミは標高5300メートルくらいまで上るので[9]、チルーにとっては無視できない天敵であろう。

ただし、木の生えない見晴らしのよい草原で、たいてい群れをつくって暮らすチルーにとっては、被害にあっても最小限にとどまる。また低酸素に適応したチルーがもっと標高の高いところに逃げ込めば助かるであろう。

スマトラオランウータン

私はそれまで野生の大型類人猿に出会ったことがなかったが、2010年、インドネシア・スマトラ島北部のグヌン・ルセル国立公園で、はじめてその機会が訪れた。その直前、山道で転んで眼鏡を壊してしまっていた。「オランウータンだ！」という案内の人の声で、カメラを向けて夢中で何枚か撮ったうちの一枚が図6である。

眼鏡をかけていなかったので、そのときはぼんやりとしか見えなかったが、自動焦点カメラのおかげでなんとか撮影できたのである。この母子は、スマトラオランウータン（*Pongo abelii*）である。

現生のオランウータンはこのスマトラのものと、ボルネオ島のボルネオオランウータン（*Pongo pygmaeus*）の2種に分類されていた。ところがその後、2017年になって、この森のわずか100キロメートル南の同じ北スマトラで新種のオランウータンが発見された[10]。

遺伝的にも形態的にも、これまで知られていた種とははっきりと異なるのであ

図6）スマトラオランウータン（*Pongo abelii*）の母子。2010年2月7日、スマトラ島グヌン・ルセル国立公園にて。

る。大型類人猿の新種が発見されたのは、1929年のボノボ（かつてピグミーチンパンジーと呼ばれた）発見以来のことであり、この新種は「タパヌリオランウータン（*Pongo tapanuliensis*）」と名づけられた。

2010年に訪れてスマトラオランウータンの母子に出会ったグヌン・ルセル国立公園からわずか100キロメートルしか離れていない場所で新種が見つかったことを知り、あのときに行っておけばよかったという思いであった。たとえ遭遇できたとしても、私には新種だと気づくことはできなかったであろうが。

タパヌリオランウータンはバタントルという標高の高い森林地帯に生息していて、個体数はわずか800頭で、絶滅が危惧される。

最近この生息域である国の援助で大規模なダム建設の計画が進められており、大きな問題になっている[11]。

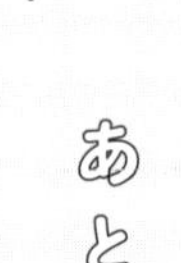

あとがき

本書では、進化にかかわるさまざまなテーマについて、21世紀の最新のデータにもとづいてさまざまな議論を展開した。

『種の起原』の壮大さに比べるとささやかな議論ではあるが、ダーウィン以降のおよそ150年間の生物学の研究成果の蓄積にもとづいたものである。

もしも読者の皆様のなかに、このような議論を楽しんでいただけた方がおられたとしたら、筆者として最高の喜びである。

私自身は生物学の正式な教育を受けた生物学者ではなく、大学では物理学を学んだものである。そのような経歴の持ち主がこのような本を書くようになった経緯を少し紹介させていただきたい。

子供の頃は昆虫少年だったので、もともと生物には興味があった。しかし、物質の根源を探求する素粒子論にも興味があったので、結局、大学では物理学科に進むことになった。

ところが、次第に興味の対象が生物に回帰していき、大学院では生物物理学を専攻した。物理学的な観点から生命現象の基本原理を究明することを目指すものである。大学院ではこの分野の研究をしたが、自分の研究が現実の生物に肉薄しているようには思えなかった。

現在では、生物物理学は生命現象の基本原理に迫る研究分野として目覚ましい発展を遂げているが、その頃の私にとっては少し物足りないものであった。

1970年に東京大学理学部生物化学科の助手になったが、そのときの教授だった野田春彦先生は、生命の起源の問題に興味をもち、日本で「生命の起原および進化学会」を立ち上げる活動をしておられたので、私もそのお手伝いをさせていただいたり、その分野の勉強をした。

その後、1975年に統計数理研究所の研究員になった。その頃からDNAの塩基配列データをもとに系統樹を推定する方法が現れ、この分野こそそれまで培ってきた数理的な能力と生物に対する興味を融合して、自分にもなにか貢献できそうな分野であると感じた。

そのような分子系統学の黎明期にこの分野に身を置くことができたのは幸いであった。21世紀に入り分子系統学は急速に発展し、生物学のあらゆる分野で大規模な系統樹解析が行なわれるようになってきた。

私の現役時代には、共同研究といっても数人の規模だったが、現在では数十人規模の組織で行なう研究が主流になってきた。こうなると、もはや私のようなものが出る幕はなくなり、そのような研究の成果を一般のひとに紹介する役回りを演じるようになってきた。

本書は、『進化の目で見る生き物たち』というタイトルで、2021年から翌年にかけて、ウェブマガジン「Web科学バー」で30回にわたって連載したものをまとめ、加筆したものである。

その間、河合久仁子さん、寺井洋平さん、瀬川高弘さん、米澤隆弘さん、呉佳齊さん、小宮輝之さん、矢野隆昭さん、小林彗人さんには、さまざまなことを教えていただいたり、画像を提供していただいたりした。また、杉浦千里作品保存会の増田美希さんと玉川大学教育博物館の柿崎博孝さんには、貴重な画像を提供していただいた。これらの方々にお礼申し上げます。

連載が継続中の2022年5月27日に、名古屋大学名誉教授の大澤省三先生が93歳で亡くなられた。本書でもたびたびお名前の出てきた先生であり、執筆中にもいろいろと教えていただいた。亡くなられる1か月ほど前にもメールでやりとりさせていただいたばかりだったので、訃報に接して呆然とした。

先生は15歳のとき、すでにガロアムシに関する論文を書いておられるので、私と同じ昆虫少年といっても、はるかに徹底しておられた。その後、分子生物学、分子進化学の草分けとして活躍された[1]。

10年ほど前に私が一般向けの動物進化の本を書いてお贈りしたところ、「長谷川さんもようやく生物学者の仲間入りをしましたね」と言われた。私にとっては最大限の賛辞であった。それまでは、分子系統学の方法論（DNAから系統樹を描くための技術）に関する専門家としか見なされていなかったのだ。

それ以降は、昆虫少年同士のようなお付き合いをさせていただいた。

本書を大澤省三先生に捧げます。

2023年9月　長谷川政美

(7) Rawling, C.G. (1905) “The Great Plateau; Being an Account of Exploration in Central Tibet, 1903, and of the Gartok Expedit”. Wentworth Press(2019復刻版).

(8) 長谷川政美(2011)『新図説 動物の起源と進化』八坂書房.

(9) Schaller, G.B. (1998) “Wildlife of the Tibetan Steppe”. Univ. Chicago Press.

(10) Nater, A., Mattle-Greminger, M.P., Nurcahyo, A., et al. (2017) Morphometric, behavioral, and genomic evidence for a new orangutan species. *Curr. Biol.* 27, 3487–3498.

(11) https://www.bbc.com/japanese/47465093

【 あとがき 】

(1) 大澤省三(2012)『虫から始まり虫で終わる－ある分子生物学・分子進化学者の辿った道のり』クバプロ.

【 4-⑤ 生き物たちの進化を捉える 】

(1) 平野敏明、樋口広芳(1986)「河川におけるセキレイ類の順位性」Jap. J. Ornithol. 35, 79-80.
(2) 長谷川政美・監修(2021)『激ヨワ人類史』西東社.
(3) 西秋良宏(2021)『中央アジアのネアンデルタール人：テシク・タシュ洞窟発掘をめぐって』同成社.
(4) 内田伸子(2005)「言葉を話したか」『ネアンデルタール人の正体』赤沢威編、pp.257-281. 朝日新聞出版.
(5) バット・シップマン(2015)『ヒトとイヌがネアンデルタール人を絶滅させた』河合信和・柴田譲治訳、原書房.
(6) Kobayashi, H., Kohshima, S. (1997) Unique morphology of the human eye. *Nature* 387, 767-768.
(7) Ueda, S., Kumagai, G., Otaki, Y., Yamaguchi, S., Kohshima, S. (2014) A comparison of facial color pattern and gazing behavior in canid species suggests gaze communication in gray wolves *(Canis lupus)*. *PLoS ONE* 9(6), e98217.
(8) 斎藤幸平(2020)『人新世の「資本論」』集英社.
(9) ジャン・アンリ・ファーブル(2021)『虫と自然を愛するファーブルの言葉 ― 大事なことはみんな「昆虫」が教えてくれた』平野威馬雄訳、興陽館.
(10) チャールズ・ダーウィン(1859)『種の起原』八杉竜一訳、岩波書店、1963年.
(11) 大澤省三(2012)『虫から始まり虫で終わる ― ある分子生物学・分子進化学者の辿った道のり』クバプロ.

【 4-⑥ 思い出に残る生き物たち 】

(1) Nikaido, M., Matsuno, F., Hamilton, H., et al. (2001) Retroposon analysis of major ceatcean lineages: the monophyly of toothed whales and the paraphyly of river dolphins. *Proc. Natl. Acad. Sci. USA* 98, 7384–7389.
(2) Steeman, M.E., Hebsgaard, M.B., Fordyce, R.E., et al. (2009) Radiation of extant cetaceans driven by restructuring of the oceans. *Syst. Biol.* 58, 573-585.
(3) Turvey, S.T., Pitman, R.L., Taylor, B.L., et al. (2007) First human-caused extinction of a cetacean species? *Biol. Lett.* 3, 537-540.
(4) ジョン・ウィットフィールド(2021)『絶滅動物図鑑』竹花秀春訳、日経ナショナルジオグラフィック社.
(5) 西沢利栄、小池洋一(1992)『アマゾン ― 生態と開発』岩波書店.
(6) 神谷敏郎(2004)『川に生きるイルカたち』東京大学出版会.

(2) 柳田国男(1978)『海上の道』岩波書店.

(3) Anderson, I. (1993) Australian schoolchildren find ancient egg on coast. New Scientist Newsletters.
https://www.newscientist.com/article/mg13718660-600-australian-schoolchildren-find-ancient-egg-on-coast/

(4) Patrut, A. et al. (2015) Searching for the oldest baobab of Madagascar: Radiocarbon investigation of large Adansonia rubrostipa trees. *PLoS One* 10(3), e0121170.

(5) 湯浅浩史(2003)『森の母・バオバブの危機』日本放送出版協会.

(6) 長谷川政美(2018)『マダガスカル島の自然史』海鳴社.

(7) Baum, D.A. (2003) Bombacaceae, *Adansonia,* Baobab, *Bozy, Fony, Renala, Ringy, Za.* In "The Natural History of Madagascar" (eds. Goodman, S.M., Benstead, J.P.), pp. 339-342, Univ. Chicago Press.

(8) Carvalho-Sobrinho, J.G. et al. (2016) Revisiting the phylogeny of Bombacoideae (Malvaceae): Novel relationships, morphologically cohesive clades, and a new tribal classification based on multilocus phylogenetic analyses. *Mol. Phylogenet. Evol.* 101, 56-74.

(9) Van Duzer, C. (2004) "Floating Islands". Cantor Press.

(10) 長谷川政美(2011)『新図説・動物の起源と進化』八坂書房.

(11) Kiesling, N.M.J., Yi, S.V., Xu, K., et al. (2015) The tempo and mode of New World monkey evolution and biogeography in the context of phylogenomic analysis. *Mol. Phylogenet. Evol.* 82B, 386-399.

(12) Kierulff, M.C.M., Ruiz-Miranda, C.R., de Oliveira, P.P., et al. (2012) The Golden lion tamarin *Leontopithecus rosalia:* a conservation success story. *Int. Zoo Yb.* 46, 36-45.

(13) チャールズ・R・ダーウィン(1845)『新訳・ビーグル号航海記』荒俣宏訳、2013年、平凡社.

(14) Westbury, M., Baleka, S., Barlow, A., et al. (2017) A mitogenomic timetree for Darwin's enigmatic South American mammal *Macrauchenia patachonica. Nature Comm.* 8, 15951.

(15) dos Reis, M., Inoue, J., Hasegawa, M., et al. (2012) Phylogenomic datasets provide both precision and accuracy in estimating the timescale of placental mammal phylogeny. *Proc. Roy. Soc. London* B. 279, 3491–3500.

(16) Waddell, P.J., Okada, N., Hasegawa, M. (1999) Towards resolving the interordinal relationships of placental mammals. *Syst. Biol.* 48, 1-5.

(17) Fabre, P.-H., Hautier, L., Dimitrov, D., et al. (2012) A glimpse on the pattern of rodent diversification: a phylogenetic approach. *BMC Evol. Biol.* 12, 88.

(12) Sun, Z., Pan, T., Hu, C., et al. (2017) Rapid and recent diversification patterns in Anseriformes birds: Inferred from molecular phylogeny and diversification analyses. *PLoS ONE* 12(9), e0184529.

(13) Kulikova, I.V., Zhuravlev, Y.N., McCracken, K.G. (2004) Asymmetric hybridization and sex-biased gene flow between eastern spot-billed ducks *(Anas zonorhyncha)* and mallards *(A. platyrhynchos)* in the Russian Far East. Auk 121, 930–949.

【 4-③ 音楽の起源を探る 】

(1) チャールズ・R・ダーウィン(1871)『人間の進化と性淘汰』長谷川眞理子訳、2000年、文一総合出版.

(2) 島泰三(1997)『どくとるアイアイと謎の島マダガスカル』八月書館.

(3) De Gregorio, C., Valente, D., Raimondi, T., et al. (2021) Categorical rhythms in a singing primate. *Curr. Biol.* 31, R1379-R1380.

(4) Roeske, T.C., Tchernichovski, O., Poeppel, D., Jacoby, N. (2020) Categorical rhythms are shared between songbirds and humans. *Curr. Biol.* 30, 3544–3555.

(5) 井上陽一(2022)『歌うサル ― テナガザルにヒトのルーツをみる』共立出版.

(6) スティーヴン・ミズン(2006)『歌うネアンデルタール ― 音楽と言語から見るヒトの進化』熊谷淳子訳、早川書房.

(7) Bramble, D.M., Lieberman, D.E. (2004) Endurance running and the evolution of *Homo. Nature* 432, 345-352.

(8) ダニエル・E・リーバーマン(2015)『人体600万年史』塩原通緒訳、早川書房.

(9) ジョーゼフ・ジョルダーニア(2017)『人間はなぜ歌うのか? 人類の進化における「うた」の起源』森田稔訳、アルク出版.

(10) 岡田暁生(2005)『西洋音楽史』中公新書.

(11) トーマス・ガイスマン(2013)「テナガザルの歌とヒトの音楽の進化」『音楽の起源(上)』山本聡訳、人間と歴史社、pp. 159-186.

(12) 小泉文夫(1994)『音楽の根源にあるもの』平凡社.

(13) 「小泉文夫の民族音楽」第1章 音楽のおこり.
https://www.youtube.com/watch?v=LFF-cRwZATg

(14) Conard, N.J., Malina, M., Münzel, S.C. (2009) New flutes document the earliest musical tradition in southwestern Germany. *Nature* 460, 737-740.

【 4-④ 海流を超えた動物の移住 】

(1) 道田豊ほか(2008)『海のなんでも小事典』講談社.

4

【 4-① 退化と中立進化 】

(1) チャールズ・ダーウィン(1859)『種の起原』八杉竜一訳、1963年、岩波書店.

(2) Osawa, S., Su, Z.-H., Imura, Y. (2004) "Molecular Phylogeny and Evolution of Carabid Ground Beetles", Springer.

(3) Imura, Y., Tominaga, O., Su, Z.-H., et al. (2018) Evolutionary history of carabid ground beetles with special reference to morphological variations of the hind-wings. *Proc. Jpn. Acad.* B94, 360-371.

(4) 木村資生(1986)『分子進化の中立説』向井輝美・日下部真一訳、紀伊國屋書店.

(5) Osawa, S. (1995) "Evolution of the Genetic Code", Oxford Univ. Press.

(6) 木村資生(1988)『生物進化を考える』岩波書店.

(7) Yamao, F., Iwagami, S., Azumi, Y., et al. (1988) Evolutionary dynamics of tryptophan tRNA in *Mycoplasma capricolum. Mol. Gen. Genet.* 212, 364-369.

【 4-② 性選択はメスの好みで決まるのか 】

(1) 大澤省三(2015)「多様性に満ちた甲虫の進化：変容する形態・機能の世界」『遺伝子から解き明かす昆虫の不思議な世界』pp. 347-394. 大場裕一、大澤省三編、悠書館.

(2) Satomi, D., Koshio, C., Tatsuta, H., et al. (2019) Latitudinal variation and coevolutionary diversification of sexually dimorphic traits in the false blister beetle Oedemera sexualis. *Ecol. Evol.* 9, 4949-4957.

(3) Immel, A., Drucker, D.G., Bonazzi, M., et al. (2015) Mitochondrial genomes of giant deers suggest their late survival in Central Europe. *Sci. Rep.* 5, 10853.

(4) Darwin, C. (1874) "The Descent of Man, and Selection in Relation to Sex" Second edition, revised and augmented. John Murray.

(5) Fisher, R.A. (1915) The evolution of sexual preference. *Eugen. Rev.* 7(3), 184-192.

(6) 長谷川政美(2020)『進化38億年の偶然と必然』国書刊行会.

(7) Voeten, D.F.A.E. (2018) Wing bone geometry reveals active flight in Archaeopteryx. *Nature Comm.* 9, 923.

(8) リチャード・O・プラム (2017) 『美の進化』黒沢令子訳、白揚社.

(9) Tudge, C. (2000) "The Variety of Life" Oxford Univ. Press.

(10) コリン・タッジ(2008)『鳥 ― 優美と神秘、鳥類の多様な形態と習性』(黒沢令子訳、シーエムシー出版、2012年).

(11) 岡ノ谷一夫(2003)『小鳥の歌からヒトの言葉へ』岩波書店.

(10) Ruiz-Sanchez, E., Peredo, L.C., Santacruz, J.B., Ayala-Barajas, R. (2017) Bamboo flowers visited by insects: do insects play a role in the pollination of bamboo flowers? *Plant Syst. Evol.* 303, 51–59.

(11) Sakata, Y., Kobayashi, K., Makita, A. (2020) Insect assemblages on flowering patches of 12 bamboo species, *J. Asia-Pacific Entomol.* 23, 675-679.

【 3-③ 無慈悲なハチと慈悲深いハチ 】

(1) 前藤薫(2020)『寄生バチと狩りバチの不思議な世界』一色出版.

(2) Moore, E.L., Arvidson, R., Banks, C., et al. (2018) Ampulexins: a new family of peptides in venom of the emerald jewel wasp, *Ampulex compressa. Biochem.* 57(12), 1907-1916.

(3) Peters, R.S., Krogmann, L., Mayer, C., et al. (2017) Evolutionary history of the Hymenoptera. *Curr. Biol.* 27, 1–6.

(4) Hamilton, W. D. (1964) The genetical evolution of social behaviour. I & II. J. *Theor. Biol.* 7, 1–52.

(5) オレン・ハーマン(2011)『親切な進化生物学者：ジョージ・プライスと利他行動の対価』垂水雄二訳、みすず書房.

(6) Kobayashi, K., Hasegawa, E., Yamamoto, Y., et al. (2013) Sex ratio biases in termites provide evidence for kin selection. *Nature Comm.* 4, 2048.

【 3-④ チョウとガ 】

(1) Kawahara, A.Y., Plotkin, D., Espeland, M., et al. (2019) Phylogenomics reveals the evolutionary timing and pattern of butterflies and moths. *Proc. Natl. Acad. Sci. USA* 116, 22657–22663.

(2) Espeland, M., Breinholt, J., Willmott, K.R., et al. (2018) A comparative and dated phylogenomic analysis of butterflies. *Curr. Biol.* 28, 770-778.

(3) フィリップ・ハウス(2015)『なぜ蝶は美しいのか』相良義勝訳、エクスナレッジ.

(4) Barber, J.R., Leavell, B.C., Keener, A.L., et al. (2015) Moth tails divert bat attack: Evolution of acoustic deflection. *Proc. Natl. Acad. Sci. USA* 112, 2812-2816. https://doi.org/10.1073/pnas.1421926112

(5) ヘンリー・W・ベイツ(1910)『アマゾン河の博物学者』長澤純夫訳、1990年、思索社.

(12) Leontyev, D.M., Schnittler, M., Stephenson, S.L., et al. (2019) Towards a phylogenetic classification of the Myxomycetes. *Phytotaxa* 399 (3), 209–238.

3

【 3-① 昆虫の起源 】

(1) 土屋健(2013)『エディアカラ紀・カンブリア紀の生物』技術評論社.

(2) アンドリュー・パーカー(2006)『眼の誕生:カンブリア紀大進化の謎を解く』渡辺政隆・今西康子訳、草思社.

(3) 大場裕一・大澤省三・昆虫DNA研究会(2015)『遺伝子から解き明かす昆虫の不思議な世界』悠書館.

(4) 杉浦千里(2014)『杉浦千里博物画図鑑:美しきエビとカニの世界』成山堂書店.

(5) Giribet, G., Edgecombe, G.D. (2019) The phylogeny and evolutionary history of arthropods. *Curr. Biol.* 29, R592–R602.

(6) Misof, B., Liu, S., Meusemann, K., et al. (2014) Phylogenomics resolves the timing and pattern of insect evolution. *Science* 346, 763–767.

(7) スコット・リチャード・ショー(2016)『昆虫は最強の生物である:4億年の進化がもたらした驚異の生存戦略』藤原多伽夫訳、河出書房新社.

【 3-② 昆虫と植物のあゆみ 】

(1) ジョン・メイナード=スミス(1995)『進化遺伝学』巌佐庸・原田祐子訳、産業図書.

(2) 石井博(2020)『花と昆虫のしたたかで素敵な関係 — 受粉にまつわる生態学』ベレ出版.

(3) Hillbur, Y., Celander, M., Baur, R., et al. (2005) Identification sex pheromone of the swede midge,*Contarinia nasturtii. J. Chem. Ecol.* 31, 1807-1828.

(4) 近雅博(1997)「ユスリカ類の配偶行動」『日本動物大百科』 第9巻・昆虫II、p. 126、平凡社.

(5) 田中和夫(1997)「カ類」『日本動物大百科』 第9巻・昆虫II、pp. 119-122、平凡社.

(6) 一盛和世(2021)『きっと誰かに教えたくなる蚊学入門』緑書房.

(7) 広渡俊哉(1997)「ヒゲナガガ類」『日本動物大百科』 第9巻・昆虫II、p. 71、平凡社.

(8) Kobayashi, K., Umemura, U., Kitayama, K., Onoda, Y. (2021) Massive investments in flowers were in vain: Mass flowering after a century did not bear fruit in the bamboo *Phyllostachys nigra* var. *henonis. Plant Spec. Biol.* 37, 78-90.

(9) Huang, S.-Q., Yang, C.-F., Lu, B., Takahashi, Y. (2002) Honeybee-assisted wind pollination in bamboo *Phyllostachys nidularia* (Bambusoideae: Poaceae)? *Bot. J. Linnean Soc.* 138, 1–7.

(7) McKenna, D.D., Scully, E.D., Pauchet, Y., et al. (2016) Genome of the Asian longhorned beetle *(Anoplophora glabripennis)*, a globally significant invasive species, reveals key functional and evolutionary innovations at the beetle–plant interface. *Genome Biol.* 17, 227.

(8) 大熊盛也 (2016)「シロアリ共生微生物」『共生微生物』(大野博司編)pp.75 - 84、化学同人.

(9) Zhang, S.-Q., Che, L.-H., Li, Y., et al. (2018) Evolutionary history of Coleoptera revealed by extensive sampling of genes and species. *Nature Commun.* 9, 205.

(10) Scully, E.D., Geib, S.M., Hoover, K., et al. (2013) Metagenomic profiling reveals lignocellulose degrading system in a microbial community associated with a wood-feeding beetle. *PLoS ONE* 8(9), e73827.

【 2-④ 小さな生き物 】

(1) Lee, S., Kang, M., Bae, J.-H., et al. (2019). Bacterial valorization of lignin: strains, enzymes, conversion pathways, biosensors, and perspectives. Front. *Bioeng. Biotechnol.* 7, 209.

(2) Stravoravdis, S., Shipway, J.R., Goodell, B. (2021) How do shipworms eat wood? Screening shipworm gill symbiont genomes for lignin-modifying enzymes. Front. *Microbiol.* https://doi.org/10.3389/fmicb.2021.665001.

(3) Hendy, I.W., Michie, L., Taylor, B.W. (2014) Habitat creation and biodiversity maintenance in mangrove forests: teredinid bivalves as ecosystem engineers. *PeerJ* 2, e591; DOI 10.7717/peerj.591.

(4) チャールズ・ダーウィン(1881)『ミミズの作用による肥沃土の形成およびミミズの習性の観察』(日本語版『ミミズと土』)渡辺弘之訳、1994年、平凡社.

(5) 武田博清(2002)『トビムシの住む森:土壌生物から見た森林生態系』京都大学学術出版会.

(6) 長谷川政美(2019)『ウンチ学博士のうんちく』海鳴社.

(7) 皆越ようせい(2013)『写真で見る小さな生きものの不思議:土壌動物の世界』平凡社.

(8) 萩原康夫、吉田譲、島野智之(編著)(2019)『土の中の美しい生き物たち』朝倉書店.

(9) 武田博清(2002)『トビムシの住む森:土壌生物から見た森林生態系』京都大学学術出版会.

(10) 長谷川政美(2020)『進化38億年の偶然と必然』国書刊行会.

(11) Fiore-Donno, A.M., Clissmann, F., Meyer, M., et al. (2013) Two-gene phylogeny of bright-spored Myxomycetes (slime moulds, superorder Lucisporidia). *PLoS One* 8, e62586.

(13) 長谷川政美(2018)『マダガスカル島の自然史』海鳴社.
(14) Voelker, G., Semenov, G., Fadeev, I.V., et al. (2015) The biogeographic history of Phoenicurus redstarts reveals an allopatric mode of speciation and an out-of-Himalayas colonization pattern. *Syst. Biodiv.* 13 (3), 296-305.
(15) コリン・タッジ(2012)『鳥:優美と神秘、鳥類の多様な形態と習性』黒沢令子訳、シーエムシー出版.

2

【 2-① 巨木の起源 】

(1) 長谷川政美、種村正美(1986)『なわばりの生態学』東海大学出版会.
(2) 「木々の隙間は「社会的距離戦略」かもしれない」『ナショナルジオグラフィック』2020.07.09.
(3) 「巨木の森と生きる」『ナショナルジオグラフィック』2009年10月号、pp.38-77.

【 2-② 菌類の驚くべき役割 】

(1) Floudas, D., Binder, M., Riley, R., et al. (2012) The Paleozoic origin of enzymatic lignin decomposition reconstructed from 31 fungal genomes. *Science* 336, 1715-1719.
(2) 小川真(2013)『カビ・キノコが語る地球の歴史』築地書館.
(3) ピーター・ウォード(2008)『恐竜はなぜ鳥に進化したのか:絶滅も進化も酸素濃度が決めた』垂水雄二訳、文藝春秋社.
(4) 長谷川政美(2020)『進化38億年の偶然と必然』国書刊行会.

【 2-③ タマムシ 】

(1) 長谷川政美(2020)『共生微生物からみた新しい進化学』海鳴社.
(2) 芦澤七郎(2017)『タマムシの生態と飼い方』知玄舎.
(3) Akihito, Sako, T., Teduka, M., Kawada, S. (2016) Long-term trends in food habits of the raccoon dog, *Nyctereutes viverrinus,* in the Imperial Palace, Tokyo.*Bull. Natl. Mus. Nat. Sci., Ser.* A, 42(3), 143–161.
(4) https://www.kunaicho.go.jp/event/konchu/tamamushi.html
(5) McKenna, D.D., Shin, S., Ahrens, D., et al. (2019) The evolution and genomic basis of beetle diversity. *Proc. Natl. Acad. Sci. USA* 116, 24729–24737.
(6) 秋田勝己、加藤尊、柳丈陽、久保田耕平 (2021) 「兵庫県で発見された外来種ツヤハダゴマダラカミキリ」『月刊むし』601(3), 41-45.

(8) 長谷川政美(2020)『進化38億年の偶然と必然』国書刊行会.

(9) MacArthur, R.H., Wilson, E.O. (1967) "The Theory of Island Biogeography" Princeton Univ. Press.

(10) Kim, S.-C. et al. (2018) A study on lifespan and longevity for Pipistrellus abramus (Chiroptera, Vespertilionidae) in Korea. *Environ. Biol. Res.* 36(4), 550-553.

(11) 船越公威(2020)『コウモリ学:適応と進化』東京大学出版会.

(12) 谷岡仁、西尾喜量(2017)「モモジロコウモリ*Myotis macrodactylus*の冬眠期の日中採餌とハイタカ*Accipiter nisus*による捕食の観察」『愛媛県総合科学博物館研究報告』22, 29-33.

【 1-⑥ スズメ目 】

(1) 長谷川政美(2020)『進化38億年の偶然と必然』国書刊行会.

(2) Mandelbrot, B. (1967) How long is the coast of Britain? Statistical self-similarity and fractional dimension. *Science* 156, 636-638.

(3) Jarvis, E.D., Mirarab, S., Aberer, A.J., et al. (2014) Whole-genome analyses resolve early branches in the tree of life of modern birds. *Science* 346, 1320–1331.

(4) Prum, R.O., Berv, J.S., Dornburg, A., et al. (2015) A comprehensive phylogeny of birds (Aves) using targeted next-generation DNA sequencing. *Nature* 526, 569–573.

(5) Yonezawa, T., Segawa, T., Mori, H., et al. (2017) Phylogenomics and morphology of extinct paleognaths reveal the origin and evolution of the ratites. *Curr. Biol.* 27, 68–77.

(6) Suh, A., Paus, M., Kiefmann, M. (2011) Mesozoic retroposons reveal parrots as the closest living relatives of passerine birds. *Nature Comm.* 2, 443.

(7) Oliveros, C.H., Field, D.J., Ksepka, D.T., et al. (2019) Earth history and the passerine superradiation. *Proc. Natl. Acad. Soc. USA* 116, 7916–7925 .

(8) Provost, K.L., Joseph, L., Smith, B.T. (2018) Resolving a phylogenetic hypothesis for parrots: implications from systematics to conservation. *Emu* 118 (1), 7-21.

(9) Barker, F.K., Cibois, A., Schikler, P. et al. (2004) Phylogeny and diversification of the largest avian radiation. *Proc. Natl. Acad. Sci. USA* 101, 11040-11045.

(10) ラデク・マリー(2021)『人類が滅ぼした動物の図鑑』的場知之訳、丸善出版.

(11) Kuhl, H., Frankl-Vilches, C., Bakker, A., et al. (2021) An unbiased molecular approach using 3'-UTRs resolves the avian family-level tree of life, *Mol. Biol. Evol.* 38, 108-127.

(12) Claramunt, S., Cracraft, J. (2015) A new time tree reveals Earth history's imprint on the evolution of modern birds. *Sci. Adv.* 1, e1501005.

(10) Krause, J., Unger, T., Noçon, A., et al. (2008) Mitochondrial genomes reveal an explosive radiation of extinct and extant bears near the Miocene-Pliocene boundary. *BMC Evol. Biol.* 8, 220.
(11) Pedersen, M.W., De Sanctis, B., Saremi, N.F., et al. (2021) Environmental genomics of Late Pleistocene black bears and giant short-faced bears. *Curr. Biol.* 31, 2728-736.
(12) Bit, A., Thakur, M., Singh, S.K., et al. (2021) Assembling mitogenome of Himalayan black bear *(U. t. laniger)* from low depth reads and its application in drawing phylogenetic inferences. *Sci. Rep.* 11, 730.
(13) Stiller, M., Baryshnikov, G., Bocherens, H., et al. (2010) Withering away—25,000 years of genetic decline preceded cave bear extinction. *Mol. Biol. Evol.* 27, 975-978.
(14) Gretzinger, J., Molak, M., Reiter, E., et al. (2019) Large-scale mitogenomic analysis of the phylogeography of the Late Pleistocene cave bear. *Sci. Rep.* 9, 10700.
(15) Fortes, G.G., Grandal-d'Anglade, A., Kolbe, B., et al. (2016) Ancient DNA reveals differences in behaviour and sociality between brown bears and extinct cave bears. *Mol. Ecol.* 25, 4907-4918.
(16) Barlow, A., Cahill, J.A., Hartmann, S., et al. (2018) Partial genomic survival of cave bears in living brown bears. *Nature Ecol. Evol.* 2, 1563-1570.
(17) スヴァンテ・ペーボ (2015)『ネアンデルタール人は私たちと交配した』野中香方子訳、文藝春秋.
(18) 長谷川政美(2022)『ウイルスとは何か』中央公論新社.

【 1-⑤ コウモリ 】

(1) デビッド・クアメン(2021)『スピルオーバー:ウイルスはなぜ動物からヒトに飛び移るのか』甘糟智子訳、明石書店.
(2) 船越公威(2020)『コウモリ学:適応と進化』東京大学出版会.
(3) J.D. オルトリンガム(1998)『コウモリ:進化・生態・行動』コウモリの会翻訳グループ訳、八坂書房.
(4) 森井隆三(1993)「香川県におけるアブラコウモリ*Pipistrellus abramus*の水平分布」『香川生物』20, 1-5.
(5) 前田喜四雄(2001)『日本コウモリ研究誌:翼手類の自然史』東京大学出版会.
(6) 森井隆三(2005)『コウモリとともに』美巧社.
(7) Kawai, K. (2009) Pipistrellus abramus (Temminck, 1938). In "The Wild Mammals of Japan" (eds. S.D. Ohdachi et al.) pp. 78-80, Shoukadoh.

(5) Beja-Pereira, A., England, P.R., Ferrand, N., et al. (2004) African origins of the domestic donkey. *Science* 304, 1781.
(6) Rossel, S., Marshall, F., Peters, J. (2008) Domestication of the donkey: Timing, processes, and indicators. *Proc. Natl. Acad. Sci. USA* 105, 3715-3720.
(7) 小宮輝之(2021)『人と動物の日本史図鑑. 2. 古墳時代から安土桃山時代』少年写真新聞社.
(8) リチャード・C・フランシス(2019)『家畜化という進化』西尾香苗訳、白揚社.
(9) Fages, A., Hanghøj, K., Khan, N., et al. (2019) Tracking five millennia of horse management with extensive ancient genome time series. *Cell* 177, 1419–1435.
(10) Librado, P., Khan, N., Fages, A., et al. (2021) The origins and spread of domestic horses from the Western Eurasian steppes. *Nature* 598, 634-640.
(11) ジャレッド・ダイアモンド(2000)『銃・病原菌・鉄』倉骨彰訳、草思社.

【 1-④ クマ 】

(1) https://en.wikipedia.org/wiki/Subspecies_of_brown_bear
(2) Segawa, T., Yonezawa, T., Mori, H., et al. (2021) Ancient DNA reveals multiple origins and migration waves of extinct Japanese brown bear lineages. *Roy. Soc. Open Sci.* 8, 210518.
(3) ラデク・マリー(2021)『人類が滅ぼした動物の図鑑』的場知之訳、丸善出版.
(4) Calvignac, S., Hughes, S., Tougard, C., et al. (2008) Ancient DNA evidence for the loss of a highly divergent brown bear clade during historical times. *Mol. Ecol.*, 17, 1962-1970.
(5) Shields, G.F., Adams, D., Garner, G. et al. (2000) Phylogeography of mitochondrial DNA variation in brown bears and polar bears. *Mol. Phylogenet. Evol.* 15, 319-326.
(6) Akihito, Akishinonomiya, F., Ikeda, Y., et al. (2016) Speciation of two gobioid species, Pterogobius elapoides and Pterogobius zonoleucus revealed by multi-locus nuclear and mitochondrial DNA analyses. *Gene* 576, 593-602.
(7) Hailer, F., Kutschera, V.E., Hallström, B.M. et al. (2012) Nuclear genomic sequences reveal that polar bears are an old and distinct bear lineage. *Science* 336, 344-347.
(8) Nakagome, S., Mano, S., Hasegawa, M. (2013) Comment on "Nuclear genomic sequences reveal that polar bears are an old and distinct bear lineage". *Science* 339, 1522.
(9) Wu, J., Kohno, N., Mano, S., et al. (2015) Phylogeographic and demographic analysis of the Asian black bear *(Ursus thibetanus)* based on mitochondrial DNA. *PLoS ONE* 10(9), e0136398.

(16) Bergström, A., Frantz, L., Schmidt, R., et al. (2020) Origins and genetic legacy of prehistoric dogs. *Science* 370, 557-564.

【 1-② ネコ 】

(1) Li, G., Davis, B.W., Eizirik, E., Murphy, W.J. (2016) Phylogenomic evidence for ancient hybridization in the genomes of living cats (Felidae). *Genome Res.*26(1), 1-11.

(2) C. A. ドリスコル、J. クラットン=ブロック、A. C. キチナー、S. J. オブライエン(2009)「1万年前に来た猫」『日経サイエンス』39 (9), 60-69.

(3) Driscoll, C.A., Menotti-Raymond, M., Roca, A.L., et al. (2007) The Near Eastern origin of cat domestication. *Science* 317, 519 –523.

(4) Ottoni, C., Van Neer, W., De Cupere, B., et al. (2017) The palaeogenetics of cat dispersal in the ancient world. *Nature Ecol.Evol.*1, 0139.

(5) Geigl, E.-M., Grange, T. (2019) Of cats and men: Ancient DNA reveals how the cat conquered the ancient world. In "Paleogenomics : Genome-Scale Analysis of Ancient DNA (Population Genomics)", eds. Lindqvist, C., Rajora, O.P., pp. 307-324, Springer.

(6) Hu, Y., Hu, S., Wang, W., et al. (2014) Earliest evidence for commensal processes of cat domestication. *Proc. Natl. Acad. Sci. USA* 111, 116-120.

(7) Vigne, J.-D., Evin, A., Cucchi, T., et al. (2016) Earliest "domestic" cats in China identified as leopard cat *(Prionailurusbengalensis). PLoS ONE* 11(1), e0147295.

【 1-③ ウマ 】

(1) Waddell, P.J., Okada, N., Hasegawa, M. (1999) Towards resolving the interordinal relationships of placental mammals. *Syst. Biol.* 48, 1-5.

(2) Steiner, C.C., Mitelberg, A., Tursi, R., Ryder, O.A. (2012) Molecular phylogeny of extant equids and effects of ancestral polymorphism in resolving species-level phylogenies. *Mol. Phylogenet. Evol.* 65, 573-581.

(3) Vilstrup, J.T., Seguin-Orlando, A., Stiller, M., et al. (2013) Mitochondrial phylogenomics of modern and ancient equids. *PLoS ONE* 8(2), e55950.

(4) Kimura, B., Marshall, F.B., Chen, S., et al. (2011) Ancient DNA from Nubian and Somali wild ass provides insights into donkey ancestry and domestication. *Proc. Roy. Soc.* B278, 50–57.

1

【1-① イヌ】

(1) J.C.マクローリン(1984)『イヌ:どのようにして人間の友になったのか』澤崎坦訳、岩波書店.

(2) 島泰三(2019)『ヒト、犬に会う:言葉と論理の始原へ』講談社.

(3) Lindblad-Toh, K., Wade, C.M., Mikkelsen, T.S., et al. (2005) Genome sequence, comparative analysis and haplotype structure of the domestic dog. *Nature* 438, 803-819.

(4) Koepfli, K.-P., Pollinger, J., Godinho, R., et al. (2015) Genome-wide evidence reveals that African and Eurasian golden jackals are distinct species. *Curr. Biol.* 25, 2158–2165.

(5) Perri, A.R., Mitchell, K.J., Mouton, A., et al. (2021) Dire wolves were the last of an ancient New World canid lineage. *Nature* 591, 87–91.

(6) チャールズ・ダーウィン(1845)『ビーグル号航海記』荒俣宏訳、2013年、平凡社.

(7) Slater, G.J., Thalmann, O., Leonard, J.A., et al. (2009) Evolutionary history of the Falklands wolf. *Curr. Biol.* 19(20), R937-938.

(8) Hamley, K.M., Gill, J.L., Krasinski, K.E., et al. (2021) Evidence of prehistoric human activity in the Falkland Islands. *Sci. Adv.* 7, eabh3803.

(9) Freedman, A.H., Gronau, I., Schweizer, R.M., et al. (2014) Genome sequencing highlights the dynamic early history of dogs. *PLoS Genet.* 10(1), e1004016.

(10) ラデク・マリー(2021)『人類が滅ぼした動物の図鑑』的場知之訳、丸善出版.

(11) Gojobori, J., Arakawa, N., Xiaokaiti, X., et al. (2021) The Japanese wolf is most closely related to modern dogs and its ancestral genome has been widely inherited by dogs throughout East Eurasia. *bioRxiv* doi: https://doi.org/10.1101/2021.10.10.463851.

(12) Freedman, A.H., Wayne, R.K. (2017) Deciphering the origin of dogs: from fossils to genomes. *Annu. Rev. Anim. Biosci.* 5, 281-307.

(13) Druzhkova, A.S., Thalmann, O., Trifonov, V.A., et al. (2013) Ancient DNA analysis affirms the canid from Altai as a primitive dog. *PLoS ONE* 8(3), e57754.

(14) Oskarsson, M.C.R., Klütsch, C.F.C., Boonyaprakob, U., et al. (2012) Mitochondrial DNA data indicate an introduction through Mainland Southeast Asia for Australian dingoes and Polynesian domestic dogs. *Proc. Roy. Soc.* B279, 967-974.

(15) Botigué, L.R., Song, S., Scheu, A., et al. (2017) Ancient European dog genomes reveal continuity since the Early Neolithic. *Nature Commu.* 8, 16082.

ヒッパリオン……58-59
ヒトスジシマカ……183
ヒメジャゴケ……121
肥沃な三日月地帯……47-48, 52, 54-56, 287

ふ

ファーブル、ジャン・アンリ……289
フタイロカミキリモドキ……12, 225-226
フナクイムシ……151-152
ブラキストン線……76-78

へ

ベンガルヤマネコ……49-50, 54-55
変形菌……15, 157-162
変態……174

ほ

ホソヒラタアブ……171, 214
ホッキョクグマ……66, 70-71, 74, 79, 85
哺乳類……26, 57, 75, 90, 93-95, 98, 106-107, 112, 116-117, 134-137, 154, 179, 183, 242-243, 246, 248, 251, 273, 279, 282, 298
ホモ・エルガステル……252-253
ホモ・サピエンス……253, 259, 282, 286-287
ホラアナグマ……79, 85-87
ポリドナウイルス……193
本州ヒグマ……70, 75-78, 84

ま

マガモ……244-246
マダガスカル……112, 124, 179, 204, 206, 248-249, 261-268
マダガスカルオオコウモリ……90-91
マダラチョウ……23, 180
マングローブ……152

み

ミカドトックリバチ……18, 191
ミサゴ……237
ミトコンドリアDNA……42, 45, 67, 71-72, 75-76, 78
ミミズ……153

む

ムラサキホコリ……15, 157-158

め

メガネグマ……78-80

も

モウコノウマ……7, 62
モルモット……278
モクレン……178

や

ヤスデ……156, 168
ヤブサヨナキドリ……250-251
ヤマアラシ……278-279

ゆ

友獣類……274-275
ユスリカ……181-183

よ

ヨウスコウカワイルカ……291-294
ヨーロッパオオカミ……41
ヨーロッパヤマネコ……49-51, 53-55

ら

ライオン……5, 49-50, 215, 253-254, 256-257, 275

り

リグニン……12, 125-131, 133, 145, 147, 151, 154-155, 157, 298
リビアヤマネコ……49, 51-56
リンネ、カール・フォン……36

る

ルカ（LUCA）……27

ろ

ロバ……6-7, 56-57, 59, 61-63, 65

索引

セイヨウミツバチ …… 19, 171
セイラン …… 230-233,238
セグロセキレイ …… 115, 281-286
セスジユスリカ …… 182
節足動物 …… 16-17, 164-171
セミ …… 180
セルロース …… 126, 128, 130, 147-148

(そ)

走鳥類 …… 94

(た)

退化 …… 58, 173, 212-213, 215-220, 223
ダーウィン、チャールズ …… 37, 100, 116, 153, 179, 194, 212-213, 221, 228, 230, 232-234, 247-248, 257, 273, 279-280, 289-290, 304
タケ …… 184-189
タヌキ …… 2-3, 36, 144
タブノキ …… 123
タマムシ …… 12-13, 140-146, 148-150, 152, 155, 157, 162, 208
タルパン …… 6-7, 62
単弓類 …… 134-136
ダンゴムシ …… 152-153, 155-156, 169
担子菌 …… 128-130, 133, 155-156

(ち)

地衣類 …… 172
チスイコウモリ …… 89, 92
チャガラ …… 72-74
チュウゴクオオカミ …… 41
中立進化 …… 212, 220, 223-224
チョウ …… 20-21, 22-23, 171, 201-210
チョウチンホコリ …… 159-160
チルー …… 136, 138, 295-300
チンパンジー …… 212-213, 251-252, 288

(つ)

ツキノワグマ …… 66, 78-80, 82-84
ツシマヤマネコ …… 55
ツマアカクモバチ …… 18, 190-193

(て)

DNA …… 27, 37, 42, 45-46, 63, 71-73, 76, 78, 81, 82, 84, 86, 104, 221, 273, 294, 305, 307
ディンゴ …… 43-46
適応進化 …… 43, 219
テナガザル …… 251, 256

(と)

トビケラ …… 202
トビムシ …… 156, 162, 168, 171-172
トベラ …… 178

(な)

ナウマンゾウ …… 75, 77-78
ナミホシヒラタアブ …… 216
南極環流 …… 113, 117

(に)

ニッチ …… 93, 103-104, 107-108, 112, 174, 243
ニホンオオカミ …… 39-41, 46

(ね)

ネアンデルタール人 …… 87-88, 282, 286-287
ネコ(イエネコ) …… 4-5, 47-56, 74, 109

(は)

ハイイロオオカミ …… 3, 35-36, 38-43, 46, 288
ハイゴケ …… 121
ハエ …… 171, 183, 189, 215
バオバブ …… 124, 263-268
ハクセキレイ …… 281-286
ハシブトガラス …… 110
ハス …… 175
ハチ …… 171, 189-200
ハナムグリ …… 12, 17, 171, 216
ハダカデバネズミ …… 278

(ひ)

ヒグマ …… 66-71, 74-80, 83-87
ヒダクチオヒキコウモリ …… 98

共通祖先……1, 3, 5, 7, 9, 11, 13, 15, 17, 19, 21, 23-24, 27, 41, 44, 53, 70, 79, 84, 110-113, 115, 129, 148-149, 170-172, 195, 198, 213, 218, 222, 229, 244, 252, 267, 271-272, 275, 278-279, 294
恐竜……8, 106-107, 111-112, 134-137, 164, 236-239, 242-243, 262
共進化……38, 179, 187, 197, 201, 203
巨木……120, 124-127, 131, 134, 263
キョン……229
キンカチョウ……250-251
菌類……12, 126-131, 133, 140, 142, 145 148-151, 154, 156-158, 160, 162, 172

く

クジャク……230, 232-234, 248
クジャクチョウ……205
クマ……50, 66, 74, 78-80, 85, 245, 273
クマバチ……175
クモ……168, 170, 189-191, 196
クラウン・シャイネス……121-122
クロクマ……79, 81-83
黒潮……259-261
クロチク……184, 188-189
クロハネシロヒゲナガ……20, 184
クワガタムシ……150

け

系統樹……27, 36, 50, 63-64, 67, 72-74, 83, 109, 111, 130, 145, 172

こ

光合成……120-121, 125-128, 130
酵素……43, 130-132, 140, 146-149
甲虫……13, 105, 145-147, 149, 171, 213, 216-217, 219, 225
コウモリ……88-99, 103-106, 123, 179, 206-207
古顎類……111
ゴキブリ……140-141, 192
コスギゴケ……121
古代環境DNA解析……81
古代DNA解析……37, 42, 52, 71, 75, 81, 85, 273
コディアックヒグマ……66-67, 70
ゴリラ……251, 257
昆虫……16-17, 92-93, 97-98, 105-106, 121, 130,140-141, 145, 155, 164, 167-175, 177-180, 184, 187-189, 194-197, 201-202, 215-216, 247

さ

サル……271-272, 279
三葉虫……164-165, 168

し

自然選択(説)……100-102, 116, 207, 220, 223, 228, 232-235, 257
始祖鳥……236, 238
子嚢菌……129-130
柴犬……35, 43-44, 46
姉妹群……76, 78, 85, 108, 110, 202, 245, 294
シマウマ……6-7, 60, 65
絞め殺しの木……122-123
ジャイアントパンダ……78-80
種の起原……213, 280, 289, 304
シリアヒグマ……66-67
シロアリ……140-141, 146-147, 162, 201
新顎類……111-112

す

垂直伝達……148-149
水平伝達……148-149
スギ……122, 125, 177
スズムシ……180
スズメ……10-11, 106-118, 174
スマトラオランウータン……300-302

せ

性選択(説)……207, 210, 225, 228, 230, 233-234, 236, 240, 242-243, 246-248, 257
性フェロモン……180-181, 184

索引

あ

アウストラロピテクス……252
アオスジアゲハ……20, 178
アオバズク……237
秋田犬……43-44, 46
アケビコノハ……205
アケボノウマ……57-58
アシダカグモ……18, 189-190
アトラスヒグマ……67, 71
アブラコウモリ……90, 94, 96-97, 99, 103-106
アフリカノロバ……7, 60-61
アヤトビムシ……156, 171
アリ……19, 171, 195-200
アルクトドゥス……79-82, 85
アンキオルニス……237-239
アングレーカム・セスキペダレ……179

い

イエシロアリ……140
維管束植物……121, 172
遺伝子転移……4, 50-51, 73-74, 245
イヌ……1-3, 34-47, 56, 273, 275, 288
イリオモテヤマネコ……55
インコ……110-111, 114
インドクジャク……230
インドリ……248-251, 256

う

ウイルス……26-27, 88-89, 105, 193
ウォーレス、アルフレッド・ラッセル……100, 116, 179, 208, 233-234
ウォーレス線……117
浮島……268-270, 274, 279
ウグイス……10-11, 240-242
ウシ……48, 56, 62
ウマ……6-7, 48, 55-65, 273
ウマ属……6-7, 60
ウンモンチク……184-189

え

エコロケーション……93
エゾオオカミ……39
エゾジカ……229
エゾヒグマ……67, 70, 75-76, 78
エノキ……143-144
エピオルニス……112, 261-263, 268-269
エメラルドゴキブリバチ……18-19, 191-192

お

オウム……108-113, 117
オオカミ……3, 36-43, 46, 288, 298, 300
大澤省三……217, 225, 306, 307
オオツノジカ……75, 77-78, 227-229, 233
オオミズアオ……206-207
オカダンゴムシ……155
オサムシ……13, 145-146, 216-220
音楽……247-248, 250-251, 254-259

か

カ……183, 215
ガ……20-21, 179, 191, 201, 203-207, 220
外生菌根……133
家畜化……37-38, 43, 47, 49, 51-52, 54-57, 60-65, 273
カピバラ……278
カブトムシ……146, 150
カミキリムシ……13, 146-147, 150, 162, 225-226
狩りバチ……189-196
カルガモ……244-246
カワイルカ……24, 291-295
カワラヒワ……115

き

キクガシラコウモリ……88-89, 92
キクラゲ……129, 132, 141-142, 159-160
キサントパンスズメガ……179, 187
寄生バチ……191, 193-196
キセキレイ……283
キヌバリ……72-74
キノコ……131-133, 158-159
キビタキ……10, 241
キムネカミキリモドキ……226
木村資生……220

著者紹介

長谷川 政美（はせがわ・まさみ）

▶1944 年、新潟県生まれ。統計数理研究所名誉教授、 総合研究大学院大学名誉教授。理学博士（東京大学）。専門は統計遺伝学、分子進化学。著書に『DNAに刻まれたヒトの歴史』（岩波書店）、『系統樹をさかのぼって見えてくる進化の歴史』（ベレ出版）、『進化 38 億年の偶然と必然』（国書刊行会）、『ウイルスとは何か』（中公新書）など。進化に関する論文多数。1993 年に日本科学読物賞、1999 年に日本遺伝学会木原賞、2005 年に日本進化学会賞・木村資生記念学術賞など受賞歴多数。全編監修を務める「系統樹マンダラ」 シリーズ・ポスターの制作チームが 2020 年度日本進化学会・教育啓発賞、2021 年度日本動物学会・動物学教育賞を受賞。

◉── カバーデザイン・DTP　西田 美千子
◉── 編集　畠山 泰英
◉── カバーイラスト　ちえちひろ

進化生物学者、身近な生きものの起源をたどる

2023 年 10月 25 日　初版発行

著者	長谷川 政美
発行者	内田 真介
発行・発売	ベレ出版 〒162-0832　東京都新宿区岩戸町12 レベッカビル TEL.03-5225-4790 FAX.03-5225-4795 ホームページ　https://www.beret.co.jp/
印刷	三松堂株式会社
製本	根本製本株式会社

落丁本・乱丁本は小社編集部あてにお送りください。送料小社負担にてお取り替えします。

ISBN 978-4-86064-739-1 C0045　編集担当　永瀬 敏章